决策咨询系列

国家科学思想库

# 中国科学家思想录

## 第八辑

中国科学院

科学出版社
北京

**图书在版编目(CIP)数据**

中国科学家思想录·第八辑／中国科学院编.—北京：科学出版社，2013.1

(中国科学家思想录)

ISBN 978-7-03-028701-4

Ⅰ.①中… Ⅱ.①中… Ⅲ.①自然科学-学术思想-研究-中国 Ⅳ.N12

中国版本图书馆CIP数据核字（2010）第161529号

丛书策划：胡升华 侯俊琳

责任编辑：樊 飞 付 艳 沈晓晶／责任校对：张怡君

责任印制：徐晓晨 ／封面设计：黄华斌

编辑部电话：010-64035853

E-mail：houjunlin@mail.sciencep.com

科学出版社出版

北京东黄城根北街16号

邮政编码：100717

http://www.sciencep.com

北京凌奇印刷有限责任公司印刷

科学出版社发行 各地新华书店经销

*

2013年1月第 一 版 开本：B5（720×1000）

2021年3月第三次印刷 印张：17 1/2

字数：400 000

**定价：78.00元**

（如有印装质量问题，我社负责调换）

# 从 书 序

白春礼

中国科学院作为国家科学思想库，长期以来，组织广大院士开展战略研究和决策咨询，完成了一系列咨询报告和院士建议。这些报告和建议从科学家的视角，以科学严谨的方法，讨论了我国科学技术的发展方向、与国家经济社会发展相关联的重大科技问题和政策，以及若干社会公众广为关注的问题，为国家宏观决策提供了重要的科学依据和政策建议，受到党中央和国务院的高度重视。本套丛书按年度汇编1998年以来中国科学院学部完成的咨询报告和院士建议，旨在将这些思想成果服务于社会，科学地引导公众。

当今世界正在发生大变革大调整，新科技革命的曙光已经显现，我国经济社会发展也正处在重要的转型期，转变经济发展方式、实现科学发展越来越需要我国科技加快从跟踪为主向创新跨越转变。在这样一个关键时期，出思想尤为重要。中国科学院作为国家科学思想库，必须依靠自己的智慧和科学的思考，在把握我国科学的发展方向、选择战略性新兴产业的关键核心技术、突破资源瓶颈和生态环境约束、破解社会转型时期复杂社会矛盾、建立与世界更加和谐的关系等方面发挥更大作用。

思想解放是人类社会大变革的前奏。近代以来，文艺复兴和思想启蒙运动极大地解放了思想，引发了科学革命和工业革命，开启了人类现代化进程。我国改革开放的伟大实践，源于关于真理标准的大讨论，这一讨论确立了我党解放思想实事求是的思想路线，极大地激发了中国人民的聪明才智，创造了世界发展史上的又一奇迹。当前，我国正处在现代化建设的关键时期，进一步解放思想，多出科学思想，多出战略思想，多出深刻思想，比以往任何时期都更加紧迫，更加重要。

思想创新是创新驱动发展的源泉。一部人类文明史，本质上是人类不断思考世界、认识世界到改造世界的历史。一部人类科学史，本质上是人类不断思考自然、认识自然到驾驭自然的历史。反思我们走过的历程，尽管我国在经济建设方面取得了举世瞩目的成就，科技发展也取得了长足的进步，但从思想角度看，我们的经济发展更多地借鉴了人类发展的成功经验，我们的科技发展主要是跟踪世界科技发展前沿，真正中国原创的思想还比较少，“钱学森之问”仍在困扰和拷问着我们。当前我国确立了创新驱动发展的道路，这是一条世界各国都在探索的道路，并无成功经验可以借鉴，需要我们在实践中自主创新。当前我国科技正处在创新跨越的起点，而原创能力已成为制约发展的瓶颈，需要科技界大幅提升思想创新的能力。

思想繁荣是社会和谐的基础。和谐基于相互理解，理解源于思想交流，建设社会主义和谐社会需要思想繁荣。思想繁荣需要提倡学术自由，学术自由需要鼓励学术争鸣，学术争鸣需要批判思维，批判思维需要独立思考。当前我国正处于社会转型期，各种复杂矛盾交织，需要国家采取适当的政策和措施予以解决，但思想繁荣是治本之策。思想繁荣也是我国社会主义文化大发展大繁荣应有之义。

正是基于上述思考，我们把“出思想”和“出成果”、“出人才”并列作为中国科学院新时期的战略使命。面对国家和人民的殷切期望，面对科技创新跨越的机遇与挑战，我们要进一步对国家科学思想库建设加以系统谋划、整体布局，切实加强咨询研究、战略研究和学术研究，努力取得更多的富有科学性、前瞻性、系统性和可操作性的思想成果，为国家宏观决策提供咨询建议和科学依据，为社会公众提供科学思想和精神食粮。

# 前　言

为国家宏观决策和科学引导公众提供咨询意见、科学依据和政策建议，是中国科学院学部作为国家在科学技术方面最高咨询机构的职责要求，也是学部发挥国家科学思想库作用的主要体现。

长期以来，学部和广大院士围绕我国经济社会可持续发展、科技发展前沿领域和体制机制、应对全球性重大挑战等重大问题，开展战略研究和决策咨询，形成了许多咨询报告和院士建议。这些咨询报告和院士建议为国家宏观决策提供了重要参考依据，许多已经被采纳并成为公共政策。将学部咨询报告和院士建议公开出版发行，对于社会公众了解学部咨询评议工作、理解国家相关政策无疑是有帮助的，对于传承、传播院士们的科学思想和为学精神也大有裨益。

本丛书汇编了1998年以来的学部咨询报告和院士建议。自2009年5月开始启动出版以来，院士工作局和科学出版社密切合作，将每份文稿分别寄送相关院士征询意见、审读把关。丛书的出版得到了广大院士的热情鼓励和大力支持，并经过出版社诸位同志的辛勤编辑、设计和校对，现终于与广大读者见面了。

希望本丛书能让广大读者了解学部加强国家科学思想库建设所作出的不懈努力，了解广大院士为国家决策发挥参谋、咨询作用提供的诸多可资借鉴的宝贵资料，也期待着广大读者对丛书和以后学部的相关出版工作提出宝贵意见。

中国科学院院士工作局

二〇一二年十一月

# 目 录

# 关于“保增长，扩内需，调结构”的建议

郭　雷　等

为了有效应对国际金融危机的冲击，党中央、国务院及时果断地采取了一系列重大政策和措施，以确保我国经济的平稳较快增长。中国科学院的很多院士和专家对国际金融危机的影响以及我国如何应对这场危机非常关注，组织相关部门召开会议，对科技如何为“保增长，扩内需，调结构”做贡献进行了专门讨论，并且成立了学部特别咨询组和以中国科学院数学与系统科学研究院、中国科学院预测科学研究中心为主的项目组。

在院士们所提建议的基础上，经过特别咨询组进一步研究，形成了本咨询报告。报告主要涉及对国际金融危机的科学研究，关于我国政府大规模投资的原则、方向、优先领域等的一些具体建议……

## 一、关于对这次国际金融危机的科学研究和措施评估

### 1. 应从复杂大系统角度来深入研究国际金融危机

2008 年，由美国的次贷危机引发的金融海啸迅速向全世界蔓延，更严重的是，其影响已从虚拟经济蔓延至实体经济，导致了世界性的经济衰退。这次国际金融危机发生、发展速度之快、影响之广，十分惊人，大大超出了原先的预期。这表明我们对经济这样一个复杂系统的演化与调控规律的认识还需要深化。起初，美国次贷危机涉及的问题看起来不是很大。2007 年美国次贷规模只占其债券市场规模的 3% 左右，而其中出现问题的次贷又只占美国次贷总额的很小比例，但由于“蝴蝶效应”，它后来却引发了国际金融市场的动荡和全球经济如此大的波动与变化。这充分表现出经济这个复杂大系统的典型特征。

鉴于人们目前对经济这样一个全球复杂大系统的预见性和演化与调控规律的认识还远不够深入，建议我国应重视和加强对经济复杂系统的动态演化与调控规律的研究，特别是对我国经济系统的研究，以加强外部因素变化对我国经济影响的预见性。中国经济是社会主义市场经济，有自己的特色，更需要依靠我们自己

来研究，需要运用定性和定量分析相结合与综合集成的科学方法，而不仅仅是从定性的角度来认识。通过深入研究，更好地把握经济复杂系统的动态演化与调控规律，更好地应对各种可能给我国经济系统带来的冲击和影响，实时监测全球经济系统运行状况并及时进行政策效果的模拟仿真，以支持政府更科学地制定和调整经济政策。这不仅对近期，而且对我国经济长远发展也有重要意义。为此，建议国家尽快启动“全球经济监测与政策模拟仿真系统平台”的建设。

### 2. 要充分认识中央所采取的一系列政策措施对我国经济发展的重大影响

为了应对国际金融危机对我国经济的冲击，党中央、国务院于2008年11月紧急启动了4万亿元投资的经济刺激计划，以拉动内需，带动全社会投资的快速增长。我们要充分认识到中央采取的这一系列政策措施对我国经济发展的重大影响，要坚定信心，争取在较短时间内使我国经济开始回升，并继续保持平稳增长。

现在各级地方政府和部门的积极性都很高，但地方政府和部门难免会主要从局部利益的角度出发来安排投资项目，部分目标可能会相互重复，造成新的生产能力过剩。一些问题目前可能还不会显现出来，但长期会怎样？特别是，政府大规模投资的长期和整体影响到底如何？这都需要科学地去评估。这也是一个系统科学的问题，也要从复杂系统角度去分析不同产业、不同行业和不同领域的发展在近期、中期、远期对我国经济社会发展的影响，在此基础上提出更科学、更系统、更有效的应对方案和措施。同时，大家对大规模投资可能引发的建设用地急剧增加、重复建设、新的产能过剩问题以及可能引发严重的资源和环境问题等表示担忧。同时，大家也都认为这次应对国际金融危机也是我国大力增强和提升自主创新能力的一个重要机遇，如应对措施得当，对促进我国经济可持续发展将起到非常重要的作用。

## 二、关于大规模投资的若干原则

我国及时推出大规模政府投资计划是非常必要的，建议对大规模投资计划的投资方向和效应等进行深入研究。投资应当遵循一些基本原则，应该努力用较小投入来争取最大效益，重视那些可以为未来长远、科学发展奠定基础的投资领域，并重视可能出现的新问题。

### 1. 近期、中期、远期投资规划相结合的原则



既要关注能在短期内拉动经济快速增长的领域，也要关注能在中长期对我国

经济和社会发展起到关键作用的领域，特别是应加强对基础科学、前沿技术、教育、卫生与社会保障、文化等领域的投资，尽可能做到将短期和长期的发展目标协调推进。

根据中国科学院预测科学研究中心的测算①，科教投资对国内生产总值（GDP）、就业和消费的拉动效应与其他行业相比都在平均水平之上，而科教领域投资中经常性经费投资的拉动作用要高于固定资产投资的拉动作用：每亿元投资拉动的 GDP 增长额，前者为 1.313 亿元，后者为 1.211 亿元；每亿元投资拉动的非农就业人数，前者约为 5049 人，后者约为 2607 人；每亿元投资拉动的居民消费，前者约为 3130 万元，后者约为 2110 万元。而且，科教投资对经济的长期发展具有更强的拉动作用。我国科教投资每增加 1% 可以拉动劳动生产率（单位劳动力产出）增加 0.126%②，明显高于固定资产投资增加 1% 拉动劳动生产率增加 0.116% 的平均水平。而我国科教经费占 GDP 的比重远低于世界平均水平。因此，无论是从短期还是中长期来看，增加对科教的投资对我国经济的发展，与投资其他行业平均效益相比，具有更好的拉动作用。

## 2. 与我国国情相适应的原则

我国的国情与其他国家的不同，体制不同，特别是经济发展的阶段不同。欧美等发达国家的教育体系已经较为完善。目前为应对金融危机，西方一些经济大国可能将政府投资的重点放到信息产业、环保产业等领域，而我们应更加注重教育与科技，更加注重改善民生，更加注重农村和西部贫困地区，更加注重提升能源和服务业等。

## 3. 科学有序投资的原则

政府大规模投资应做到"统筹协调、科学有序、放眼长远、注重实效"。不同的行业和领域的投资在短期和中长期对经济增长的拉动作用可能很不相同，因此，需要就不同行业的投资对我国经济增长的拉动作用开展研究，对拉动效果进行排序，选择一些近期需要优先考虑的领域，同时兼顾那些具有长期潜在效果的领域。

---

① 测算的假定为"与 2005 年相比，我国经济结构没有重大的变化"。因为测算的方法是投入产出分析方法，而国家统计局于 2008 年公布的最新投入产出表是 2005 年的（数据截至 2005 年）。对本报告涉及的测算，这一假定是可以接受的，测算结果在量级上是正确的。后面的其他测算也是基于同一假定

② 该结果是基于 1991~2006 年的数据测算得出的。由于 21 世纪以来，我国的科教结构发生了很大变化，科教投资对技术、劳动生产率的作用有了较大幅度的提高。如果仅用近期的样本数据进行测算，那么科教投资增加对劳动生产率等的拉动作用更大一些

## 4. 加强监督的原则

政府如此庞大的投资计划，应及时向社会公布更多的信息，接受监督。投资计划、经费使用等都要实行科学和规范的管理，包括对工作程序也要加强监督，争取更好的经济效应和社会效应。重大投资项目应设立领导小组和专家委员会。

## 5. 审慎处理土地资源占用量大的项目

目前4万亿元投资计划中有很大一部分将投向铁路、公路、机场和港口等的建设。这是非常正确的，但也要注意防止和减少大规模投资可能引发的负面影响，如可能带来建设用地数量的急剧增加，将对中央提出的守住18亿亩①耕地红线的目标形成新的重大压力。

据中国科学院预测科学研究中心的初步测算，2009~2010年，由于4万亿元投资计划的实施而增加的铁路新线每年将增加土地占用35.12万亩。如果按照其中30%~50%的土地为可耕种的土地来进行测算，则增加的耕地占用将达10.5万~18.1万亩；2009年和2010年由于该计划新建的公路而占用的土地将比原计划增加约87.9万亩和148.4万亩。在公路占地中，所占耕地的比例要高于铁路，如果以50%进行推算，2009年和2010年将分别多占用耕地44万亩和74万亩左右。

## 6. 警惕低水平重复建设以及高污染、高能耗的项目

通过扩大投资来促进内需的同时，一定要重视资源和环境保护，应尽可能避免和减少对资源和环境造成新的破坏。

根据中国科学院预测科学研究中心测算，目前4万亿投资计划将使工业废水、废气、二氧化硫、固体废弃物排放总量分别增加21.9亿吨、50 431.2亿标准立方米②、297.4万吨和184.7万吨。如果考虑到4万亿元投资将带来全社会投资的增加，以2009年增加21万亿投资计，则工业废水、工业废气、工业二氧化硫和固体废弃物的排放量则将分别增加117.6亿吨、261 854亿标准立方米、1555万吨和960万吨。这将给我国的节能减排工作带来很大压力。因此，应尽量避免和减少4万亿投资计划及其所带动的社会投资中高污染、高能耗的项目及

① 1亩≈667平方米

② 1标准立方米是指在1大气压下，20℃时气体所占的体积

低水平重复建设的投资。

## 三、关于优先投资方面的若干建议

### 1. 加强农业、农村和林区基础设施建设

与发达国家相比，我国农业的生产水平相对较低，突出表现在农业的基础设施建设上。全国贫困地区主要分布在林区和山区，那里有丰富的资源，但由于交通等条件的限制，造成这些地区的经济发展较慢。与一些工业领域相比，国家对农业、林业基础设施的投资相对较少。加大农村基础设施的建设，不仅可以解决大量劳动力的就业问题，而且还将有效地促进农村和农业发展以及改善生态环境。农民收入的提高对消费的带动效应将是非常明显的。林业也是如此。建议政府在制订新的经济刺激计划时，应把农村基础设施建设作为一个重点，这对于拉动内需、保增长和调结构以及我国经济的长远发展都是非常重要的。

### 2. 推进制造业升级，加强信息基础设施建设

我国制造业中加工生产所占比重过大，自主设计投入不足。产品出口的主要市场过于集中，抗风险能力差。美国次贷危机暴发后，我国制造业出口增幅明显回落，亏损企业量大面广。1979~1980 年，日本经济也有过类似的遭遇，但日本经济通过一场制造企业升级换代的“革命”，大幅提高生产效率和科技水平，在2~3 年的时间内，成功实现了从“贸易立国”到“科技立国”的转变。危机也孕育着机遇，建议我国应尽快推进制造业的升级，提升自主创新能力和设计创造能力，推进绿色、智能制造的步伐，并利用我国劳动力优势发展个性化制造，创造国际著名品牌，提高国际竞争力。

信息化是推动经济社会变革的重要力量。信息基础设施建设是信息化的基石。建议加强宽带通信网、数字电视网和下一代互联网等信息基础设施建设，推进“三网融合”，健全信息安全保障体系；建设城乡高速多媒体信息传输骨干网络，提高通信网络在农村的覆盖率，基本实现自然村通电话和宽带进村入户。现代网络平台的建设与发展不仅将触发和形成新的经济增长点，而且对我国产业升级也有着重要的意义。

### 3. 加快调整能源结构，完善我国能源供应体系

目前我国的能源消耗仍以煤炭为主，与 2000 年前后相比，近年来煤炭在能

源消费总量中所占比重又有所上升，占能耗总量的近70%。但煤炭不是清洁能源，在燃烧过程中会产生污染，如二氧化碳、二氧化硫和固体废弃物等。要实现节能减排的目标，需要在总量控制的基础上改善能耗结构，增加石油、天然气以及水电、核电、风电和太阳能的比重，并加大对可再生能源和先进核能技术的研发力度。

## 4. 建立和完善国家科研成果推广计划体系

科技是第一生产力，应该在“保增长，扩内需，调结构”方面做出更大的贡献。目前在我国，需要进一步采取措施，引导、加强研究院所和大学与企业的合作研发。一方面，相当比例的科研成果存在着推广难的现象；另一方面，很多企业对实用技术有着迫切的需求，甚至处于“等米下锅”的状态。建议设立和完善国家科技成果推广计划体系，加大科技成果的推广力度，加快科技成果的转化速度，同时应制定更优惠的政策，鼓励企业增加研究开发投入，鼓励更多的科研人员、研究生和大学生深入企业和乡村。

## 5. 适应需求，优化教育结构，大力发展职业教育

目前我国高等教育的一次就业率约为70%，而中等职业教育一次就业率远高于90%。不仅如此，职业技术人才在很多领域供不应求。改革开放30多年来，我国职业教育为国家输送了1亿多高素质劳动者和技能型专门人才，极大地提高了我国劳动者的素质，明显地改善了我国从业人员的结构。然而，我国职业教育投资明显不足、职业教育水平落后、职业技术人才仍严重不足等问题，严重地影响了我国职业教育的发展。部分经济发达国家，职业教育经费投入约是普通高等教育经费投入的3倍，而我国2006年职业教育经费投入仅占普通高等教育经费投入的22.2%。建议政府优化教育结构，加大对职业教育的投资力度，大力发展职业教育，这是“扩内需，促就业”，并有利于长远发展的大事。此外，应进一步鼓励社会力量参与发展职业教育。当前，一些制造业的企业面临着产能调整的困难，可以有计划地组织工人参与职业教育培训，政府也应给予一定的支持。

## 6. 加大对基础前沿研究和部分科技专项的投入

应加大对基础研究和部分科技专项的投入，以应对未来科技革命的挑战。20世纪90年代初的美国新经济之所以能够成功，在很大程度上得益于里根的“星

球大战计划”和“信息高速公路计划”等计划的拉动。我国要确保经济长期、稳定、较快的增长，在经济结构调整中，应该更加重视科技对经济和社会发展的推动作用。根据当前国际经济和科技发展的新形势，应及时部署和调整科技专项的投资计划。

## 7. 加强国产仪器研制，同时重视引进处于实验阶段的新技术

目前，我国的大量科研项目经费被用于购买国外的仪器和设备，应尽快扭转这种局面。应加大对国产仪器研制的投入，制定鼓励购置国产设备的政策，促进形成科技投入、国产仪器研制和购买国产仪器的良性循环，推动我国制造业的升级。同时，重视引进国外还处在实验阶段但有广阔市场前景的技术。在一些发达地区和工业部门，可以考虑尝试实施日本20世纪70年代引进实验技术的战略。这将会帮助我国在未来抢占新的国际市场份额，甚至有可能重新造就类似2002年我国加入世界贸易组织（WTO）的拉动经济增长的“超级因素”。技术引进需要更加稳妥，可通过加强国内外科研单位之间的交流与合作，拓宽引进国外先进技术的渠道。

## 8. 重视服务业对内需的拉动作用和经济结构调整的影响

服务业占国民经济的比重，在一定程度上反映了一个国家的发达程度，而且服务总是和消费密切相关，大力发展服务业对扩大消费至关重要。建议政府应适当调整工业、农业和服务业等的比例关系，加大对服务业的投入，以拉动内需、增加就业、促进增长和调整经济结构。当前，我国旅游业的发展面临着重要的机遇和挑战，应该进一步重视旅游产业的发展，推动我国消费结构的升级，促进经济的增长。此外，我国应加快现代服务业，如金融服务业、专业服务业、信息服务业、研发及科技服务业等知识密集型服务业的发展，提升我国服务业的总体水平。

## 9. 加快发展农村保险业

自然灾害风险、经营风险等是农业发展的掣肘，而我国农村保险业的发展相对落后。其突出表现是保险和银行在农村金融生态中的地位极不平衡：2007年我国农业保费收入占农业信贷的比例为0.35%，而全国保费收入占全国信贷的比例为2.7%。这表明，城市的金融供给有更多的保险资源来支撑。然而，恰恰是风险更高的农业，其金融生态中反而出现了保险供给相对不足的矛盾。因此，

应加快农村保险业的建设，把保险作为活跃农村金融的突破口来抓。

## 10. 重视互联网建设对社会发展的作用

我国网民已超过3亿，手机用户已超过5亿，随着3G等无线宽带接入技术的发展，网络将成为我国商务、消费、服务和公民日常生活的重要平台。借鉴美国新经济的经验和奥巴马新政府推出的全国宽带网计划的政策举措，建议建立和大力发展以扩大互联网普及和应用为基础的文化知识网，从沿海推广到内地，从城市推广到乡村。建设这样的网络，其意义绝不亚于公路网和铁路网等有形网络的建设。互联网的应用领域不仅可用作电子商务和电子政务的技术平台，而且可在网络平台上创业和开展创新，还可在网络平台上建设虚拟的博物馆和数字图书馆等，从而大大提高全民族的科学文化水平与素养。

（本文选自2009年咨询报告）

## 咨询组成员名单

| | | |
|---|---|---|
| 郭　雷 | 中国科学院院士 | 中国科学院数学与系统科学研究院 |
| 杨　乐 | 中国科学院院士 | 中国科学院数学与系统科学研究院 |
| 汪寿阳 | 研究员 | 中国科学院数学与系统科学研究院 |
| 陈锡康 | 研究员 | 中国科学院数学与系统科学研究院 |
| 朱道本 | 中国科学院院士 | 中国科学院化学研究所 |
| 严陆光 | 中国科学院院士 | 中国科学院电工研究所 |
| 陆汝钤 | 中国科学院院士 | 中国科学院数学与系统科学研究院 |
| 周锡元 | 中国科学院院士 | 北京工业大学、中国建筑科学研究院 |
| 林惠民 | 中国科学院院士 | 中国科学院软件研究所 |
| 段　雪 | 中国科学院院士 | 北京化工大学 |
| 洪德元 | 中国科学院院士 | 中国科学院植物研究所 |
| 费维扬 | 中国科学院院士 | 清华大学 |
| 唐守正 | 中国科学院院士 | 中国林业科学院资源信息研究所 |
| 贾承造 | 中国科学院院士 | 中国石油天然气股份有限公司 |
| 高　松 | 中国科学院院士 | 北京大学 |

# 内蒙古阿拉善地区生态困局与对策

郑 度 等

内蒙古阿拉善地区是我国最主要的沙尘源地，也是我国抗御风沙侵袭的第一道重要生态屏障。虽然国家和地方已采取一系列以生态、扶贫、转移为核心的生态建设工程，并取得一定成效，但如何巩固已有的生态建设成果、保障居民享受基本均等的社会服务，则需要在国家层面将阿拉善地区作为全国生态建设的重点区域，继续加强国家政策与资金的支持，从而实现阿拉善地区生态安全与国防建设的良性发展。

## 一、阿拉善地区概况与生态战略地位

### 1. 阿拉善盟概况

（1）行政范围

阿拉善盟位于内蒙古自治区的最西端（东经97°10′~106°53′、北纬37°24′~42°47′）。东部与内蒙古自治区巴彦淖尔盟、乌海市以及宁夏回族自治区接壤，南部、西部与甘肃省相连，北部和蒙古国交界，边境线长735千米。地跨三省（自治区），毗邻十地区（市）。东西长831千米，南北宽598千米，面积为27万平方千米，占内蒙古自治区总面积的22.8%，为内蒙古自治区面积最大的盟（图1），2006年全盟共有人口22万。全盟下辖阿拉善左旗、阿拉善右旗、额济纳旗3个旗，共23个苏木（镇）、190个嘎查（村）。巴彦浩特镇为阿拉善盟公署驻地，是全盟政治、经济、文化中心。

（2）自然环境格局基本特征

阿拉善高原是以干燥剥蚀与风力侵蚀为主的剥蚀高原，海拔一般为1000~1500米，戈壁与沙漠广布。东、南、西三面分布有高度不同的贺兰山（海拔3556米）、龙首山、合黎山、马鬃山等，北部为蒙古高原所隔，阿拉善大体为一封闭的内陆高原盆地，其地势大致由南向北倾斜，海拔多为900~1400米，其中，居延海最低。

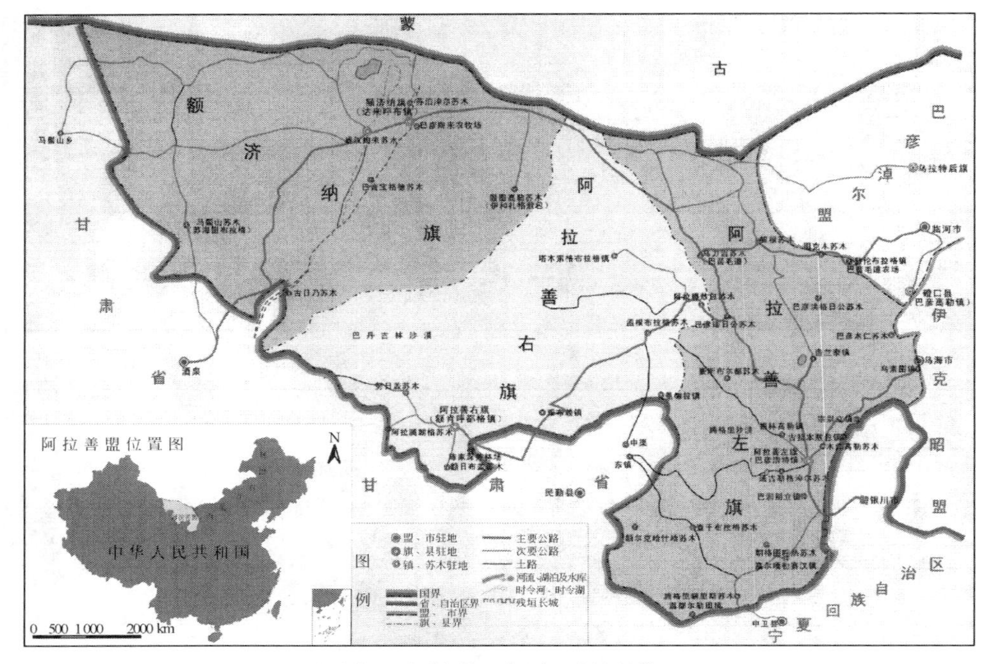


图1　阿拉善盟行政区划图*①

阿拉善高原是一个久经剥蚀夷平的古老的高平原，其上广布有基岩裸露、经风化剥蚀形成的戈壁，戈壁面积9.22万平方千米，占总面积的34.16%。此外，境内还分布有我国著名的三大沙漠：巴丹吉林沙漠、腾格里沙漠与乌兰布和沙漠，以及其他零星沙漠，沙漠面积达7.59万平方千米，占总面积的28.10%。山地与丘陵面积4.87万平方千米，占总面积的18.2%。境内尚有数以百计的大小湖泊，多为盐、碱湖，其中以古兰太盐湖与雅布赖盐湖最有名，淡水湖（微碱）仅有东居延海。

（3）社会经济发展状况

全盟2006年有常住人口约21.42万，其中，农牧民6万多人，约占1/3。东部的阿拉善左旗有14.2万多人，占全盟人口的近3/4；中部的阿拉善右旗约2.5万人；西部的额济纳旗约1.7万，人口比较集中的地点有：巴彦浩特镇、乌斯泰开发区、吉兰泰镇、额肯呼都格镇、雅布赖镇、达来呼布镇等绿洲、东风基地等。根据阿拉善盟发展和改革委员会提供的资料，全盟2007年全盟从业人员为40 942人，其中，第一产业从业人员1817人，第二产业从业人员18 163人，第三产业从业人员20 962人。2007年国内生产总值111.76亿元，其中，第一产业5.10亿元，占国内生产总值的4.56%，第二产业76.81亿元，占国内生产总值的68.73%，第三产业29.85亿元，占国内生产总值的26.71%。2007年全年



① 本文带*图，原图为彩色图片

财政总收入为 18.58 亿元，其中，阿拉善左旗 10.4666 亿元，阿拉善右旗 1.336 亿元，额济纳旗 2.1128 亿元，盟本级 4.6664 亿元。地方财政支出 24.3613 亿元，其中，阿拉善左旗 9.2016 亿元，阿拉善右旗 3.2344 亿元，额济纳旗 3.8559 亿元，盟本级 8.0694 亿元。城镇居民人均可支配收入为 12 459 元，阿拉善左旗城镇居民人均可支配收入为 12 391 元，阿拉善右旗城镇居民人均可支配收入为 12 660 元，额济纳旗城镇居民人均可支配收入为 12 729 元；阿拉善盟农牧民人均纯收入为 5072 元，阿拉善左旗农牧民人均纯收入为 4527 元，阿拉善右旗农牧民人均纯收入为 5538 元，额济纳旗农牧民人均纯收入为 5792 元。

## 2. 自然环境特征

(1) 气候极端干旱，日照充足，积温高，多风沙天气

全盟气候干旱、降水稀少是阿拉善地区最突出的气候特征。资料表明，全境除受贺兰山山地影响，使局部山地与山麓降水略高于 150 毫米/年外，其余广大地区都少于 100 毫米/年（图 2），尤其是阿拉善右旗与额济纳旗都不足 75 毫米/年。相反，潜在蒸散量高达 655 ~1459 毫米/年。

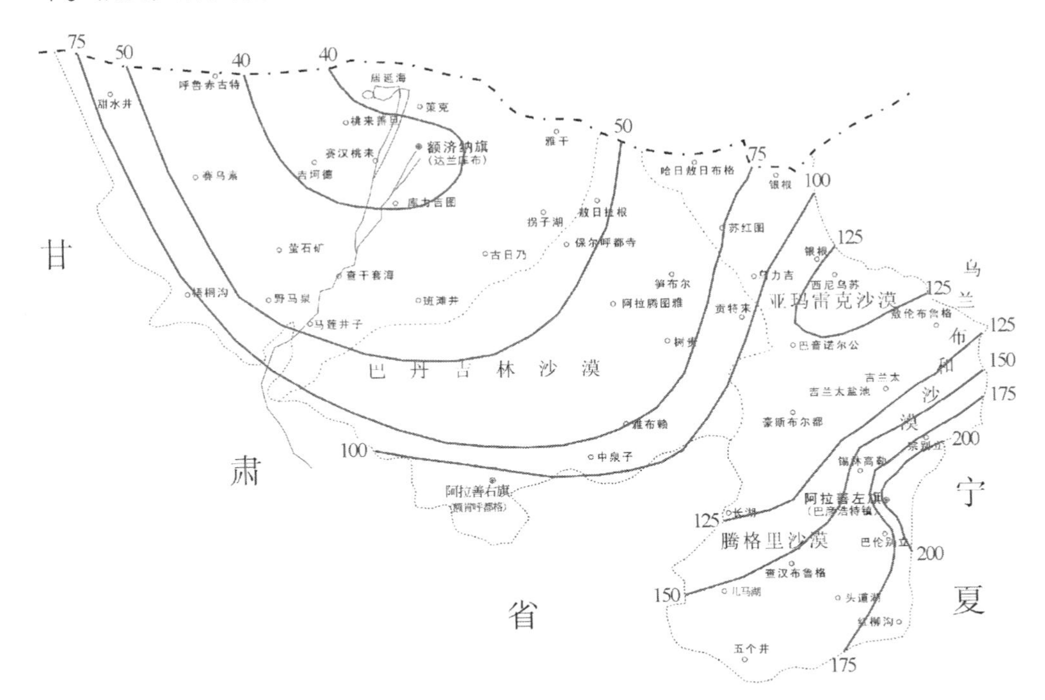


图 2　阿拉善盟降水等值线图*（单位：毫米）

阿拉善地区太阳辐射强烈，可达155～167千卡[①]/（厘米$^2$·年），为我国仅次于西藏的强辐射区。光照时间长，全年可达3400～3500小时，日照百分率达78%，均为全国最高日照时数地区之一。正因如此，阿拉善地区气候温暖，年均温为6.8～8.8℃，≥10℃积温可高达3200～3600℃，局部地区超过3600℃。

阿拉善地区气候的另一重要特征是风大、风沙日多。据统计，全年平均风速为3.44～4.74米/秒，最大风速达34米/秒，全年8级以上的大风日为10～50天，日均风速≥3.0米/秒的日数一般为200～300天，沙尘暴日历年平均为8～20天。

20世纪90年代，全球平均气温较60年代上升了0.4～0.5℃，阿拉善地区观测显示，同期8个气象站的平均气温上升了1.29℃。其中，拐子湖地区上升了2.2℃。若以温度最高的1998年与相对较低的1967年比较，平均上升幅度为3.63℃，其中，额济纳和拐子湖气象站上升幅度达4.20℃，与其他地区相比，阿拉善地区的增温幅度是惊人的。尽管有专家指出，西北干旱区的多数地区随着气温升高，降水有所增加，然而，在降水量低于200毫米的干旱或极端干旱区，降水量的微弱增加本身不具备太大的意义，而且，因气温升高造成的蒸发能力增强，尤其是冬、春季节气温升高，土壤水分散失加快，土壤干燥疏松，是造成沙尘暴加剧的一个重要原因。

（2）水资源贫乏，地下水资源利用过度，绿洲面临萎缩的威胁

阿拉善地区地表径流稀少，唯一的外流河（黄河）为过境河，从东端边缘擦过，其水资源属全国统一调配，利用也有一定难度。

内流河仅有从甘肃流入的黑河，入境后称额济纳河。这是唯一从境外输入水量的河流，全程250千米。20世纪70～80年代尚能每年输水8.0亿立方米以上，但21世纪以来，因张掖地区大规模开垦，用水量激增，因此，下输水量急剧减少，年输水量仅3亿多立方米，最少时不足2.0亿立方米，致使河道断流、湖泊干涸。其余小流域的洪水冲沟多为季节性流水沟，10千米以上的仅有25条，其中，贺兰山12条，龙首山10条，雅布赖山3条，均无稳定径流，流量也很有限。

阿拉善地区地下水多为山前洪积扇前沿或沟谷口，地下水资源较为丰富，埋深多在150米左右。这些地下水的开发利用成为阿拉善地区当前发展农牧业的重要水源。例如，查汗滩、腰坝滩等地的人工绿洲都是立足在地下水开采灌溉基础上建立的。但这些多年储存下来的地下水毕竟有限，据调查，地下水位都以10～20厘米/年的速度下降，绿洲的生产将难以继续和发展。

水资源的极度缺乏是阿拉善地区维持良好的生态平衡与继续发展的最主要的制约因素。由于得不到必要的水源保证，阿拉善地区的绿洲（其中包括著名的额济纳旗绿洲）都将面临衰退与枯竭。



① 1卡≈4.2焦耳

（3）湖泊干涸，湿地消失

分布于黑河下游额济纳旗境内，以东、西居延海为主体的湖泊、盐化沼泽和泥炭地、芦苇地等湿地面积达2485平方千米，自1961年开始相继消失。地下水因得不到地表水的补充，水位持续下降，水质逐渐恶化，两湖地区井水含氟量、含砷量普遍超标。东、西居延海盐漠广布，湖岸沙丘向湖心逼近；古日乃湖与拐子湖周边已形成重盐土和斑状梭梭残林及流沙地；绿洲面积由6500平方千米退化到目前的3328平方千米，并且以每年13平方千米的速度递减。

（4）植被与土壤荒漠特征明显，盖度小、生物量低、土地贫瘠

干旱的气候导致了除贺兰山中、高山地局部的天然针阔混交林与青海云杉木外，其他广大地区均为草原化荒漠与典型荒漠。植被建群种为多年生灌木、小灌木、半灌木，如红砂、珍珠、泡泡刺、沙木蓼、麻黄、霸王、沙冬青等；沙地植物主要为梭梭、沙拐枣、白沙蒿、籽蒿等；盐碱地常见的有盐爪爪、红柳、苦豆子等。黑河岸边尚有胡杨、灰杨、沙枣、红柳等。除局部水分条件较好的河、湖岸边，广大荒漠地区植被盖度一般仅有5%～15%，生物量极低。

土壤也表现了鲜明的荒漠特征：土壤机械组成粗粒化（砾石化），表面多有结皮，呈铁质化现象，富含石膏（针状、蜂窝状）；土壤有机质含量低，多在0.3%以下，但含盐量通常较高。

横贯东西800千米的113.3万公顷梭梭林仅剩38.6万公顷残林，并以每年0.17万公顷的速度减少；贺兰山西麓天然次生林更新困难，目前仅存3.58万公顷；额济纳旗胡杨林面积由20世纪50年代初的5万公顷减少到目前的2.94万公顷；草场退化面积达334万公顷以上，大面积的草场已无草可食；180余种野生动物（包括国家一、二、三类珍稀动物）或迁徙他乡，或濒临绝迹。

（5）沙漠化加剧，沙尘暴频繁发生

阿拉善盟沙漠化土地总面积为366.62万公顷，占土地总面积的15.48%，沙漠和沙地面积为761.55万公顷，占土地总面积的32.16%，两者之和为1128.17万公顷，占土地总面积的47.65%。据中国科学院寒区旱区环境与工程研究所对阿拉善盟进行的生态环境动态遥感调查研究，1996年全盟荒漠景观面积为22.32万平方公里，并呈现逐年扩大趋势。

几个大沙漠如巴丹吉林沙漠、腾格里沙漠、乌兰布和沙漠也都呈现面积逐年扩大趋势。在风力的作用下，乌兰布和沙漠以8～10米/年的速度前移，巴丹吉林沙漠也以20米/年的速度扩展。进入20世纪90年代，沙尘暴频次越来越高，强度越来越大，危害程度也越来越重。日益恶化的生态环境给阿拉善地区经济社会带来极大危害，并且也波及西北、华北地区。一是阿拉善地区已成为我国最大的沙尘源地。我国沙尘暴的北方路径和西北路径均通过阿拉善地区。据2000年春北京地区9次沙尘天气的冷空气定量分析，有8次途径为额济纳旗、巴丹吉林

沙漠、腾格里沙漠、乌兰布和沙漠。二是三大沙漠将握手连片。乌力吉流沙带沙丘在 1973 ~2000 年平均移动速度为 5. 3 米/年，并且移动速度有增大的趋势。巴丹吉林沙漠侵入额济纳绿洲，巴丹吉林与腾格里沙漠在雅布赖山两端交汇，腾格里和乌兰布和沙漠及北部其他沙漠在吉兰泰附近交汇，已经发出了几大沙漠连为一体的信号。三是加重了牧民的贫困化程度，许多地区已失去人畜生存条件，部分牧民沦为生态难民。四是严重威胁到东风航天基地的生态安全，同时也直接影响到河西走廊、宁夏平原、河套平原三大商品粮基地和西北、华北及京津地区。五是大量风沙侵入黄河，使河床抬高、行洪能力下降。2008 年春发生在乌海的“凌汛”，使 1000 多人遭受洪水围困，直接经济损失过亿元，与该段河床因风沙抬高有直接关系。

（6）人类活动加剧，荒漠草原长期超载过牧

新中国成立初期阿拉善盟人口为 3. 41 万，至 2006 年人口总量达到 22 万，为新中国成立初期的 6. 46 倍，其增长幅度远大于全国平均水平。人口的迅速增长的原因主要是三年困难时期周边大量灾民涌入、生育政策失误、安置大量复转军人等。随着人口的急剧增加，牲畜数量也急剧上升。1949 年载畜量为 80. 14 万羊单位，1980 年达到历史的最高峰，为 360. 01 万羊单位，到 2001 年为 227. 65 万羊单位。受经济利益的驱动，畜群结构也从大、小畜同步发展逐步转变为以山羊为主，到 2001 年山羊占牲畜总量的 67. 73%。

长期以来，阿拉善盟农牧业经济的发展主要依靠扩大生产规模来获得，尤其是在牧区，传统生产、生活方式与脆弱的生态环境发生了剧烈的冲突。在大多数地区，一旦遭遇干旱或其他灾害，当年的主要收入乃至多年积蓄均用于购买草料抗灾保畜，生产生活条件得不到改善。根据 1998 年和 1999 年在阿拉善左旗的调查，农牧民人均收支平衡分别为 −863. 06 元和 −404. 14 元，相当部分的农牧民必须依靠扶贫补贴和贷款，才能维持生产和生活。

其他一些不合理的人类活动方式，如荒漠草原的开垦与撂荒，2000 年该盟 19 万人，其中，农牧民 5. 3 万人，开垦水浇地 27. 89 万亩，劳动力人均 7. 2 亩，广种薄收，并导致地下水下降；掠夺式地樵采和滥挖中药材，不合理地开发利用水资源，无序开矿以及现代交通工具在草原戈壁上任意通行、采集戈壁砾石等行为，改变了原始地面覆盖方式，破坏了相对稳定的戈壁表面，造成了新的风沙活动源地。

## 3. 阿拉善地区生态战略地位

阿拉善地处我国西北干旱区东南边缘，我国北方农牧交错带把该区域与东南湿润地区分隔开，农牧交错带起到阻隔北方沙尘暴长驱直入华北、华南和东南沿

海地区的屏障作用。近年来农牧交错带植被和生态环境逐渐退化，生态屏障作用减弱，导致了北方强大的沙尘暴直接影响华北、东北及东南沿海的生态安全，为此，阿拉善地区的沙尘暴防治工作显得更为重要。

（1）阿拉善地区是沙尘暴多发区

1960~2002 年阿拉善地区沙尘天气统计数据显示（图 3），阿拉善地区 43 年的年均扬尘、浮尘、沙尘暴天气分别为 36.0 天、17.1 天、10.2 天，年均沙尘暴天气在 10 次以上，其中，额济纳旗最严重，年均沙尘暴日数达 13.9 天。阿拉善右旗次之，年均沙尘暴日数近 10 天。该地区年均沙尘天气近 100 天，即全年有 30% 的时间是沙尘天气，其中，阿拉善右旗最多，高达 125.3 天，即全年有 35% 的时间都有沙尘。

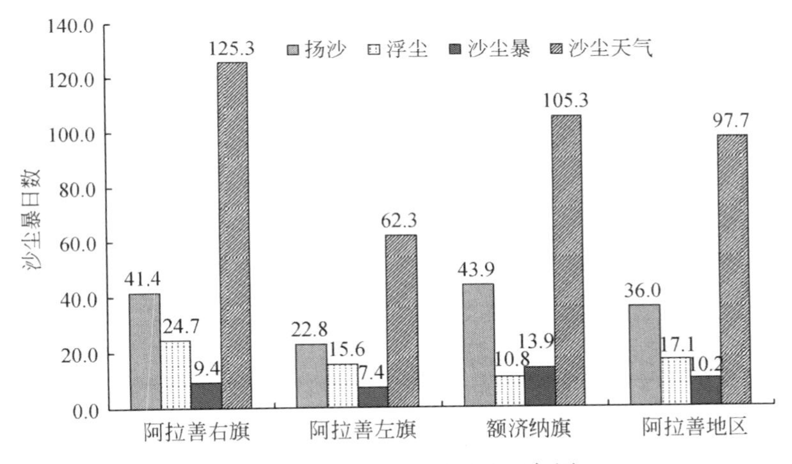


图 3　阿拉善地区年均沙尘天气图

根据阿拉善气象台统计，2000 ~2005 年阿拉善高原发生沙尘暴日数最多的是拐子湖，合计为 112 天；其次为锡林高勒，合计为 64 天；其他的台站记录皆少于 40 天，最少的是吉兰泰，合计为 19 天。2000 ~2005 年阿拉善高原平均沙尘暴日数呈现两个多发区：拐子湖和锡林高勒。上述多发区内沙尘天气日数一般为 18.7 天和 10.7 天，其他站少于 7 天，最少的是吉兰泰（3.2 天）和中泉子（3.8 天）。

研究表明，沙尘暴的形成必须具备四个条件：一是大风，这是沙尘暴形成的动力基础，也是沙尘暴能够长距离输送的动力保证；二是地面上的沙尘物质，它是形成沙尘暴的物质基础；三是不稳定的空气状态，这是重要的局地热力条件，沙尘暴多发生于午后傍晚，说明了局地热力条件的重要性；四是干旱的气候环境，沙尘暴多发生于北方的春季，而且降雨后一段时间内不会发生沙尘暴是很好的证据。

阿拉善地区戈壁面积达 9.22 万平方千米，占总面积的 34.16%，沙砾质戈

壁所含粉尘为16% ~35%，广阔的戈壁为沙尘暴提供了丰富的物质资源。

此外，境内还分布有我国著名的三大沙漠：巴丹吉林沙漠、腾格里沙漠与乌兰布和沙漠，以及其他零星沙漠。沙漠面积为7.59万平方千米，占总面积为28.10%，沙漠的沙物质中含粉尘一般为2% ~6%，最多可达10%。

境内还有数以百计的大小湖泊，干旱湖泊面积达到500多平方千米，多为盐、碱湖，诸如东居延海、西居延海、天鹅湖、古日乃湖、拐子湖、头道湖、二道湖、三道湖等，盐、碱湖富含沙粒和粉尘（沙黄土为20%左右），干旱湖泊粉尘含量在70%以上。

阿拉善地区风大，为沙尘暴的发生提供了动力。同时，本区地形上的狭管效应增加了风力强度，提高了风的侵蚀能力，增加了沙尘暴的频度和强度。

阿拉善地区水分条件差，易起沙起尘。土壤含水量越大，土壤颗粒的启动风速越大，土壤抵抗风蚀的能力越强，即启动沙尘的临界风速随含水率的增加呈线性增大，当土壤含水率达4%时，不易风蚀。资料表明，全境除受贺兰山山地影响，使局部山地与山麓降水略高于150毫米/年外，其余广大地区都少于100毫米/年，尤其是阿拉善右旗与额济纳旗都不足75毫米/年。相反，潜在蒸发却很高，该地区干旱的土地加速了土地沙漠化，引起沙尘暴。

地表植被稀疏，风蚀严重，易起沙起尘。阿拉善地区生态环境严重恶化，植被退化严重。新中国成立50年来，干枯的湖泊超过500平方千米。例如，1982年东居延海水深118米，天鹅湖水深115米，现已干枯，湖心和周围已被流沙覆盖。干枯湖泊周围湿地已形成半裸露灌丛沙堆。6000平方千米干旱湖盆周围的沙地梭梭林，因地下水位下降，大片死亡，如拐子湖、古日乃湖附近，1982年梭梭林存活率为12% ~17%，现已濒临全部死亡。黑河流域下游额济纳三角洲1982年尚存大片湿地，现因河流断流干枯，胡杨、红柳成片死亡。

（2）阿拉善地区沙尘暴是华北、东北及东南沿海的主要源地

我国沙尘暴是世界四大沙尘暴区（中亚、北美、中非和澳大利亚）之一的中亚沙尘暴区的一部分，也是现代强沙尘暴的高活动区之一。我国沙尘暴的分布西起新疆喀什，东至黑龙江的富裕，东北至呼玛，西南至西藏的隆子，涉及新疆、甘肃、青海、宁夏、内蒙古、北京、陕西、山西、河北、天津、辽宁、吉林、黑龙江、西藏、河南省（自治区、直辖市）。从发生的强度、频率看，以贺兰山为界，以西为我国沙尘暴的主要源地，强与特强沙尘暴年平均10次以上；以东为我国的沙尘暴的次要源地，强与特强沙尘暴年平均10次以下。次要源地由于处在贺兰山以西主要源地的下游，该区常受到西部大范围沙尘暴的影响，上游产生沙尘暴，将物质带到高空，带到下游产生降尘。

根据沙尘暴发生频率、强度、沙尘物质组成与分布、生态现状、土壤水分含量、水土利用方式和强度，结合区域环境背景将我国北方划分为甘肃河西走廊及

内蒙古阿拉善盟、新疆南部塔克拉玛干沙漠周边地区、内蒙古阴山北坡及浑善达克沙地毗邻地区、蒙陕宁长城沿线4个主要沙尘暴中心和源地。上述沙尘暴多发地区的沙尘也常随西风和西北气流输送到华北及长江中下游，形成沙尘天气。其中，河西走廊及内蒙古阿拉善盟源地（图4）随西北风和西风气流输送到华北及长江中下游，是我国最大的沙尘暴源地。

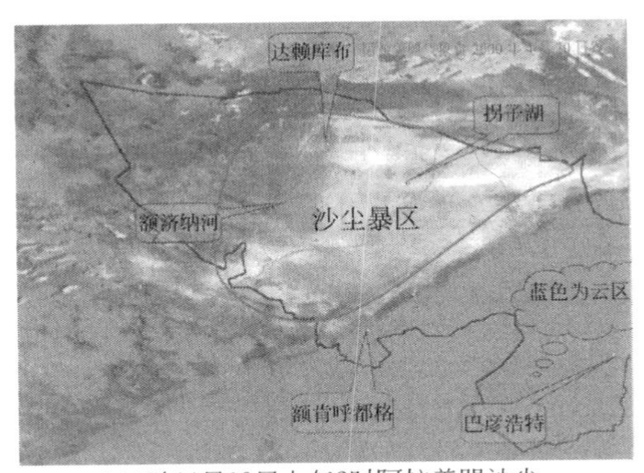


2000年4月19日上午9时阿拉善盟沙尘暴卫星遥感监测图*

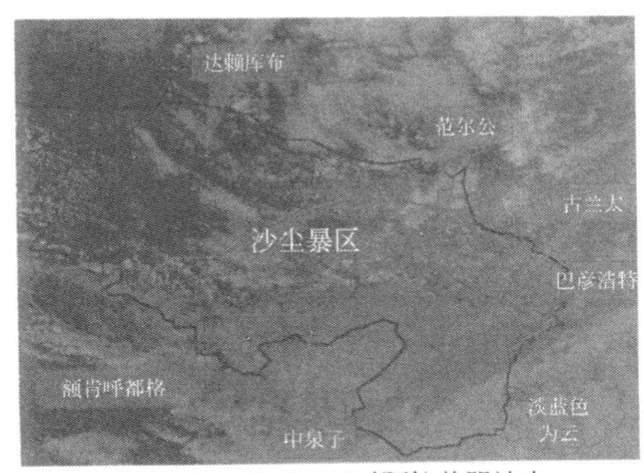


2000年4月19日17时阿拉善盟沙尘暴卫星遥感监测图*

图4　阿拉善地区沙尘暴分布示意图*

根据我国沙尘暴的天气形势特点、冷空气来源和云图特征等，把影响我国华北地区、长江中下游地区，日本，韩国等的沙尘暴移动路径分为西、西北和北方路径（图5），其中西北路径的沙尘移动对下游地区的影响最严重。

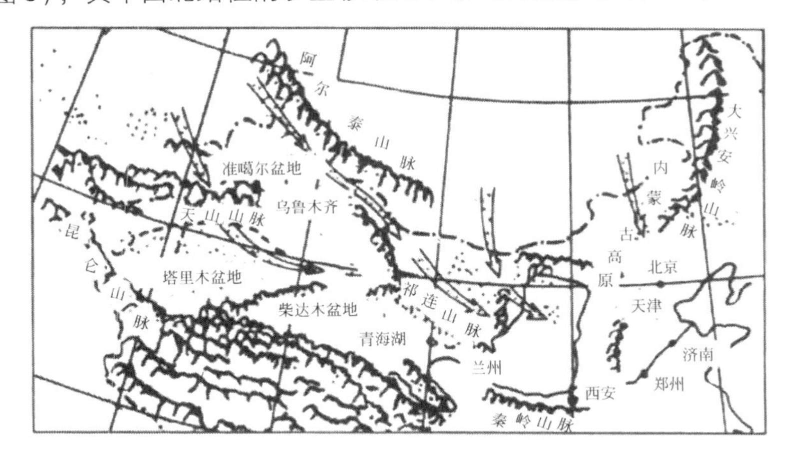


图5　中国北方沙尘暴移动路径示意图

注：箭头代表移动路径

西北路从河西走廊、阿拉善等地区开始，经过呼和浩特、大同、张家口等地，到达京津，有时抵达长江中下游。此类沙尘暴具有范围广、强度大、灾害严

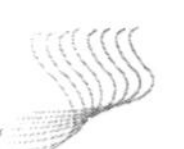

重的特点，易形成黑风，发生次数占68%，如1993年“5·5”黑风、1977年“4·22”黑风以及2000年“4·12”强沙尘暴等。西路从新疆出发，经河西走廊及阿拉善地区、银川、呼和浩特、大同或太原等地，到达北京、天津以及东北。此类沙尘暴占14%，主要发生在塔里木盆地、河西走廊西部和阿拉善地区。

沙尘暴天气过程产生一个流动的大污染源，它会使所经之处的大气颗粒物污染明显加重。例如，2000年3月26日内蒙古阿拉善盟发生沙尘暴，最大风速22米/秒，风向西北，能见度为300米；3月27日北京市最大风速11米/秒，风向西，发生扬沙天气；4月24日内蒙古阿拉善盟出现沙尘暴，风向西北，最大风速22米/秒，最小能见度400米；4月24~25日，北京出现西北风，最大风速9米/秒，发生浮尘天气；4月28日内蒙古阿拉善盟出现沙尘暴，西北风最大风速19米/秒，最小能见度400米；4月29日北京市出现最大风速9米/秒，风向西北，出现扬沙、浮尘天气。

阿拉善盟与呼和浩特市相比，阿拉善盟4月24日10：25~17：40出现沙尘暴，最小能见度400米，最大风速22米/秒；呼和浩特市4月24日同样出现沙尘暴，最小能见度600米，最大风速22米/秒；4月28日09：07~20：00阿拉善盟最大风速19米/秒，最小能见度400米；而呼和浩特市4月28日，最大风速22米/秒，最小能见度达200米。

## 4. 阿拉善地区自然环境变化趋势与问题

关于阿拉善地区生态环境的变化，有以下基本认识：

（1）荒漠化是地质历史时期环境演变的结果

阿拉善地区自然环境的极度荒漠化，是地质历史时期大环境演变的结果，是我国西部地区新生代以来，特别是第四纪更新世以来总体环境向干旱荒漠化发展的结果。尤其是阿拉善地区地处亚洲内陆腹地，四周又有高山阻隔，因此，荒漠化更显突出。如何改善与保护阿拉善27万平方千米土地的自然环境，仅仅依靠阿拉善当地的20万人民是不够的，这应该是全国人民责无旁贷的责任。

（2）对资源的不合理利用导致了生态环境的进一步恶化

近几十年来，由于资源利用的不合理，阿拉善地区生态环境确实有进一步恶化的趋势，主要表现在：水资源大幅度减少，额济纳河断流，东、西居延海干涸（东居延海在国家干预下，水面得到了局部恢复），地下水位下降，水量减少；绿洲面积由原6500平方千米减至3328平方千米，且仍以13千米$^2$/年的速度递减；额济纳旗胡杨林由新中国成立初期的5万公顷减至目前的2.94万公顷，草场退化达334万公顷以上，植被覆盖度降低了30%~80%。正因为如此，自然环境不断恶化，沙漠化进一步加剧，沙尘暴频繁发生，且强度加大，阿拉善地区已成为我国沙尘暴的主要源地之一。如何遏制环境的进一步恶化，调整阿拉善地区人民对当地资源适度利用的基本态度与对策，已成为当前最紧迫的任务。

(3) 资源结构与环境组合脆弱，严重缺乏自我调节与控制的能力

阿拉善地区资源结构的不平衡性十分突出，土地资源丰富，但水资源严重不足。某些地区的自然环境也十分脆弱，一旦被破坏，就会导致一连串的恶性反应。例如，额济纳河上游水源减少以致断流，就使下游地下水位降低，湖泊干涸，胡杨林衰退、死亡，盐碱化加重等，环境严重恶化。但这一趋势仅从阿拉善地区自身资源的重新调配与组合是不可能改善的，因此阿拉善地区缺乏自身的调控能力，必须借助区外资源的输入与重组。

## 二、阿拉善地区水资源状况、需求、问题及对策分析

阿拉善内陆高原地处我国西北干旱荒漠区的东部，其主要地貌类型为沙漠、砂砾质戈壁、低山丘陵、干燥剥蚀平原和盆地。阿拉善地区水资源总量为18.07亿米$^3$/年，2005年末人口21.2万人，人均水资源量为8523米$^3$/年，远远高于国际上公认的人均水资源1700米$^3$/年的安全警戒线和全国平均水平的2200米$^3$/年。2005年末阿拉善地区耕地面积2.9万公顷，每公顷耕地拥有水资源量为62 310米$^3$/年。单从以上两项指标来看，阿拉善的水资源状况较好，但是阿拉善地区可利用水资源只有8.83亿米$^3$/年，为水资源总量的49%；地下水开采程度仅为34%。现状总用水量中，有80%是地表水，而地表水中，仅额济纳旗就占了87%。水资源地区分布不均，再加上不合理的开发利用，不仅影响了该区生态环境，而且还制约了土地资源的有效利用。阿拉善地区的耕地面积只占土地总面积的0.11%，而耕地中有79%处于阿拉善左旗，主要开发利用地下水资源。

阿拉善地区水资源时空分布极不均匀，由此造成生态环境极为脆弱。从20世纪90年代中期开始，配合国家一批重点生态工程项目，阿拉善地区实施了以“适度收缩，相对集中”为核心的“转移发展战略”，将生态环境极其恶劣、基本失去人畜生存条件地区的牧民搬迁转移出来，从事农区种养业和第二、第三产业，进而实现生态脆弱地区生态环境的自然修复和生产力的集中发展。截至2007年，累计搬迁转移牧区人口7366户25 254人，局部地区生态环境有了明显改善。然而，伴随着阿拉善地区生态环境综合治理，一些地区的人口压力增加，水资源供需矛盾日益突出，生态用水缺乏。水资源缺乏成为阿拉善地区生态环境改善与恢复的重要制约因素，同时，水资源也是促进该盟生态建设、支持区域可持续发展的必要条件。

## （一）水资源缺乏造就了阿拉善地区干旱而脆弱的生态与环境

### 1. 降水稀少

干旱少雨、蒸发强烈、风大沙多、冬季寒冷、夏季炎热是阿拉善地区的主要气候特点。区内降水量东部多于西部，南部多于北部，山区多于非山区。降水最多的地方是贺兰山，年降水量200~400毫米。西北部的额济纳旗降水量最少，大部分地区降水不足50毫米。降水年际变化较大，年内降水主要集中在7~9月，占全年降水量的70%左右。根据FAO-Penman-Monteith公式计算，阿拉善地区潜在蒸散量为655~1459毫米，潜在蒸散量与降水分布变化规律相反，呈东南向西北递增，蒸散量远远超过降水量。

### 2. 地表水资源时空分布具有极大的差异性

阿拉善地区河流主要是内陆河水系，西部有黑河流入，贺兰山、龙首山、雅布赖山等多洪水冲沟，并有泉溪形成，三大沙漠中有许多湖泊和时令湖盆。唯一的外流河是在阿拉善东缘过境的黄河。

黄河从宁夏石嘴山市进入阿拉善盟，流经阿拉善左旗的乌素图、巴彦木仁苏木，沿东南边界在磴口县二十里柳子出境，境内全长85千米，流域面积30.91万平方千米，多年平均径流量273亿米$^3$/年，产水量0.3亿米$^3$/年。由于地形、技术和经济等方面的原因，本段黄河水资源难以利用，至今仅在紧靠河边处建有老崖滩提水灌区0.55万亩，由黄河提水550万米$^3$/年左右。另外，在巴彦树贵还有1万亩左右防风固沙林地得到灌溉。

额济纳河是境内唯一入境内陆河，连同上游主流总称为黑河。黑河发源于祁连山，全长800千米，在阿拉善境内为270千米。黑河在阿拉善额济纳旗境内分成东、西两河，形成了3.19万平方千米的额济纳三角洲，并滋润着0.33万平方千米的可适宜于人类居住的现代荒漠河岸绿洲。然而，随着近几十年来社会经济的发展，黑河流域中游大量截取水资源，向下游输水量大幅度减少。黑河中下游分界断面的过水流量，从20世纪50年代的12.24亿米$^3$/年，降至90年代的7.58亿米$^3$/年；经过鼎新绿洲与航天城进一步截流后，进入额济纳旗的径流量（狼心山断面），则分别为5.0亿~6.0亿米$^3$/年和3.46亿米$^3$/年，1992年只有1.83亿米$^3$/年。黑河来水量的大幅度减少导致了额济纳绿洲水环境恶化，表现为河水断流、可利用水质量降低，以及地下水位大幅度下降和部分地区水源枯竭。水环境的这些变化进一步导致了生态环境退化，如湖泊干涸、绿洲萎缩、沙漠化加剧等。

阿拉善地区的季节性河沟主要是暴雨产生的间歇性（季节性）山洪、山泉水汇合成地表径流而形成，集中分布于贺兰山、龙首山、雅布赖山等山区，较大的有40多处。多数河沟中水流流量小，流程短，往往在沟谷中途就潜入地下，形成潜流。在贺兰山区也有常年溪流，流量一般为50~30升/秒，最大者为哈拉坞沟，多年平均清水流量在50升/秒以上。山沟泉溪年际变化大，季节性强，但也是阿拉善地区的重要水源。例如，南北哈拉坞沟，溪流长年不断，成为阿拉善地区最大的城镇（巴彦浩特镇）人民赖以生存的主要水源。但是，在过去的几十年中，贺兰山资源的过度开发严重地破坏了贺兰山的生态与环境，造成森林生态系统的调节作用越来越弱，水源涵养功能减弱，泉水干枯。

湖泊分布于腾格里沙漠、巴丹吉林沙漠和乌兰布和沙漠中，形态为水泊、沼泽和草湖，通称为沙漠湖盆。湖泊中以咸水居多，分布于沙漠边缘地带。淡水湖泊多分布于沙漠腹地，集水面积较小，湖畔芦草丛生，是沙漠中的绿洲，但无灌溉之利。咸水湖泊中盛产盐硝。

综上所述，阿拉善地区的地表水资源特点表现为总量少、地域分布不均。主要的地表水资源是额济纳河，但由于额济纳河的来水量具有季节性，而且受到中游用水的影响，目前的利用方式主要是进行天然草场灌溉和维持整个绿洲的地下水平衡。在阿拉善左旗，由于水土资源分布极不均匀，为了有效地利用土地资源，先后从河套黄河灌区、宁夏和甘肃黄河灌区引水，建立了13万亩引黄灌区。

### 3. 区域水文地质和地下水资源

阿拉善地区水文地质条件主要为第四系冲洪积松散岩类孔隙水，第三系、白垩系碎屑岩类孔隙裂隙水、基岩裂隙水和沙漠湖盆区孔隙水。

第四系冲洪积松散岩类孔隙水包括额济纳河冲积平原孔隙潜水与承压水，贺兰山冲积平原第四系松散沉积层潜水，以及潮水盆地、雅布赖盆地孔隙潜水和承压水。额济纳河冲积平原潜水含水层厚5~20米，水位埋深1~5米，含水层为中细砂和砂砾石，单井涌水量400~500米$^3$/天。承压水分布于额济纳河东西流向的河谷中，含水层为细砂、砂、黏土3层，总厚度70米以上，混合抽水单井最大涌水量可达3000米$^3$/天，矿化度小于2克/升。贺兰山冲积平原第四系松散沉积孔隙潜水受山前侧向径流补给，含水层岩性为砂、砂砾石层，潜水埋深10~100米，单井涌水量1000~2000米$^3$/天，矿化度1~2克/升。潮水盆地、雅布赖盆地孔隙潜水和承压水以第四系冲湖积相含水层为主。潜水埋深不大，水量较丰

富，但含氟量较高。深层承压水埋深 100 米左右，矿化度小于 2 克/升，单井涌水量可达 600 米$^3$/天。

第三系、白垩系碎屑岩类孔隙裂隙水赋存于盆地第三系、白垩系的沉积岩层中，分布于吉兰泰、苏红图、银根等盆地和阿拉善右旗中部，多为潜水，局部有承压水分布。主要含水层为泥质砂砾、泥岩、砂岩和砂砾岩，单井涌水量 10 ~ 100 米$^3$/天，由于径流条件差，矿化度多大于 2 克/升。

基岩裂隙水分布于贺兰山、巴彦乌拉山低山丘陵区、北大山和龙首山低山丘陵区以及额济纳旗西部低山丘陵区。在贺兰山，由于沟谷强烈切割，潜水经沟谷向下径流补给平原和沙漠，常见地下水成泉水出露。泉水涌水量小于 100 米$^3$/天，矿化度小于 1 克/升。在低山丘陵区，地下水埋藏较深，局部有泉水出露，单井涌水量小于 10 米$^3$/天，矿化度小于 3 克/升。

沙漠湖盆区孔隙水分布于阿拉善左旗南部的腾格里沙漠、阿拉善左旗北部的乌兰布和沙漠以及阿拉善右旗的巴丹吉林沙漠。水位埋深小于 3 米，单井涌水量在不同沙漠差异较大，矿化度一般为 2~5 克/升。在乌兰布和沙漠中水质较好，矿化度均小于 1 克/升。

全区地下水质有明显的区域性特征，由东到西水质由好变劣。阿拉善左旗的地下水质最好，矿化度小于 1 克/升的水分布广泛。阿拉善右旗的地下水矿化度多数介于 1~3 克/升。额济纳旗地下水质最差，除沿河分布有小部分的水质较好区域外，大部分地区矿化度都为 5 ~10 克/升。另外，山区及山前冲积平原和沿河两岸水质好，高平原、低山区、沙漠区次之，地下水汇集的湖沼、盆地最差。

阿拉善地区的地下水资源主要由潜水组成。潜水中浅层潜水多分布于沙漠中，其埋深一般小于 30 米，单井出水量为 10~30 米$^3$/小时，可灌地 5 ~15 亩，水质较好。中层潜水主要分布于山前冲洪积扇前沿的倾斜平原，埋深在百米左右，单井出水量在 50 米$^3$/小时以上，高者可达 150 米$^3$/小时，是目前已建成饲草料基地的主要水源。百米以上之深层潜水多分布于低山丘陵边缘地带，水量小、水质差，可供牲畜饮用。

全盟地下水资源总量为 14. 015 亿立方米，其中，可利用地下水资源量 4. 85 亿立方米，占地下水资源总量的 34%，尚有开发利用潜力。但由于开采布局不合理，局部地区出现超采现象，例如，阿拉善左旗的腰坝滩和察哈尔滩灌区、阿拉善右旗的陈家井灌区超采地下水导致了地下水位下降、水质恶化。在腰坝滩灌区，早在 1992 年就有研究发现，灌区内地下水位平均累积降深达 4 米。地下水位下降使附近地区的地下咸水侵入淡水含水层，引起地下水矿化度不断增加，所抽取的地下水灌溉后，使粮食和饲草作物等减产。

## （二）水资源开发利用与存在的问题

### 1. 水资源开发利用现状

阿拉善地区的地表水工程多建于20世纪60～80年代，由于工程老化并年久失修，效益严重衰减。现有中小型水库35座、塘坝108座，总库容0.2379亿立方米。有引水工程2处，年引水量0.2176亿立方米。扬水工程8处，年供水量0.4694亿立方米。目前阿拉善地区有机电井2090眼，配套机井1808眼，地下水年开采量约为1.834亿立方米。

2004年全盟共供水9.322亿立方米，其中，农业供水量8.1802亿立方米，占总供水量的87.7%；工业供水量0.0891亿立方米，占总供水量的0.96%；城乡生活供水量0.1329亿立方米，占总供水量的1.4%；生态环境供水量0.92亿立方米，占总供水量的9.87%。2004年阿拉善地区三次产业结构为7.51∶60.23∶32.26。三次产业中农业比重最低，但用水量最多；工业比重最高，用水量最少。

总供水量中，地表水占80%，地下水占20%。地表水供水量中，额济纳旗占87%；地下水供水量中，阿拉善左旗占66%。

### 2. 水资源开发利用中存在的问题

（1）水资源缺乏和用水浪费同时存在

阿拉善地区由于干旱缺水，长期以来土地难以开发利用。20世纪70年代前，阿拉善地区的人民主要以放牧为生，但由于气候干旱，水资源缺乏，区内植被稀疏，沙丘漫布，牧业收入低。从70年代末开始，阿拉善大力开发地下水资源，先后建成了腰坝滩、察哈尔滩、格林布隆滩、西滩、陈家井、板滩井等井灌区；并开展了引黄工程建设，建成了巴音毛道灌区（从巴彦淖尔盟黄河灌区乌沈干渠引水）、漫水滩灌区（从甘肃省景泰川电力扬黄二期工程总二支渠末端引水）和孪井滩灌区（从黄河沙坡头引水口取水，与宁夏回族自治区中卫县共用一个引水口）；另外，还有额济纳沿河饲草料种植基地。2004年全盟实有耕地面积27 640公顷，仅占土地总面积的0.11%。2004年农作物实际播种面积24 991公顷，其中，井灌15 958公顷。农作物播种面积主要分布在阿拉善左旗，占全盟农作物种植面积的79%。在额济纳旗有灌溉天然草场40 000公顷。

阿拉善地区的农业灌区，由于基础设施和管理水平不高等原因，灌溉用水效率差异很大。总体上，阿拉善左旗的灌区用水效率较高，阿拉善右旗和额济纳旗

的灌区用水效率低。阿拉善左旗孪井滩引黄灌区采用计量收费办法，腰坝滩和察哈尔滩灌区约80%的面积安装了低压管灌系统，这些灌区灌溉用水效率相对较高，公顷土地毛灌溉定额为7000～9000米$^3$/公顷。但是，阿拉善地区多数灌区仍沿用传统的大水漫灌，渠道衬砌率低，浪费水现象十分严重，如巴音毛道引黄灌区和额济纳旗沿河农田，公顷土地毛灌溉定额高达15 000立方米。

过量灌溉不仅浪费了干旱区宝贵的水资源，还产生了一系列的生态与环境问题。在井灌区主要表现为地下水位下降、水质恶化。早在20世纪90年代，阿拉善左旗最早开发的腰坝滩灌区就出现了地下水漏斗。阿拉善右旗的陈家井灌区，最早开发地区的地下水矿化度逐渐升高，迫使农民放弃已有的土地，在灌区上游重新开垦新的土地，打新井进行灌溉，这不仅降低了农民的收入，也造成了草场破坏，废弃的耕地逐渐成为沙漠化土地。

（2）城镇化造成水资源短缺，供需矛盾日益突出

城市化是一个国家实现工业化和摆脱贫困走上现代化道路的必然过程，也是衡量一个国家或地区现代化水平的重要标志。在阿拉善地区，城镇化也是为了提高城镇吸纳人口和生产要素的能力，引导农村牧区剩余劳动力和生态移民向城镇转移。

阿拉善地区2007年末总人口21.73万，其中，城镇人口为16.10万，占总人口的74.09%，高于全国城市化平均水平。阿拉善地区城镇人口增加迅速，除了自然增长外，一个重要的原因是从牧区迁移出来的牧民有一部分进入了城镇。而且，根据当地的规划，仍继续搬迁转移牧业人口2.2万。由于现有绿洲已面临生态环境保护的问题，再发展灌溉农业进行移民安置的空间非常有限，今后移民安置将以第二、第三产业安置为主要渠道。因此，城镇人口仍将快速增加。

因城市化水平提高导致水资源需求量增加是导致水资源危机的重要原因之一。快速城市化已造成我国很多地区和城市水资源短缺，水的供需矛盾日益突出，阿拉善地区也不例外。

阿拉善的人口主要集中在三旗政府所在地——巴彦浩特镇、额肯呼都格镇和达来呼布镇。除位于黑河下游的达来呼布镇外，其他两个城镇都十分缺水。巴彦浩特镇是阿拉善盟政治、经济、文化和交通中心，现有常住人口7.3万，占全盟人口的34%。巴彦浩特镇生活用水和灌溉用水主要来自贺兰山哈拉坞流域。为了满足日益增长的用水需求，1992年在位于巴彦浩特镇以西、腾格里沙漠边缘开发了西滩水源地（被称为巴彦浩特镇的二水源），水源为地下水，属疏干型开采，可利用年限为25年。目前巴彦浩特镇年最大供水量565.8万立方米，城市现状年需水量660万立方米，年缺水量94.2万立方米。现状最大日供水量为1.55万立方米，高峰期最大日用水量2.17万立方米，用水高峰期日缺水量6200立方米。阿拉善右旗的额肯呼都格镇，聚集了全旗64%的城镇人口，但当地水资源缺乏，而且地下水水质差，目前城镇供水是从甘肃省金昌市用87.25千

米的管道输送过来。

为了与全国其他地区的城市具有可比性，选用城镇人均自来水日综合生产能力、城镇人均生产供水量和人均日生活用水量三项均量指标分析阿拉善城镇的用水短缺程度（表1）。具体表现为：① 城镇人均自来水日综合生产能力低于全国平均水平。阿拉善地区人均自来水日综合生产能力为38.11米$^3$/100人，不到东部地区城市和全国城市平均水平的一半。② 城镇人均生产供水量低于全国和西部地区城市平均水平。相比较而言，额济纳旗城镇由于人口少，水资源相对丰富，人均生产供水量114.74立方米，与全国其他城市的差距相对较小。③ 城镇人均日生活用水量低于全国和东部地区城市平均水平。但额济纳旗城镇人均日生活用水量高于全国平均水平，为273.97升。可以看出：阿拉善地区除个别地区（额济纳旗）城镇水资源相对较好外，总体上城镇缺水严重，水资源缺乏已成为城市化、国民经济和社会发展的重大制约因素。

**表1　阿拉善盟城镇用水短缺状况的比较分析**

| | 分区名称 | 人均自来水日综合生产能力/($m^3$/100人) | 与全国平均水平相比的盈(+)缺(−)程度/($m^3$/100人) | 人均生产供水量/$m^3$ | 与全国平均水平相比的盈(+)缺(−)程度/$m^3$ | 人均日生活用水量/L | 与全国平均水平相比的盈(+)缺(−)程度/L |
|---|---|---|---|---|---|---|---|
| 阿拉善盟 | 阿拉善左旗 | 36.76 | −51.28 | 57.65 | −131.38 | 114.83 | −105.38 |
| | 阿拉善右旗 | 51.79 | −36.25 | 54.46 | −134.57 | 75.83 | −144.38 |
| | 额济纳旗 | 31.58 | −56.46 | 114.74 | −74.29 | 273.97 | 53.76 |
| | 阿拉善全盟 | 38.11 | −49.93 | 63.36 | −125.67 | 126.95 | −93.26 |
| | 西北城市 | 19.29 | −68.75 | 153.26 | −35.77 | 156.43 | −63.78 |
| | 西部城市 | 26.21 | −61.83 | 149.42 | −39.61 | 184.83 | −35.38 |
| | 东部城市 | 92.68 | 4.64 | 194.65 | 5.62 | 244.23 | 24.02 |
| | 全国 | 88.04 | 0 | 189.03 | 0 | 220.21 | 0 |

数据来源：阿拉善盟统计年鉴和方创琳等（2004）

（3）工业需水量快速增加

近年来阿拉善地区的工业经济发展迅速。从1995年到2005年阿拉善地区农业比重明显下降，工业和第三产业的比重不断增加，特别是工业发展非常迅速。2005年阿拉善地区工业增加值达到30.4亿元，年均增长31.8%；销售收入超亿元的企业由2000年的2户增加到2005年的9户；工业对财政的贡献率由2000年的64%上升到2005年的72%。

阿拉善地区现状工业企业用水总量为0.133亿立方米（2004年），以地下水为主，重复利用率10%。阿拉善经济开发区是阿拉善地区最重要的工业基地，从2000年到2005年经济开发区工业增加值占全盟的比重由3%提高到了35%。目前开发区工业用水和生活用水以开采地下水为主，工业用水量占总用水量的88%。虽然目前开发区供水量和总用水量基本持平（为428.59万米$^3$/年），但根据开发区的近期规划，到2010年，开发区将在2005年工业用水的基础上至少新增用水量6825万米$^3$/年，届时将达到年用水量在7203万米$^3$/年以上，为现状供水量的16.8倍。这样大的供需水矛盾不可能靠开发地下水来解决。

4）生态环境用水缺乏。阿拉善地区地处干旱地区，工、农、牧业生产关键在于水资源，同时沙漠边缘要保护生态环境，城镇及经济开发区防护林带建设、园林绿化，以及主要交通干线防风固沙体系的建立，都需要水源保证。目前阿拉善地区主要城镇都处于缺水状态，社会经济需水和生态环境需水很容易发生冲突。如果以满足生态需水为前提，则水资源难以满足生产、生活用水需求，从而延缓社会经济发展的进程。相反，如果以满足社会经济不断增长的用水需求为前提，则会不断挤占生态环境用水，造成区域生态与环境恶化。

黑河下游额济纳河沿岸绿洲、东西绵延800千米梭梭林带、贺兰山天然次生林共同构成了阿拉善地区的生态屏障。过去几十年由于自然和人为因素共同作用，导致额济纳绿洲萎缩，梭梭林大片死亡，贺兰山森林植被退化。保护和恢复这三大生态屏障的功能，需要有足够的生态用水保障。尤其是黑河下游额济纳绿洲，要靠地下水来维持，而当地不足40毫米/年的降水不可能提供足够的地下水补给，因此需要有河水来补给。

## （三）阿拉善盟引黄供水工程

近年来随着城市建设的快速发展和人口增多，供水能力严重不足已成为限制阿拉善盟工业和城镇发展、地区经济振兴的重要“瓶颈”因子之一，也是该地区生态环境改善与恢复的主要制约因素。为缓解阿拉善盟主要城镇发展用水供需矛盾问题，建议实施：①阿拉善地区控制腾格里沙漠东移生态保护治理暨巴彦浩特引黄供水工程；②阿拉善经济技术开发区引黄供水工程。

### 1. 工程建设及其任务

（1）巴彦浩特引黄供水

根据阿拉善盟经济社会“十一五”规划，参照阿拉善左旗近年的轻工业增长率，确定工业年平均增长率为12%，万元产值综合用水量76立方米。2020

年巴彦浩特常住人口达到10万，人均综合用水定额200升/天。为缓解巴彦浩特镇的供需水矛盾，在灌溉间隔期间，可利用孪井滩扬水灌区的引水系统，由四干渠引水蓄入调蓄水库，并以此为水源，用于建设腾格里沙漠东缘绿色通道、提供地区生态环境综合保护治理用水及解决巴彦浩特城镇生活和经济发展用水。经地方与宁夏回族自治区协商，可在孪井滩四泵站北干渠末端取水，建设引黄供水工程，为巴彦浩特城市供水。

巴彦浩特镇现状各水利工程年总供水量为566万立方米，但由于现有第二水源工程是利用开采地下水为疏干性开采供水，严重破坏地下水资源，因此随着巴彦浩特引黄供水工程的实施，可逐步关闭地下水开采，恢复地下水资源；哈乌拉水源供水工程和水磨沟补水工程受降水直接影响，在枯水年份和丰水年份提供水量差别较大，可以作为备用水源，只要求提供50%的水量。根据2020年巴彦浩特城市需水量预测，巴彦浩特引黄供水工程的规模为2020年年供水量2707万立方米，才能满足巴彦浩特城市需水总量的要求。另外，巴彦浩特引黄供水工程还将为沿途的嘉尔嘎拉赛汉镇（孪井滩）和巴润别立镇（腰坝滩）提供生活用水，总计2020年总需水量3207万立方米。

巴彦浩特引黄供水工程主要建设内容包括（图6）：①维修加固孪井滩扬黄灌溉工程。②在位于孪井滩管理局西南10千米名为大洼地之处、北距孪井滩管理局第四灌区120~150米处，修建平原型水库一座，作为调蓄水库，为巴彦浩特引黄供水工程的取水口。③供水工程从四干渠末端引水进入大洼地水库后，通过取水泵站送入输水管线。取水口到净水厂之间为输水线路，总长118.7千米，为长距离输水工程，采用管道方式输送原水。因为地形高差显著，输水距离长，需设置高位水池，即利用取水泵站通过输水管线送入高位水池，从高位水池流入配水室利用自重压力流。选择高位水池高程为1536米，则高位水池前需加压输水的线路长52千米，取水口最低水位与高位水池的最高水位之差为119.7米，总扬程160米，净水厂区配水室最高水位与高位水池最高水位之差为53.3米。

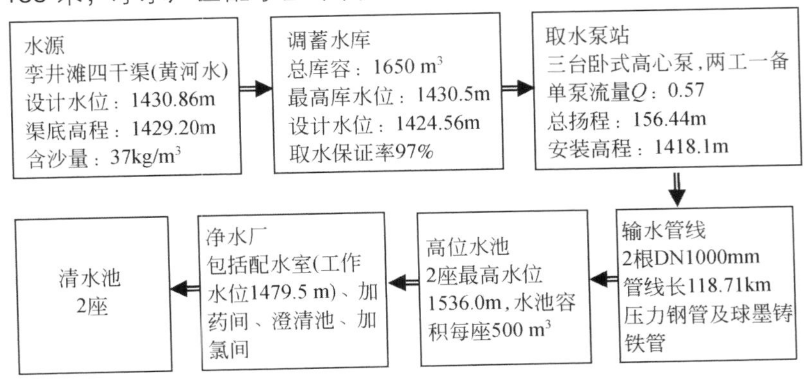


图6　巴彦浩特引黄供水工程示意图

④净水厂位于巴彦浩特镇西的西滩，从输水管道进入净水厂区的水，经过机械加速澄清池的沉淀后，进入滤池过滤，再经液氯消毒后进入清水池。

工程推荐方案总投资预算为 112 579.9 万元，其中，供水工程静态总投资为 104 497.4 万元，环境和水保投资为 2048.97 万元，建设期融资利息 8082.47 万元。资金筹措方案为：资本金比例 35%，贷款比例 65%。项目全部投资财务内部收益率扣除所得税后为 7.06%，项目投资回收期为 14.12 年，资本金财务内部收益率为 6.11%。本工程供水收入能够满足总成本费用支出，项目在还贷期有一定的偿债能力，同时也具有一定的财务生存能力。但从财务评价来看，测算出的水价 4.70 元/米$^3$ 是偏高的。建议通过提高资本金比例和政府补贴以降低水价，使工程可以正常运行。

2）阿拉善盟经济技术开发区引黄供水。近几年阿拉善地区的工业经济发展迅速。在 1995~2005 年 10 年期间，阿拉善地区农业比重明显下降，工业和第三产业的比重不断增加，特别是工业发展非常迅速。2005 年阿拉善地区工业增加值达到 30.4 亿元，年均增长 31.8%；销售收入超亿元的企业由 2000 年的 2 户增加到 2005 年的 9 户；工业对财政的贡献率由 2000 年的 64% 上升到 2005 年的 72%。阿拉善经济开发区作为阿拉善盟改革开放的试验区和对外开放的窗口，经过多年的发展已经聚集了一定规模的经济资源和生产要素，成为内蒙古自治区具有一定影响的经济开发区。该经济开发区具有优越的区位和资源优势，但同时存在水资源严重不足的劣势。阿拉善盟经济技术开发区引黄调水工程建设的任务是以工业供水为主，结合城市生活用水、城市绿化、生态环境治理和灌溉等，为一综合利用的水利工程。

根据内蒙古自治区黄河初始水权细分方案，分配给阿拉善孪井滩灌区农业灌溉水量 0.5 亿立方米，开发区已经通过水权转换从孪井滩灌区置换出 1200 万立方米水，继续节水的潜力有限。内蒙古河套灌区距离开发区较近，有较大的节水潜力，目前该灌区尚无水权转换试点，可以通过跨盟（市）水权转换解决阿拉善经济开发区的一部分需水问题。阿拉善经济开发区和河套灌区跨盟（市）水权转换的费用为 510 元/千米、1.09 元/米$^3$。若转换水量 15 000 万立方米，需要衬砌河套灌区干渠 32 千米，水权转换总费用 16 320 元，费用太大。另外，目前在内蒙古实施的水权转换项目主要都是盟（市）内部的水权转换，便于行政协调和管理，跨盟（市）水权转换可能存在行政管理协调上的难度。

## 2. 工程实施中存在的主要问题

（1）水量与水权分配



两个引黄供水工程目前面临的最大问题都是如何获得引黄用水指标。方案有两个：一是调整黄河可供水量分配方案；二是调整内蒙古初始水权分配方案。国务院1987年批准的《黄河可供水量分配方案》是黄河水资源管理的基本依据，从开始论证到最后批准历时7年，然后又经过20年的实施，形成了完善的、具有法律地位的黄河水资源统一管理和调度方法，目前调整的难度很大。因此，建议综合考虑提高水资源利用效率、改善少数民族边疆地区人民生活质量、保护和恢复脆弱地带生态环境、减少荒漠化，调整《黄河可供水量分配方案》，解决一部分阿拉善盟用水缺口。同时，由于相对于调整黄河可供水量分配方案，调整内蒙古自治区黄河初始水权分配方案的难度可能要小得多，建议增加阿拉善盟的黄河初始水权分配。

两项引黄供水工程共需要争取黄河用水指标13 000万立方米，实施跨盟（市）水权转换5000万立方米。就水权转换而言，阿拉善地区也提出了水权转让计划。阿拉善地区孪井滩灌区从宁夏回族自治区中卫县北干渠引黄河水，2000年办理了取水许可证，年许可取水量5000万立方米。目前孪井滩用于农业灌溉的年用水量仅为3800万立方米，每年有1200万立方米的水权没有利用。阿拉善经济开发区计划从孪井滩灌区以水权转换的方式转换1200万立方米黄河农业用水量来满足开发区的工业用水。另外，阿拉善经济开发区还计划从河套灌区购买1000万立方米的黄河农业用水。两项共计转换水量2200万立方米，转换期限25年，转换费用1.77亿元。此外，跨盟（市）水权转换可以从距离开发区较近的河套灌区节水获得，建议作为跨盟（市）水权转换试点给予支持。

（2）水资源使用效率

引黄供水具有较高的成本，因此在使用时，应该注意水资源的使用效率。一个地区可以从两个尺度提高水资源使用效率，一个是农户尺度水资源效益提高，即通过采用技术设施提高农户水资源的使用效率；另一个是地区尺度的水资源效益提高，即通过优化水资源配置来提高。阿拉善地区的农业灌区，由于基础设施和管理水平不等，灌溉用水效率差异很大。阿拉善地区多数灌区仍沿用传统的大水漫灌，渠道衬砌率低，浪费水现象十分严重。

农业的大水漫灌是造成水资源利用效率低的主要原因。由于经济和技术的限制，阿拉善地区的农业仍然以大水漫灌为主，水资源浪费十分严重。即使在一些灌区渠道衬砌和管道输水有效地减少了水资源在输送过程中的蒸发、渗漏损失，但在田间仍然是大水漫灌。因此，在争取农业节水灌溉工程所需资金的同时，应大力推广田间节水措施，坚持一平（田面平整）、三改（改宽畦为窄畦、长畦为短畦、大水漫灌为小畦或沟灌）。灌溉管理制度的改善也能有效地提高用水效率。在阿拉善地区的井灌区，通常十几个农户共用一个水井，大家轮流灌溉。因为担心下一次轮到自己灌溉的时间过长，每次灌溉时农户都尽量多灌水，结果造成灌溉间隔时间过长。这种恶性循环不仅浪费了水资源，还使农作物在生长的关键时

期缺水。应该根据作物的需水要求制定合理的灌溉制度，少灌勤灌。

提高区域用水效率，还需要在区域尺度上按照效益最大化重新配置水资源，增加单方水效益。要改变传统的用水模式，发挥草畜业对大农业各组分和不同生态区域农业的关联功能。从种植层次的粮食、经济作物、草耦合，种植、养殖耦合，绿洲区域种植、养殖、加工一体化经营，到山地、绿洲、荒漠之间的生态系统耦合，形成以牧草为纽带、养畜为输出、节水为核心、增值为目标、农牧相互依存、有机结合的经济－生态系统。

（3）水污染

提高区域用水效率，要提倡和鼓励污水利用，企业实行循环用水和中水回用。随着城镇化的发展，工业、市政、生活用水量增加，污水排放量也在逐年增加。目前阿拉善盟主要排污方式为明渠和渗坑，废污水直接流入沙漠戈壁或渗入地下，长期下去对地下水会产生污染。污水资源化利用不仅可缓解水资源紧缺矛盾，而且可以从根本上防止地表水和地下水的污染，保障可利用水资源的质量。当前阿拉善地区处于工业化加速阶段，工业用水比重呈上升趋势。工业用水的循环利用和中水回用，可以有效地提高水资源的利用效率。

2007 年 8 月，时任国家副主席的曾庆红同志率团到阿拉善经济开发区考察时指出：大力发展循环经济，不仅对于内蒙古的可持续发展，而且对整个国家的生态安全都具有十分重要的意义。像阿拉善经济开发区这样的循环经济工业园，起点高、效益好、工艺先进，要加大支持的力度，可压缩一些高耗能、耗水的行业用水，支持新上节能环境保护型项目发展。在阿拉善经济开发区，庆华集团、太西煤集团等煤焦化企业利用生物净化水技术回用中水，用于熄焦作业，每年循环利用 200 多万立方米的工业废水；瑞钢联公司等冶金企业建设储水池，实现了对冷却水的循环使用；盐化工企业利用兰太公司建成的污水处理厂处理工业废水，经过环境保护部门检查验收，净化后的中水达标储存，进行综合利用，每年有 72 万立方米的中水可用于绿化灌溉。

## （四）尽快实施黑河二期治理工程，保证额济纳旗绿洲生态环境用水

黑河下游的额济纳旗绿洲既是阻挡风沙侵袭的天然屏障，也是当地人民生息繁衍、国防科研和边防建设的重要依托。黑河流域生态建设与环境保护，不仅事关流域内人民的生存和社会发展，也关系到西北、华北地区的环境质量，是关系民族团结、社会安定、国防稳固的大事。

针对黑河流域生态环境系统日益严峻局面和突出的水事矛盾，2000 年 5 月，朱镕基总理就黑河问题做了重要指示，水利部高度重视，组织水利部黄河水利委

员会（简称“黄委”）等有关单位于2000年12月完成了《黑河水资源问题及其对策》，2001年4月完成了《黑河流域近期治理规划》，同年8月国务院以国函【2001】86号文批复了该规划；同时，2000年7月黄委开始实施黑河干流水量的统一管理与调度，2003年实现了国务院批复的黑河干流分水方案，并多次输水入东、西居延海。

经过有关各方的努力，目前，近期治理规划确定的2003年以前的治理目标已基本实现，进入下游的水量明显增加，河道断流天数逐年减少，有效缓解了黑河下游生态系统恶化的趋势，局部地区生态环境得到改善，全流域生活、生产和生态用水初步得到了合理配置。但是，在连续6年黑河干流水量统一调度过程中，也暴露出一些亟待解决的问题。其中，干流缺乏骨干调蓄工程，中下游部分河段输水效率低、输水损失严重，中游众多无控制设施，或有控制设施但由于年久失修等，在调水期间无法正常启闭的引水口门的合并改造问题显得尤为突出。如不及时加以解决，将直接影响到水量统一调度和近期规划治理成果的巩固，制约流域水资源统一管理与调度深入。

《黑河水资源开发利用保护规划》是在《黑河流域近期治理规划》基础上，根据实施效果采取进一步措施的规划。针对因缺乏骨干工程，完成国务院批复的黑河干流分水方案主要靠“全线闭口，集中下泄”来实现的问题，《黑河水资源开发利用保护规划》提出了建设上游黄藏寺水库和中游正义峡水库的方案；为解决中游地区耗水量居高不下，正义峡断面多年欠账的问题，《黑河水资源开发利用保护规划》提出了加大中游灌区节水改造力度和调整经济结构的目标，并对中游引水口门合并改造；下游大墩门至狼心山的河段，尤其是大墩门至哨马营之间，河道蒸发、渗漏损失量大，输水速度极其缓慢，按照大小水分级管理的原则，规划建设用于小流量输水的内蒙古输水干渠，同时对原河道部分输水损失严重、输水速度慢的关键河段进行整治。

《黑河水资源开发利用保护规划》对三种方案，即只建黄藏寺水库（方案Ⅰ），建正义峡水库和内蒙古输水干渠而不建黄藏寺水库（方案Ⅱ），建黄藏寺、正义峡水库和内蒙古输水干渠（方案Ⅲ），进行比较分析，虽然第三种方案投资最大，但对于黑河下游的额济纳旗绿洲来说，只有建设正义峡水库和内蒙古输水干渠，才能更加有效地保证绿洲关键灌水期的灌溉要求，并充分发挥《黑河流域近期治理规划》已建工程的作用。

《黑河水资源开发利用保护规划》在黑河干流“九二”和“九七”分水方案的基础上，对黑河干流的分水方案进行了完善，提出了如下黑河水资源配置方案：当莺落峡多年平均河川径流量为15.58亿立方米时，在上游黄藏寺水库、中游正义峡水库和内蒙古输水干渠生效并对黑河中下游干流关键河段进行整治后，正义峡入库水量为9.3亿立方米，出库水量为9.08亿立方米，下游鼎新灌区和

东风场区地表水毛引水量分别为0.9亿立方米和0.6亿立方米，限制鼎新灌区和东风场区的地下水开采量不超过0.16亿立方米和0.61亿立方米，狼心山断面地表来水量为5.99亿立方米，狼心山以下东、西河按7∶3的比例分配水量，并有一定水量进入东居延海。

《黑河水资源开发利用保护规划》实施后，通过水资源的统一调度，利用上游黄藏寺水库4月向正义峡调水，对中游灌区而言，避免了调水和供水的矛盾；对下游而言，增加了4月进入下游的水量，满足了下游天然植被关键期（春灌）的需水要求。9月调水，满足了黑河下游天然植被关键期（秋灌）的需水要求，正义峡水库主要拦蓄冬季1～2月的水量，用于鼎新灌区、东风场区和额济纳绿洲的春灌需水，到4月末水库放空。11～12月的来水水库不拦蓄，渠道方案视水库蓄满情况向原河道补水，以满足沿河生态用水的要求，3～4月充分利用狼心山以下东干渠向额济纳旗绿洲腹地供水，以满足额济纳旗绿洲用水。

目前，《黑河水资源开发利用保护规划》已通过水利部和水利部黄河水利委员会的批准，但已批准在2010年前开工建设的工程，只有中游引水口门合并和渠系调整，以及建设上游黄藏寺水库，而正义峡水库和内蒙古输水干渠的建设仍在讨论之中，特别是内蒙古输水干渠的建设，由于空军基地的强烈反对至今悬而未决。

为保证额济纳旗绿洲的生态用水，建议正义峡水库和黄藏寺水库同时开工建设，并批准内蒙古输水干渠加河道整治输水方式，理由如下：

（1）建设正义峡水库和内蒙古输水干渠是对黑河一期治理工程的补充和完善

早在《黑河流域近期治理规划》中就提出正义峡水库位置重要、控制性好、地质条件优越、施工方便，是合理可行的方案；内蒙古输水干渠是保证向额济纳旗供水、减少水量损失的有效措施。这两项工程是保证下游生态用水量的重要措施，应优先实施。但考虑到水库的蒸发渗漏损失，要合理确定水库开发目标和工程规模；考虑到修建内蒙古输水干渠对原河道生态产生不利影响，要采取措施，减少不利影响。作为对近期治理规划的进一步完善，在《黑河水资源开发利用保护规划》中，对这两个问题都做了专题讨论，经分析对比，《黑河水资源开发利用保护规划》推荐正义峡需要的调节库容为1.3亿立方米；维持大墩门至哨马营河段原河道天然植被生存的低限需水为3.0亿立方米。在水资源配置中，为了满足正义峡以下河道沿河生态用水的要求，11～12月来水水库不拦蓄，沿原河道下泄；水库拦蓄1～2月的水量并调蓄3～5月上游来水后，部分水量沿内蒙古输水干渠下泄，利用狼心山以下2001～2003年建设的渠系工程对东河绿洲进行灌溉，部分水量沿原河道大流量下泄，满足西河绿洲灌溉对大流量的需水要求；一般情况下5月末春灌结束后水库放空；6～8月正义峡库区所在地气候干旱、蒸发量大、水库不蓄水，因此正义峡水库对黄藏寺水库7月调水不调蓄，穿库而过，利用整治后的河道和内蒙古输水干渠集中向东居延海输水，多余水量用于西河绿洲灌溉；9～10月，对黄藏寺调水中向东居延海的补水量不拦蓄，通过原河道下泄，其余水量通过水库调蓄，利用内蒙古输水干渠向狼心山输送，用于额济纳旗绿洲天然植被灌溉。

（2）只有建设正义峡水库和内蒙古输水干渠，才能充分发挥《黑河流域近期治理规划》已建工程的作用

在只建黄藏寺水库、不建正义峡水库的情况下，黄藏寺大流量集中调水，历时仅7～30天，到正义峡后，由于无水库调蓄，到达狼心山断面时流量约为250米$^3$/秒，而东干渠加大过流能力也只有30米$^3$/秒，多余水量只能走东、西河原河道，而非调水期水流基本上不能到达狼心山。在这种情况下，黑河一期投资5亿元在额济纳旗绿洲建设的工程根本不能发挥作用，造成极大的浪费。通过正义峡水库调蓄，可以按内蒙古输水干渠和东干渠过流能力供水，多年平均情况下，额济纳旗2001～2003年建设完成的草原灌溉配套工程的利用效率较高。

（3）建设正义峡水库和内蒙古输水干渠，可以减少大量的无效蒸发，科学合理地利用水资源

黑河流域属于资源型缺水，为保证黑河下游额济纳旗绿洲的生态用水，需要通过水资源统一管理调度工程体系、节水改造工程等方案的实施，减少水资源在输送过程中的蒸发损失和水资源利用过程中的渗漏、蒸发等无效消耗，提高下游绿洲水资源的利用效率。中游正义峡水库可替代鼎新灌区10座平原水库，有效减少平原水库的无效蒸发渗漏损失。

根据2000年以来黑河干流“全线闭口、集中下泄”调水资料分析，闭口期正义峡断面下泄水量29.47亿立方米，哨马营断面下泄水量20.94亿立方米，水量损失8.53亿立方米，河道水量损失高达约30%。《黑河流域近期治理规划》实施后，下游大墩门至狼心山河段输水堤工程的修建将使该河段2千米左右的河道在流量不大于350米$^3$/秒时，相应的稳定河宽为270～450米，河道的输水效率由现状的0.50～0.63提高到0.70～0.75；下游内蒙古输水干渠设计流量为50米$^3$/秒，输水效率可以达到0.85～0.90。

（4）建设内蒙古输水干渠是为了更加科学合理地利用水资源，对于原河道生态产生的不利影响，可以通过合理地利用原河道输水和内蒙古输水干渠输水加以避免

根据相关科研单位研究表明，为实施大墩门至狼心山之间生态环境的可持续维护工作，每年从原河道下泄水量不应少于3.0亿立方米，以满足原河道生态环境用水。内蒙古输水干渠建成投入运用后，将于每年3～8月水量部分经原河道下泄，部分经内蒙古输水干渠集中向下游生态输水；9月、10月大流量经原河道下泄，其余经内蒙古输水干渠输送；11月、12月来水全部经原河道下泄。大墩

门引水枢纽分别于每年 11～12 月、7 月和 9 月沿原河道泄放水量约 3.58 亿立方米，可以满足原河道和沿岸生态植被用水需求。

## 三、生态建设工程实施状况、问题与对策

### 1. 自然环境与生态系统的特点

阿拉善盟位于河西走廊以北、蒙古国的南部、马鬃山以东、贺兰山以西的内蒙古自治区西部，地势南高北低，总面积约 27 万平方千米，呈西北窄、东南宽的三角形状。西部和北缘以戈壁和低山为主，中部为巴丹吉林沙漠及其东南缘的雅布赖山，东部由北向南为阴山山脉余脉（狼山）、乌兰布和沙漠、贺兰山及其西部冲积平原、腾格里沙漠。在三大沙漠中分布有大小不等的湖盆 500 多个，总面积约 1.1 万平方千米，其中，草地湖盆面积 1.07 万平方千米，水域面积约 412 平方千米。

阿拉善地区由于深居大陆腹地和群山环围之中，冬季受蒙古高压控制，夏季极少能受到东南季风地润泽，全年干旱少雨、风大沙多、太阳辐射充足、冬季寒冷、夏季炎热。除了贺兰山以外，年降水量从东南部的约 200 毫米向西北部递减为 40 毫米左右，根据 FAO-Penman-Monteith 公式计算，阿拉善地区潜在蒸散量为 655～1459 毫米。黄河在东部过境 85 千米，多年平均径流量 315 亿立方米，黑河（额济纳河）是全盟唯一较大的季节性内陆河，境内流程 270 千米，自 2000 年实施黑河干流水量统一调配以来，通过额济纳旗狼心山水文站的年均径流量为 4.69 亿立方米。此外无大的地表径流。水资源总量为 18.07 亿立方米，可利用水资源为 8.83 亿米$^3$/年。

植物区系以古地中海成分和亚洲中部成分（或称为中亚东部成分）为主，尤其是耐寒和耐盐碱的藜科植物种类很多，常见的属有猪毛菜属、梭梭属、假木贼属、驼绒藜属、盐爪爪属、盐生草属、地肤属、滨藜属、碱蓬属、合头草属、戈壁藜属、盐穗木属、雾冰藜属、虫实属、沙蓬属、藜属等。其他在荒漠和沙地植被中占有较重要地位的科还有菊科（蒿属、亚菊属、紫菀木属、亚菊属、苦荬菜属等）、蒺藜科（白刺属、霸王属、骆驼蓬属、四合木属等）、豆科（锦鸡儿属、棘豆属、岩黄芪属、黄芪属、沙冬青属、甘草属、苦豆子属等）、蓼科（沙拐枣属、木蓼属等）、柽柳科（琵琶柴属、柽柳属）、蔷薇科（棉刺属、委陵菜属）等科的植物。这些植物中包含了大量具有重要科学研究价值的古老植物和珍稀濒危保护植物，如四合木、棉刺、沙冬青等，较为著名的野生药用经济植物主要有肉苁蓉、甘草和锁阳等。



地带性植被在阿拉善东部为常伴生有小禾草的草原化荒漠，在中西部为极干

旱灌木、半灌木荒漠，西北部植物稀少。分布面积较大的植被类型是戈壁滩和洪积平原上以琵琶柴、珍珠猪毛菜、松叶猪毛菜、蒿叶猪毛菜、假木贼、霸王、泡泡刺、膜果麻黄等灌木为优势的荒漠植被，在相对低洼的地方分布的为西伯利亚白刺、柽柳灌丛和梭梭灌丛或矮疏林，在东部沙砾质地上常生长有棉刺和沙冬青等，沙地上生长的主要植被为极稀疏且极度不均匀的蒙古沙拐枣和籽蒿群落，有时也可见沙鞭为优势的植被斑块。

贺兰山西北坡分布有近360平方千米青海云杉林，林带基部和局部阳坡分布有灰榆疏林和少量蒙古扁桃灌丛。在黑河下游河岸和湖滨地带以及地下水位较高的部分地区分布着群落结构有极大差异的胡杨林、沙枣林和柽柳灌丛等。地下水位较高的胡杨林下目前主要以牲畜不喜食的苦豆子为优势，部分地段则以甘草为主。另外，在沙漠腹地和边缘许多低湿覆沙地段甘草常成片生长。芦苇沼泽、芨芨草草甸、拂子茅草甸、盐爪爪草甸、薹草草甸等也是湖边和低湿地较常见的隐域性植被。

## 2. 生态系统退化状况及原因分析

（1）生态系统退化状况

阿拉善盟生态系统退化主要表现在植被覆盖度下降、荒漠化程度加剧和沙漠化（沙丘活化）速度加快、放牧草场严重退化、局部生物多样性减少、地下水位下降、可利用水资源减少与短缺以及质量变劣等。另外，矿产资源开发和工程建设等对局部生态的破坏也比较突出。

植被覆盖度下降是相对20世纪50年代而言，包含两个方面：一是绝大部分植被类型的群落高度和覆盖度不如从前，如东部大部分地区含有小禾草的草原化荒漠和泡泡刺灌木荒漠等在持续过度放牧的情况下植物生长高度和群落覆盖度都有明显下降，甚至单位面积植物种类数目和植物生长密度也有下降；二是具有较高覆盖度的植被类型面积萎缩，如梭梭林面积由新中国成立初期的113万公顷缩减到约39万公顷。河岸和湖滨地带胡杨林退化甚至大面积死亡，仅额济纳旗由于黑河来水减少，胡杨林面积由新中国成立初期的5万公顷减少到目前的2.3万公顷。50年代沿巴丹吉林沙漠边缘存活的约1.3万公顷沙枣林，现已寥寥无几。很多地区靠地下潜水滋养的柽柳灌丛沙包也变稀少、低矮，甚至死亡消失。

荒漠化程度加剧和沙漠化速度加快与植被覆盖度下降密切相关。这种现象在阿拉善全境的大部分地区均有发生。总体来看，东部发生的劣变大于西北部，东部表现的范围也更广泛一些，而西部和北部因为本底的自然情况就差，劣变现象主要表现为点或线，比较严重的地区是居民点和交通相对方便的地区以及受地下

水位变化影响较大的地区。最典型的例子是额济纳河沿岸和额济纳旗绿洲的胡杨林的退化及原来生境的荒漠化和沙化。相反，原来为沙漠和戈壁的地区变化相对微弱。在植被普遍退化的情况下，原来就处在不稳定状态下的沙丘运动有一定加强，特别是在阿拉善中部雅布赖山两端的风口地带，在西北风吹蚀下向东南方向输送的风沙流极为明显。

水资源短缺是决定阿拉善荒漠景观生态现状的关键因素，也是导致生态系统相对脆弱和退化后较难恢复的重要因素。关于水资源短缺包含三个方面：一是该地区气候决定的水资源绝对数量比较少，即单位土地面积的降雨量少；二是相对20世纪50年代而言，因河流上游引水等利用方式的变化而变少；三是人口数量和牲畜数量的增加及人类活动对水资源的需求增加导致可利用水资源量与需水量之间的矛盾更为突出。具体来说，主要表现为：①以黑河为代表，地表水相对20世纪50年代急剧减少，不仅已经导致河流两岸和下游地区生态系统的严重退化，而且已经威胁到当地人民群众的生活和生产。黑河发源于祁连山区，终点为阿拉善西北的居延海，鼎新以下额济纳旗境内的下游段又称额济纳河。如同中亚地区其他干旱区河流一样，额济纳河也具有明显的季节性泛滥特征，河道宽阔，河汊众多，河水漫流，主要分东河和西河两股向下游输水，沿岸地下水位较高，以往维系着带状的胡杨林和沙枣林，在河流末端冲积形成额济纳河下游三角洲，其间发育了大面积高密度的胡杨林。由于中上游地区的引水和过度开采地下水，20世纪50年代额济纳河的年均入水量约为12.25亿立方米，60~70年代约为10.59亿立方米，80年代约为7.24亿立方米，90年代后期为2亿~3亿立方米；由西河滋养的西居延海于1961年干涸成为荒漠盐壳，由东河滋养的东居延海也于1973年、1980年、1986年频繁干涸，1992年终因补充水量不足以维持强烈的湖水蒸发消耗而枯竭，沼泽湿地大面积萎缩。②由于地表水入渗减少和（或）地下水的过度开采，许多地区普遍发生地下水位下降。据《黑河下游生态功能保护区规划》（内蒙古自治区环境保护局等，2001），1988~1995年，沿额济纳河地区地下水位平均下降了1~2米，东河下游地区水位下降2~3米，西河下游下降3~4米，水质矿化度普遍提高，导致靠地下水维系的大面积植被发生退化，很多地区退化的生态系统不可能再恢复到20世纪50年代的水平。例如，很多原来生长着很好梭梭林的地区现在不可能再恢复，因为以前在这些地方生长的密度较高的梭梭林可能利用一部分地下潜水，而今沙土中的水分可能仅能满足稀疏的个别植株生存，而不能支持高密度的梭梭林的需求。过去生长许多胡杨的黑河两岸，在地下水位不断下降的情况下不仅不可能恢复退化的胡杨林，而且很难扭转胡杨林继续退化衰败的命运。另外，据额济纳旗水务局观测资料，2004年地下水位与实施分水前11年平均情况比较，额济纳东、西河下游地区地下水位仍有不同程度的下降。

煤炭等矿产资源的开发、修建铁路和公路工程、开垦土地等人类活动也对自然生态系统带来一定的影响。课题组考察可见的有：煤炭等矿产开发地生态系统的破坏，铁路建设对沿线生态系统的干扰，新近移民集中地区依靠开采局部地下盆地中的地层水灌溉来开垦土地进行农牧业生产，其不可持续性以及对局部生态系统的长期影响等。这些影响在可预见的未来对当地生态系统带来的破坏作用可能会越来越大。

（2）生态系统退化因素

阿拉善地区生态系统退化的因素可分为自然因素和人为因素两大方面。

由于地处青藏高原的北部、黄土高原的西部、蒙古高原的南部，全年大部分时间受西伯利亚—蒙古高原高气压的影响，加上远离海洋和处于西风带等因素，阿拉善地区气候干旱少雨、日照充足、多大风，地表水奇缺；除黄河过境和黑河外，缺乏其他较大的地表径流，地表物质组成松散，以戈壁、沙漠和裸露的剥蚀低山为主。由此，阿拉善地区尽管具有很多有重要价值的特有植物，但总体上生物多样性偏低，植被稀疏并以荒漠为主，自然生态系统相对脆弱。另外，阿拉善地区位于河流下游也是导致阿拉善地区生态系统严重退化的重要自然因素之一。

人为因素主要是过度放牧、不合理地开垦、无节制地引水和开采地下水、矿产资源开发、工程建设、乱砍滥挖和搂发菜等人类活动。尽管阿拉善盟人口数量相对较小，但20世纪50年代以来还是增长很快，由此直接引发了牲畜数量的增加和过度放牧以及土地的不合理开垦。地下水的亏缺则主要是由于原本流到下游的黑河、石羊河等发源于祁连山的河水在上中游地区被大量引用从事农业生产，同时还大量开采地下水，使地表水对地下水的补充量极大地减少，靠地下水养育的植被受到影响。

## 3. 生态建设工程项目实施状况及成绩

根据阿拉善盟的自然生态特点、自然资源分布格局、社会经济构成和发展趋势、生态系统严重退化和生态保护与建设的需求，早在20世纪90年代初阿拉善盟盟委、阿拉善盟盟政府就确定了“适度收缩，相对集中”的转移发展战略，提出了“人口向城镇集中，农业向绿洲集中，工业向园区集中”的发展思路，结合国家和内蒙古自治区西部开发、天然林保护、退耕还林和退牧还草、生态公益林补偿、自然保护区建设、黑河综合治理等工程和生态移民试点、易地扶贫、移民扩镇、农村牧区劳动力转移培训阳光工程等扶贫开发项目，通过整合资金使用，先后启动实施了以生态扶贫转移为核心的一系列生态建设工程。这些生态建设工程总体上取得了明显的生态、经济和社会效益，基本遏制了严重生态恶化的趋势，一些重点治理地区的生态与环境初步得到改善。2008年，阿拉善盟盟政

府又出台了深化户籍管理制度改革的方案，旨在有利于统筹城乡经济社会又好又快可持续协调发展，控制农牧区人口增长，限制外来人口落户，限制城镇人口到农区落户，限制农区人口到牧区落户，保护脆弱的荒漠生态。

（1）生态扶贫转移和退牧还林还草

截至2007年底，阿拉善全盟已累计搬迁转移牧业人口7366户25 254人（其中，自国家2001年实施易地扶贫搬迁试点工程以来至2008年3月，已累计安排移民搬迁3 901户16 240人，落实投资14 909.36万元，其中，国家投资7760万元，地方配套及农牧户自筹7149.36万元。目前，已完成移民安置3229户13 497人，完成国家投资7360万元）。在20多年的开发建设过程中，相继开发了资源富集、基础条件好、具有较高容纳力的“六镇、八区、十大滩”，为阿拉善全盟实施转移搬迁工作奠定了坚实的基础。1989年阿拉善左旗西滩和漫水滩开发建成后，安置移民284户681人。孪井滩扬黄灌区从1991年破土动工到1993年水电主体工程完成，先后安置阿拉善左旗、阿拉善右旗33个苏木（镇）80多个嘎查（村）的贫困牧民1588户5456人（含国有农牧林场站下岗职工1000人），成为阿拉善盟移民搬迁的主要安置区。1999年以来，阿拉善全盟又相继启动实施了贺兰山退牧还林还草移民工程、易地扶贫搬迁试点工程、扶贫开发移民扩镇工程以及额济纳旗黑河治理生态移民工程，使移民搬迁工作有了国家政策支持和资金保障。阿拉善左旗贺兰山一、二期退牧还林还草移民工程共搬迁牧民（含水源地）777户3143人，两期移民扩镇工程（2001~2004年）搬迁牧民200户727人，易地扶贫（2002~2003年）搬迁牧民673户2994人、搬迁生态飞播区禁牧移民25户99人，退牧还草工程搬迁牧民731户2879人。阿拉善右旗易地扶贫移民342户885人，额济纳旗黑河治理生态移民和易地扶贫移民479户1493人。其余则为近几年依托退牧还草、国家公益林效益补偿等工程项目的实施进行转移安置的。

通过生态移民试点、易地扶贫、移民扩镇、农村牧区劳动力转移培训阳光工程等一系列扶贫开发项目，搬迁转移工作取得了明显的效果。阿拉善全盟完成天然草场禁牧面积1562.4万亩，划区轮牧207.2万亩，休牧876.3万亩，使退化的草场得到休养生息，促进了植被更新复壮，使局部地区生态环境有了根本性改善。加快了城镇化进程，传统的草原畜牧业得到了较大压缩，草原畜牧业牲畜头数由“九五”末的163万头（只）减少到“十五”末的139万头（只）。农牧业产业化经营稳步推进，集约高效生态农牧业稳步发展，第一产业内部结构更加优化，农区牲畜饲养量达到70万头（只），新增有效灌溉面积15.31万亩，日光温室发展到1691座，形成了农区养殖业、棉花、蜜瓜、大棚蔬菜、制种等特色产业，推动了农村牧区经济的快速发展。阿拉善全盟农牧民人均纯收入年均增长约10%，2007年达到5030元，农牧区0.29万绝对贫困和1.75万低收入贫困人口解决了温饱问题，5.06万人和35.16万头（只）牲畜解决了饮水困难，绝对贫困和低收入贫困人口减少到1.1万人，脱贫人口返贫率控制在9.1%。

（2）自然保护区建设和围封与禁牧保护

阿拉善全盟已建成各类自然保护区11处，其中，国家级自然保护区2处，自治区级自然保护区7处，旗级自然保护区2处，保护区总面积约330万公顷，占全盟土地面积的12.2%（表2）。1992年10月，贺兰山水源涵养林被国务院列为主要保护对象，国家批准建设贺兰山国家级自然保护区。保护区总面积从当初的7.3万公顷扩大到8.9万公顷。从1999年开始，地方政府累计投入2800万元，架设网围栏120千米，搬迁牧民6000余人，退出牲畜23万头（只）。保护行动使过去罕见的马麝、马鹿、岩羊等国家级野生保护动物数量明显增多，植被覆盖度显著增加，水土保持和水源涵养能力增强，原已干涸的10余条泉眼涌出清流。2003年1月，额济纳旗胡杨林自然保护区经国务院批准建立，旨在重点保护黑河下游荒漠区绿洲生态系统，对保护区核心地区进行了围封保育。在黑河分水方案的支持下，保护区核心区胡杨林能够得到一定的洪水灌溉，胡杨林更新得到明显改善，胡杨林下植物也逐渐得到恢复。但核心区外围由于地下水位仍然未得到恢复，胡杨林和稀疏的胡杨树仍在不断退化和衰亡。

**表2　阿拉善盟自然保护区一览表**

| 序号 | 保护区名称 | 行政区域 | 面积/$hm^2$ | 主要保护对象 | 类型 | 级别 | 始建时间 | 主管部门 |
|---|---|---|---|---|---|---|---|---|
| 蒙173 | 内蒙古贺兰山 | 阿拉善左旗 | 67 710 | 水源涵养林、野生动植物 | 森林生态 | 国家级 | 1992-10-27 | 林业 |
| 蒙174 | 阿拉善左旗恐龙化石 | 阿拉善左旗 | 90 570 | 恐龙化石 | 古生物遗迹 | 省级 | 1999-6-1 | 国土 |
| 蒙175 | 东阿拉善 | 阿拉善左旗 | 1 071 549 | 荒漠生态系统 | 荒漠生态 | 省级 | 2003-1-1 | 林业 |
| 蒙176 | 腾格里沙漠 | 阿拉善左旗 | 1 006 454 | 沙漠生态系统 | 荒漠生态 | 省级 | 2003-1-1 | 林业 |
| 蒙177 | 塔木素 | 阿拉善右旗 | 25 000 | 梭梭林 | 荒漠生态 | 省级 | 1997-4-1 | 林业 |
| 蒙178 | 雅布赖盘羊 | 阿拉善右旗 | 152 700 | 盘羊 | 野生动物 | 省级 | 1997-4-1 | 林业 |
| 蒙179 | 巴丹吉林沙漠湖泊 | 阿拉善右旗 | 717 060 | 湖泊湿地及荒漠生态系统 | 内陆湿地 | 省级 | 1999-5-1 | 环保 |
| 蒙180 | 额济纳胡杨林 | 额济纳旗 | 26 253 | 胡杨林 | 荒漠生态 | 国家级 | 1968-6-1 | 林业 |

续表

| 序号 | 保护区名称 | 行政区域 | 面积/$hm^2$ | 主要保护对象 | 类型 | 级别 | 始建时间 | 主管部门 |
|---|---|---|---|---|---|---|---|---|
| 蒙 181 | 马鬃山古生物化石 | 额济纳旗 | 52 698 | 恐龙骨骼、蛋化石、龟鳖类化石 | 地质遗迹 | 省级 | 1998-12-1 | 国土 |
| 蒙 182 | 额旗梭梭林 | 额济纳旗 | 66 667 | 梭梭林、肉苁蓉及动植物 | 荒漠生态 | 县级 | 1998-12-2 | 环保 |
| 蒙 183 | 额旗风蚀地貌 | 额济纳旗 | 19 800 | 风蚀地貌 | 地质遗迹 | 县级 | 1999-1-1 | 国土 |

资料来源：http：//sts. mep. gov. cn/zrbhq/zrbhq/200411/t20041116_ 62590. htm

（3）黑河下游额济纳旗绿洲抢救和生态保护建设

黑河全流域统一调配从 2000 年开始实施，狼心山水文断面年均来水量由 20 世纪 90 年代的 3. 47 亿立方米增加到目前的 4. 64 亿立方米，东居延海水面基本维持在 3. 5 平方千米。黑河下游额济纳旗绿洲抢救和生态保护建设工程从 2001 年开始启动。2000 年、2001 年、2002 年进入额济纳旗的水量分别为 2. 83 亿立方米、2. 56 亿立方米和 4. 85 亿立方米。

据额济纳旗水务局观测资料，2004 年地下水位与实施分水前 11 年平均情况比较，额济纳东、西河上游回升 0. 11 米，西河中游回升 0. 32 米，东、西河下游地区地下水位虽然仍有不同程度的下降，但从整体上看，已遏制了地下水位持续下降的趋势。

经过引水灌溉和围封以及多年的人工抚育，额济纳旗胡杨林保护区核心区的胡杨林得到有效的保护，复壮更新胡杨林 10 万亩，增加幼苗约 800 万株，使衰退的胡杨林开始恢复生机。随着黑河分水用水工程的顺利实施，额济纳旗绿洲沿河两岸 30 万亩濒临枯死的胡杨、红柳得到有效保护，有林面积增加到 44 万亩，植被覆盖度普遍提高了 10% 以上。

（4）沙生植物种植与沙产业发展

以雅布赖治沙站为代表的沙生植物种植与沙产业开发及实验示范取得了明显的进步。通过种植和保护梭梭，在梭梭根系周围接种肉苁蓉取得成功，并开发了肉苁蓉系列产品，不仅有效地保护了野生肉苁蓉资源和荒漠植被，而且也取得了显著的经济效益和社会效益，为综合治理退化荒漠生态系统提供了新的思路。目前，由于矿业开发收益较好，肉苁蓉产业的规模还比较小，主要还是作为地方特产提供给顾客和外来游客。

（5）飞播

飞播是一项在湿润、半湿润和半干旱地区机械化快速大面积造林种草的有效方式。阿拉善盟经过实践，已经在腾格里沙漠东南缘和乌兰布和沙漠年降水量200毫米以下的地区飞播获得成功。为遏制腾格里和乌兰布和沙漠汇合，从1981年开始，阿拉善盟进行飞播育林治沙，全盟累计飞播治沙造林面积达到16万公顷，保存面积约13万公顷，在腾格里沙漠东南缘和乌兰布和沙漠西南缘，形成一道长120千米、宽3～10千米的绿色屏障。结合围封、禁牧等措施，沙生植被覆盖度较播前有明显提高，有效减缓了沙漠向东南方向的移动，产生了一定的生态效益和社会效益。

（6）城镇园林化建设

阿拉善盟长年坚持小城镇绿化建设。1982年起，额济纳旗实施达来呼布镇西纳林河防护林工程。经过20年的不懈努力，林木绿化面积已达3万多亩。1998年建设的生态公园，已完成绿化面积30 385平方米，成为额济纳旗一大景观。义务修建劳动渠，引河水灌溉马路两旁花木，边陲小城绿树成荫。阿拉善右旗1999年启动“家园保护工程”，围栏7000多亩，建成15条3千米防护林带，通过种植适应当地气候特点的耐旱植物，如柠条、沙枣等，并引用城市污水灌溉，绿化额肯呼都格镇区。阿拉善左旗首府巴彦浩特累计栽植树木16.3万株，近年来又在马路两旁移植松、柏、槐等观赏长寿树种。2002年盟旗启动完成巴彦浩特家园保护工程和工业园区绿化工程，共造林2805亩，并同巴彦浩特沙生植物园连成一体，构成城镇外围的第二道生态防线。

小城镇吉兰泰、巴润别立、嘉尔嘎勒赛汉、敖龙布拉格镇等地区的防沙林带和农田防护林建设也达到一定规模，有效遏止了沙害，环境有较大的改善。生态建设为阿拉善盟产业结构调整、居民生产生活条件的改善、全面建设小康社会提供了保障。

## 4. 问题与对策

自然保护与生态建设是涉及自然科学和社会经济发展等多方面因素的一项复杂的系统工程。阿拉善盟在面对有些生态建设工程结束、经济高速发展、工矿企业越来越多、外来人口压力增加的形势下，如何巩固现有的成果并继续推进生态建设的科学性和力度是当前需要明确的课题，任重道远。

（1）当前存在的主要问题

1）巩固已有成果需要政策与配套经费的持续性。国家和内蒙古自治区相继启动实施的公益林补偿、退牧还林还草、易地扶贫、移民扩镇等重点生态建设项目，为近年来成功实施生态扶贫移民搬迁提供了有力的政策和资金支持。从

2004年开始，阿拉善全盟1902万亩森林资源纳入国家公益林森林生态效益补偿范围，每年补助资金8559.5万元。2004年，国家易地扶贫工程项目停止实施，生态扶贫移民搬迁步伐明显减缓。2007年8月，国务院决定退耕还生态林再补偿8年，退耕还经济林再补偿5年，退耕还草再补偿2年，这一周期结束后，不再补助。目前，生态扶贫移民搬迁工程实施后续生态移民安置与生活和生产的维持、围封地的管护等都需要一定经费的不断支持，如果得不到需要的经费，不仅要影响到下一步生态建设的计划，也可能威胁到已有成果的巩固。所以，如何使用好现有的经费确实安置好转移人群的生活和生产，巩固已有的成果是一个关键问题。

2）水资源利用效率偏低、浪费严重。在水资源成为限制性因素的情况下，提高有限水资源的利用效率是该地区发展规划首先要考虑的因素。目前有些项目对这个问题给予了关注，但很多传统的产业和实施中的项目却没有将水资源利用效率给予充分考虑，甚至超量开采地下水的现象很普遍，其结果是水资源利用效率低下，一些实施中的项目可能不一定能持续下去。例如，一些移民搬迁地点靠开采地下水发展传统农业项目，导致地下水位不断下降；阿拉善左旗首府巴彦浩特镇巴彦霍多嘎查一带的移民农业项目、吉兰泰镇附近的移民农业项目、额济纳旗达镇生态扶贫移民后仍然发展大水漫灌的棉花项目、乌斯泰开发区绿化与地下水开采等。

3）个别地区的荒漠化与风沙问题威胁人们生活和生产安全，急需治理。尽管阿拉善的荒漠景观和许多生态问题主要取决于自然条件，没有必要刻意去人为地进行大规模的改变，但从当地人们的生产生活实际需要和从国家边防安全等角度出发，部分关键地段的生态现状仍然需要一定的投入来加以治理。如对雅布赖山两端威胁公路的风沙流的治理、对在建铁路沿线个别地段的整治、对饮用水困难的一些重要地区（如阿拉善右旗首府额肯呼都格镇人口增长后长远的饮用水供给等）进行供水保障。

4）矿产资源开发秩序有待加强，外来人口压力必然增加。阿拉善盟疆域辽阔，矿产资源丰富，已经发现84个矿种，产地522处。储量丰富的有煤、湖盐、芒硝、膨润土、铁、黄金、石膏、石墨、萤石、石灰岩、白云岩、饰面花岗岩等。煤炭品种主要有无烟煤、主焦煤、肥煤、瘦煤、长焰煤等。现已探明储量的煤炭矿产地27处，其中，阿拉善左旗20处，阿拉善右旗2处，额济纳旗5处。探明煤炭资源储量约13亿吨，现煤炭资源保有储量9.37亿吨。根据地震反射波推断，巴丹吉林盆地群可能会发现大型煤田，预测资源量大于200亿吨。腾格里盆地群和次级凹陷为赋煤盆地，可能蕴藏有大型煤田，煤质优良，预测资源量大于150亿吨。煤炭的采掘和加工业已经是该盟的支柱产业。盐类矿产资源探明产地16处，资源储量为1.43亿吨。铁矿资源矿产地129处，主要矿床19处，资源储量约为1.25亿吨，保有资源储量1.05亿吨。近年来油气勘查已证实巴彦浩特、巴丹吉林、银根盆地有油气显示，银根－额济纳旗盆地石油资源量达12亿吨，巴彦浩特盆地石油资源量6.1亿吨、天然气400亿立方米。截至2006年底，阿拉善全盟已开发利用的矿种30种，建成了年产原盐180万吨、金属钠4.5万吨、重质纯碱30万吨的盐化工业基地；建成年产原煤600万吨、洗选加工100万吨、出口20万吨的煤炭生产、加工、出口基地；形成了年产铁矿成品矿200万吨的加工基地。阿拉善盟基础地质工作研究程度低，矿产勘查水平不高，矿产资源勘查具有很大潜力（据阿拉善盟国土资源局、阿拉善盟矿产资源基本情况）。人口相对稀少，矿产资源人均占有率很高，大部分地区都还处在待开发的状态。随着对外开放步伐的加快和国家经济高速发展，内蒙古自治区给阿拉善盟的发展定位为内蒙古西部重化工基地，该地区矿产资源的大规模开发已显端倪，正在勘探或初步确定的开发项目也很多。但整体看，该地区自然生态系统比较脆弱，相关的基础设施也较落后，暴发性的矿产资源开发对该区生态系统的影响还缺乏真正的评估和分析，开发秩序有待加强。另外，随着一些中大型企业的入驻，外来人口突增也不可避免地要发生，由此必然对该地区环境带来更大的压力，配套的生活和管理措施也急需加强，如乌斯泰开发区的工业和生活污水、工业污染、土炼焦和小煤窑等。

5）缺乏完善的规划作保证，分散的生态建设项目实施内容应提前充分论证。阿拉善盟近年来主要通过矿产资源的开发经济得到飞速发展，第二产业在地区生产总值中的比重也不断提高，财政收入也增长很快，为进一步发展奠定了较好的基础。但就整个盟里生态建设项目，包括移民搬迁后的生活和生产还有待制定更完善的规划以及可持续性的分析。具体的实例如乌斯泰镇绿化工程中大量使用并不适合当地气候特点的物种，依靠大量开采地下水灌溉来维持，不仅维持费用昂贵、费时费力，而且严重浪费水资源，以后的效果也存在问题。又如上述提到的靠开采地下水来安置移民从事大田农业生产等，也存在问题。

（2）生态建设、环境整治中需要遵循的原则

1）遵循自然规律。鉴于阿拉善盟广阔的地域和干旱荒漠的自然地理特点，生态治理应该以“点线为治理重点，面上减负促保护”为主。点上包括城镇周边、重要基地、新开发区、旅游点、水源地等。线上包括额济纳河、雅布赖山、贺兰山、梭梭林带，以及重要的交通线（公路、铁路）等。以上点线构成阿拉善盟的生态屏障和主要生活与生产区，其余广大的荒漠区主要通过降低载畜量来减缓对草地的压力，促进生态系统的恢复和保护。为此，要坚持和巩固已经实施多年的“转移发展战略”，积极谋求配套经费的支持和统筹使用。

2）确保水土平衡与可持续发展。水资源（特别是淡水）是维持阿拉善盟生态稳定和全面发展的一个重要限制性因素，不仅稀少，而且分布极不均匀（不均

匀分布也为人类利用提供了一定条件)。所以，生态保护与建设、区域综合开发等都要做到：①充分考虑水土平衡问题，根据水资源承载能力确定生态扶贫移民的实施方案。②因地制宜，不片面追求植被覆盖率，鉴于许多地方的环境(如地下水位)发生了变化，也不能追求完全恢复原有的生态系统类型(例如，原来胡杨林和梭梭林存在的自然条件已经发生了深刻的变化，地下水位下降了很多，地下水的补给也不再会有那样多了。又如，已经开发的绿洲是当地人生存的一个必需的条件，而绿洲的开发是通过牺牲其他地区的水资源和生态系统的质量为代价换来的；既然不再可能将绿洲恢复到原来的荒漠，那么原来被牺牲的植被和环境也就不大可能恢复到原来的水平)。③设法提高水资源利用效率，通过空间和时间上的调度以及通过产业调整等途径，提高单位水资源量的生产效率和改善生态的效率。④严格控制地下水的开采。⑤发挥国家和地方政府的行政作用，落实好黑河分水方案，并考虑将地下水开采列入监控的范围。从阿拉善盟目前第一产业仅占地区生产总值不到5%的比例以及财政收入的快速增长来看，限制大田农业用水，特别是严格限制开采地下水从事大田农业用水，保证人畜生活用水和适度工业用水是比较合理的。

3）生物多样性保护与资源适度合理利用相结合。生物多样性是发挥生态系统功能和维持其稳定的关键，为人类提供许多所需的重要生活资料。野生生物种质资源也是重要的财富，如可以为人类改良品种提供基因来源。阿拉善有较为丰富的区域特有植物，如肉苁蓉、沙冬青、棉刺等一大批保护植物和骆驼等保护动物，应该在生态保护与建设过程中给予高度关注。生物资源作为可再生的资源，应该对其加以合理利用，否则难以实现其应有的价值，但要确保有秩序地保护性开发。例如，肉苁蓉、甘草、锁阳、麻黄、苦豆子、黄芪等中药材的开发，特别是如肉苁蓉的人工接种与生产和甘草的人工种植等已经取得一定的效果。在退出的荒漠草场上野放适当数量的动物(如骆驼)，既能充分利用骆驼适应该区荒漠生境的特性，每年根据草场质量变化和野放动物的数量适当收获部分产品，又能极大地降低生产成本、保护生态，应该是一个新的荒漠植被利用模式。

4）以人为本。近年来阿拉善盟在实施生态扶贫移民过程中通过多种途径为移民解决了很多的生活和生存问题(如养老保险、安置、培训等)，取得了可喜的结果。如何进一步巩固这样的成果还需要进一步努力。生态移民的政策必须配套，必须有新的产业和产业链作为可持续发展的保障。科学的、可持续的措施必须是能够创造财富的，养老保险、社会保险等只能作为政策保障的一个方面。例如，制定优惠的配套政策，促进农牧业人口向第二、第三产业的转化，减少财政负担。当前，工业发展比较快，新组建的工厂和公司也很多，但很多工厂和公司用人主要是外地打工者，吸纳当地生态扶贫移民很少。可以考虑制定一个地方政策，要求这些公司安排一定比例的当地农牧民，也可以考虑将部分生态移民安置经费作为吸纳当地农牧民的补助，就如同北京要求单位接受一定比例的残疾人就业，否则要交纳一定的残疾人就业保证金。在水土资源有限的情况下，只有再降低从事第一产业的人口数量，才能在保证从事第一产业人员生活水平有所提高的前提下，保护好生态。

基于上述原则，要制定或完善阿拉善全盟的生态治理整体规划。以地矿资源开发为主的工矿业的全面发展已经具有不可阻挡的趋势，由此一定要做好充分的规划和开发工作的环境评估工作。面临经济发展和外来人口对生态的压力，以生态保护为中心的生态建设任务还非常的艰巨，既要有思想上的充分准备，也要制定相应的对策，切实保证生态质量不被破坏。在制定规划时首先要考虑巩固已经取得的成果，通过自力更生和国家与地方政府的财政支持完善配套经费，统筹好经费使用的效率。另外，要正确认识区域的优势，全方位发展经济。农牧业、工业（矿产资源开发与产品加工）、服务业、旅游业等都要有很好的规划。

# 四、阿拉善地区生态建设模式、问题与对策建议

## 1. 阿拉善地区是我国最大的沙尘源地而且影响深远

阿拉善地处内蒙古自治区西部，地域辽阔（27 万平方千米），人口稀少（22 万人）。在地理上处于西北干旱区东端，与东部季风区、青藏高寒区毗邻或接近，93%的地表为沙漠、戈壁，生态极度脆弱、环境容量极低。历史上阿拉善就是汉族与北方少数民族活动的过渡区。民国初期，额济纳旗和阿拉善旗作为特别旗直接归蒙藏委员会管辖；1950 年以后阿拉善分属甘肃（阿拉善右旗、额济纳旗）和宁夏（阿拉善左旗），也反映了这种过渡性和特殊性质，这是自然、政治、社会因素综合作用的结果。

（1）阿拉善地区极端干旱和缺水

阿拉善大部分地区极端干旱、缺乏地表径流。年均降水量只有 40 ~200 毫米，而潜在蒸散量高达 655 ~1459 毫米；由于黑河流域中上游地区用水增加，额济纳旗绿洲可用地表水量从 1950 年的 12 亿米$^3$/年锐减为 1992 年的 1.83 亿米$^3$/年；尽管由于实施黑河分水工程，目前可用水量也不足 5 亿米$^3$/年。导致绿洲面积萎缩、地下水位下降，整个绿洲生态系统受到严重威胁。东部的贺兰山有比较稳定的水源，但水量太小（3 亿立方米左右），就是这里维持着整个阿拉善地区 3/4（15 万）的人口，并且已经呈现水资源短缺的情势。阿拉善右旗甚至没有地表径流。因而，整个地区地表水资源量为仅 8 亿立方米。黄河灌区可以用水只有 5000 万立方米。有一定量的地下水（几亿立方米），但补给量小，容易过度开采，引起水位下降，进而导致绿洲荒漠化。

（2）阿拉善地区50余年来经历了严重的生态退化

原来的三大生态屏障（贺兰山西坡森林带、北部梭梭林带、额济纳旗胡杨绿洲带）发生了严重退化。1950年长达800千米、面积11 000平方千米的梭梭林目前也仅剩3 800余平方千米。额济纳旗由于黑河来水减少，胡杨林面积由75万亩减少到目前的34万亩；沙漠、戈壁、裸岩及沙化土地已经占全盟土地的93.15%，并且沙漠化仍在继续发展：巴丹吉林沙漠扩展速度最快，从1996～2002年，扩展了1237平方千米，年均扩展177平方千米；腾格里沙漠同期扩展472平方千米，年均扩展67.5平方千米。1996年阿拉善沙漠总面积78 929平方千米，到2006年沙漠面积为81 295平方千米，10年间增加了2366平方千米，年均扩增230平方千米。更为严重的是境内三大沙漠（巴丹吉林、腾格里、乌兰布合）已经在5处“握手”，呈明显的扩展、合围之势。

另外，出现了湖泊干涸、湿地消失、绿洲萎缩的现象。分布于黑河下游额济纳旗境内的东、西居延海，原来的面积为2485平方千米（包括湖泊、盐化沼泽和泥炭地、芦苇地等湿地），但在1961年和1992年两湖相继消失，致使湖底裸露、盐漠广布；紧接着，1993年，历史上最大一起黑风暴从这个地区飙起，席卷了西部4个省（自治区），导致40多人死亡及巨额的财产损失。古日乃湖与拐子湖周边已形成重盐土和斑状梭梭残林及流沙地；地下水因得不到地表水的补充，水位持续下降，水质逐渐恶化，两湖地区井水含氟量、含砷量普遍超标。绿洲面积由6500平方千米退化到目前的3328平方千米，并且以每年13平方千米的速度递减。全盟各地的生物丰度指数、植被覆盖指数、水网密度指数、环境质量指数和生态环境状况指数均呈现下降趋势。全盟1/3的荒漠草原已全部退化，80%的草场植被覆盖度由20世纪六七十年代的10%下降到目前4.5%～8.6%，每年以1.5%左右的速度下降。由于植被退化，生物多样性受到严重破坏。整个阿拉善地区的生态功能大幅度下降而且生态环境继续向恶化趋势发展。

人口的剧增（人口从新中国成立初期的3万增加到2007年的22万）、长期的过牧（新中国成立初期全盟只有80万羊单位，1950年末以来，畜牲数量多为260万～360万羊单位，长期超过220万羊单位的载畜量）、畜群结构不合理（山羊比例高达72%）、黑河来水减少（从12亿立方米减少到目前的不足4亿立方米）、农业的过度开发（十大滩农田开发）等，是阿拉善生态退化及荒漠化发展的根本原因。

（3）阿拉善是我国最大的沙尘源地

阿拉善是我国四大沙尘源地之一（其他三个是南疆、河西走廊、北方农牧交错带），而且是最大的一个；2000～2004年我国共发生了86次沙尘天气过程（沙尘暴和扬沙），其中，源于或经过阿拉善高原的沙尘天气过程多达62次，占总数的72.1%。1950～1990年，平均每两年发生一次沙尘暴；1991～1999年，每年5～6次，其中，1993年、1994年、1995年、1998年发生特大沙尘暴；2000年发生20次；2001年发生27次。沙尘发生的频率和强度在总体上增强的趋势是明确无误的。近年来，还出现了沙尘天气开始时间提前、影响范围扩大、经济损失加重的趋势。

（4）阿拉善的沙尘（暴）影响深远、生态战略地位重要

阿拉善广袤的荒漠化地表冬半年处于强大的西伯利亚寒流的最前哨，是整个北方抗御风沙侵袭的前沿阵地或第一道生态屏障；这里每年8级大风以上日数达88天，加上西风气流的复合作用，极易产生扬沙和沙尘暴天气；因而，在整个中国生态格局中是一个极为特殊和重要的区域。研究表明，对我国影响严重的沙尘西北和北方路径都经过阿拉善。阿拉善环境问题不仅影响华北地区和东部大部分地区，而且影响更广大的地区，具有世界影响。因而，阿拉善的生态战略地位显得特别突出，阿拉善生态问题已经成为“民族之痛”，并对我国的国际形象有严重的负面影响。

## 2. 应对生态退化的阿拉善模式——“转移战略”

（1）“转移战略”的提出

阿拉善盟20世纪90年代初就提出了以生态移民为核心的“转移战略”，对退化草场实施围封，对牧民实行转移。根据实地考察和分析，当地政府认为，生态脆弱、环境恶化、地广人稀的阿拉善地区应该将牧民从广大的沙漠地区迁移出来，再求生态保护与发展。基于这样的认识和协调，1995年1月，阿拉善盟盟委提出了“适度收缩、相对集中、转移发展”的“转移战略”，明确了从牧区移民向绿洲和城镇聚集，发展非公有制经济为主的第二、第三产业的发展思路；计划从牧区移民4万余人向绿洲和城镇聚集，占其总人口的1/5。移民迁出区实施围封禁牧，让生态自然恢复。

（2）“转移战略”的重要意义

从某种意义上说“转移战略”是人类向自然的退让，是人类给自然一个补偿，是一种观念的更新和进步，开了我国生态脆弱地区进行真正意义上的“生态移民”的先河。将传统农业部门的剩余劳动力转移到现代工业部门，一方面会提高这部分转移劳动者的收入水平和生活水平，增加留在农业中的劳动力可以支配的资源数量；另一方面会增加现代工业部门的产出和积累；反过来，现代部门积累增加使它有能力吸引更多的农村劳动力到本部门就业。由这种互动关系造成的良性循环，会促使整个经济加速实现工业化和城市化，因而“转移战略”符合城市化发展并且与解决中国“三农”问题的基本途径一致。“转移战略”取得了较好的成果。根据官方提供的材料显示，截至1999年底，阿拉善“九五”计划

提前一年完成，主要经济指标都翻了一番，第二、第三产业发展趋于合理。其间修建的孪井滩扬黄灌区截至目前共安置移民1301户3579人，成为阿拉善移民搬迁的主要安置区。2006年全盟人均GDP已经突破5000美元，第二、第三产业在国民经济中的比重达到95%。移出地的生态在很大程度上得到了恢复，如先期实施“转移战略”的贺兰山，移民6000人，移出牲畜23万头（只），林区植被覆盖率从1999年的32%提高到目前的45%，生物多样性增加，水土保持能力极大增强。阿拉善全盟完成天然草场禁牧面积1562.4万亩，划区轮牧207.2万亩，休牧876.3万亩，使退化的草场得到休养生息，促进了植被更新复壮，使局部地区生态环境有了根本性改善。在很大程度上可以说，“转移战略”是在生态环境脆弱地区促进生态保护和经济社会发展的有效战略，启发和诱导了在内蒙古自治区甚至全国的生态脆弱区实施“生态移民”、逆转生态退化的生态政策的形成和实施。

（3）“转移战略”的演变

随着社会经济的发展，“转移战略”自提出以来经历了不断的完善和进步。“九五”期间（1996～2000年）开始实施“适度收缩、相对集中”的“转移发展战略”；到“十五”期间（2001～2005年），阿拉善盟将“转移战略”扩充和完善为“三个集中”，即人口向城镇集中，工业向园区集中，农业向绿洲集中。各旗县依据实际情况和移民自身优势，实施了将生存条件较差的牧区整体搬迁到滩区从事精种精养的农牧业集中安置、搬迁户自主选择安置地安置和没有劳动能力的贫困户纳入社会救助体系救助安置三种搬迁安置模式。2000年以来，阿拉善盟共投入4亿多元进行移民新村住房和水、电、路等基础设施建设，在农区移民新村建成了养殖业、棉花、蜜瓜、大棚蔬菜、特色种植等产业化基地，解决了搬迁移民的后顾之忧，使移民“迁得出、稳得住、富起来”。“十一五”期间（2006～2010年），该战略已经演变成“城乡一体化”战略。2006年初，阿拉善对“转移战略”进行了修正，由向“绿洲集中”转向“城镇集中”。利用国家生态项目（退牧还草、公益林生态补偿基金），实施农牧民的养老保险、新型农牧区合作医疗和最低生活保障制度。阿拉善走向城市化、工业化的趋势愈发明显。阿拉善盟行署还决定，将大力扶持非公有制的第二、第三产业以接受移民就业，在更深的程度上完善转移战略。

（4）“转移战略”存在的问题

1）对绿洲生态产生不良影响。实施“转移战略”初期，大量人口朝生态脆弱的绿洲地区聚集，不仅未能有效扭转生态之颓势，反而加速了绿洲的荒漠化。主要原因是过度抽取地下水来灌溉，使地下水位下降，绿洲生态系统趋于崩溃。开始阶段移民数量小，社会矛盾尚未显现。随着时间的推移以及移民的增加，前期移民主要安置区绿洲生态和社会问题开始凸现。例如，内蒙古绿洲公司是主要从事农业开发和生态保护的公司，却成为了板滩井（绿洲移民安置地）土地沙化的罪魁祸首。在绿洲公司承包的围栏里，由于地下水位下降，引起5000亩左右土地沙化。

2）部分牧民贫困问题突出。《内蒙古阿拉善盟生态环境质量评价报告书》中显示，截至2004年，阿拉善约有3.4万牧民处于贫困线之下，4700牧民处于绝对贫困水平，许多地区已失去人畜生存条件，有2万多牧民沦为生态难民现已迁入他乡。按照阿拉善盟“十一五”规划，在未来的5年中，还将有21 754人转移。按照阿拉善的现有经济水平，能否容纳如此大的就业量，是一个问题。他们的生活水平如何保障而不沦为难民，具有较大的挑战性。生态移民的解决是一个高度综合的社会经济问题，特别是只有对移民的生产生活出路问题给予妥善解决，才是成功实施搬迁转移的重要保证，而仅以经济补偿进行安置是远远不够的。

3）政策缺乏完整性和系统性。目前阿拉善尚未针对搬迁转移工作能够形成合力的指导性政策，现行的多项政策难以有机衔接。文化、教育、卫生、社保等制度不健全，搬迁投入不足造成安置区基础设施建设薄弱，移民在盟内工业企业中实现就业安置的保障措施以及保险金颁发尚未确立等。而且，阿拉善的城市化和工业化面临着水资源极度匮乏、污染加剧、文化退化三大制约。

4）游牧文化的衰落。游牧是经过几千年考验的草原畜牧业的最佳选择，是利用草原最经济、效率最高的经营方式。但城市化以及大量牧民朝城镇转移，使得原本绚烂的游牧文明开始衰落。目前正在消失和已经消失的包括卫拉特部（蒙古族的分支）的传统文化、说呼麦艺术以及江格尔说唱等。文化是阿拉善的形象，是草原民族的灵魂，文化的吸引力远远超过旅游、矿产等，文化的潜能是不可估量的。完全的移民使游牧文化失去了根基，文化保护难度很大，恢复就更加困难。

## 3. 阿拉善生态问题需要一个国家层面的解决方案

作为我国最大的沙尘源地，阿拉善地区在我国生态安全格局中具有举足轻重的生态战略地位，受到世人的关注。在很大程度上，阿拉善就是我国西部生态建设的标志性地区。中国的生态政策方向是否正确、设计是否合理、实施是否有效，都将在阿拉善地区显现。毫无疑问，阿拉善地区的生态与环境如何，关系到中国政府应对环境的决心和成败，也是中国能否正确应对西部环境退化的标杆。

阿拉善地区结合国家和内蒙古自治区的西部开发、天然林保护、退耕还林和退牧还草、生态公益林补偿、自然保护区建设、黑河综合治理等工程，以及移民扩镇、农村牧区劳动力转移培训阳光工程等扶贫开发项目，特别是通过整合项目资金使用，为移民提供养老保险等措施，逐次推进转移发展战略，取得了明显的

生态、经济和社会效益，基本遏制了严重生态恶化的趋势，一些重点治理地区的生态初步得到改善。考虑到以往和目前正在进行的退牧还草、公益林保护等工程都具有时间性和部门性，远远不能满足该区生态建设和可持续经济发展的需要，我们认为必须考虑一套完整、有效的解决方案。以下几点我们认为必须考虑。

（1）在国家层面明确阿拉善的国家生态战略地位

阿拉善是我国少有的几个生态上具有战略意义的区域之一（其他的包括三江源地区、金沙江下游地区、黄河晋陕峡谷区等），需要在国家层面明确它们的生态战略意义，引起人们的足够重视，并在制定国家生态政策时给予充分的考虑。

（2）生态保护与建设需要建立长效机制

以林业部门工程为主导的我国生态建设，是典型的自上而下的政策。虽取得了一定成效，但问题还是比较多，包括科学性论证不足、有一定期限、效益低下、缺乏严格的评估等。生态保护应该产业化，确定利益主体，而政府应当出具优惠政策，生态保护由市场化主体实施运作，才能建立生态保护的长效机制。

（3）当地民众积极、主动、全面地参与

对于生态与环境问题，政府更重要的是制定科学合理的政策，而不是实施项目。只有让农牧民参与进来，成为生态产业的受益者，才能使生态建设深入人心。对阿拉善盟来说，可以实施企业投资选种并负责产品回收加工销售。牧民要在种植肉苁蓉中获利，必须自觉且高效地维护梭梭林，这样才能构建一套生态保护和经济收益双赢的模型。改变不了人，牧民的行为不发生变化，所有的治理也只能是表面化现象。

## 4. 建议设立“阿拉善国家生态建设示范区/战略保护区”

考虑到阿拉善突出的生态战略地位及其深远影响，也为了兼顾上述各项工作，我们建议国家考虑在阿拉善地区建立国家生态战略保护区，给予政策和资金上的支持，使该地区服务国家生态安全目标。具体的政策诉求和支持包括以下几个方面。

（1）明确阿拉善在国家生态安全中的重要战略地位

将阿拉善盟贺兰山以西部分提升为“国家生态战略保护区”，在国家层面规划、设计阿拉善地区的经济、社会、科学与技术等方面的发展。

（2）将公益林保护工程常态化

公益林保护基金（8000 余万元用于保护 1768. 2 万亩林地）是目前实施转移战略的重要资助。为了使转移战略顺利完成，该保护基金需要保持下来，或至少延长到 2015 年，在经济上保证生态移民的安置与稳定。

（3）帮助阿拉善实施和完成“转移战略”



制定全面的配套措施和管理体系，安置从荒漠区转移出来的牧业人口。阿拉善已经实施多年的以生态移民为核心的“转移战略”，总共6万人需要从广大的荒漠区向城镇转移。他们的安置需要多方面的工作，包括技能培训、学生完成学业、提供工作岗位等。这些都需要资金，需要一套完整的社会管理体系，更需要国家帮助实施和最终完成。

（4）保护阿拉善地方文化

阿拉善是我国的骆驼之乡。游牧不仅是草原、荒漠区的生产方式，是经过几千年考验的利用草原最经济、效率最高的、与自然环境和资源相适应的经营方式，也是古老的地方文化，蕴藏着丰富的知识和经验，可以为生态保护与区域可持续发展所利用。保护和发展地方文化是生态建设的重要内容。应该考虑控制生态移民规模，适当保护和发展游牧业，保护和发扬阿拉善游牧文化。

（5）将阿拉善建成我国生态建设产业化示范基地

阿拉善是我国珍贵生物肉苁蓉的原生产地。生态建设成果的保持和持续依赖于能否实现产业化。当地农牧民在梭梭根部种植肉苁蓉并从中获利是重要的收入来源，处理不当就会毁坏梭梭林。只有实现生态建设的产业化，用经济利益保证生态利益，梭梭林的保护才能持久。需要进一步规划，制订科学的梭梭林保护、肉苁蓉种植计划，实现生态建设的产业化。

（6）将阿拉善建成我国沙漠生态文化旅游基地

阿拉善地区发育了我国最美丽的沙漠——巴丹吉林沙漠，金光灿烂的额济纳旗胡杨林，还有神秘的西夏古城和古居延文化，及多姿多彩的蒙古额鲁特、土尔扈特风情，旅游资源极为丰富。但阿拉善地区生态脆弱，荒漠地表破坏后稳定性大大降低。因而，在发展生态旅游时，应该注意保护荒漠地表，具体措施包括固定旅游路线、减少对荒漠原生态表层的破坏、促进生态稳定和改善、保障旅游的可持续发展。

（7）将阿拉善建成国家风力发电基地

阿拉善是我国风力资源极其丰富的地区，全年可利用风力发电天数达175～200天。阿拉善左旗已经建成全国装机容量最大（20万千瓦）的风力发电厂，潜力巨大，而且与国家和区域电网连接程度高，可行性强。风力发电可以有效增强区域经济实力，促进区域可持续发展。

（8）协调矿产开发与生态建设的关系

阿拉善矿产资源丰富，特别是煤炭预测资源量大于350亿吨。截至2006年底，全盟已开发利用的矿种30种，建成了年产原盐180万吨、金属钠4.5万吨、重质纯碱30万吨的盐化工业基地；建成年产原煤600万吨、洗选加工100万吨、出口20万吨的煤炭生产、加工、出口基地；形成了年产铁矿成品矿200万吨、金2吨的铁金选冶加工基地。煤炭的采掘和加工业已经是该盟的支柱产业。内蒙古自治区给阿拉善盟的发展定位为内蒙古西部重化工基地，该地区矿产资源的大

规模开发已显端倪。暴发性的矿产资源开发对该区生态系统的影响需要科学全面的评估和分析，更需要进行协调，避免矿产开发对区域生态的负面影响。

另外，需要严格控制阿拉善地区的人口。阿拉善虽地域辽阔，但水资源太少，生态脆弱，人口承载力很低，现有 20 万人口已经趋于饱和，用水紧张。因而必须严格控制人口增长，特别是绿洲农业（耕地）的发展，这是保护阿拉善生态极为重要的问题。

## 5. 设立“阿拉善国家生态建设示范区/战略保护区”具有重要意义

我国农牧业开发历史长，对自然的改造程度深厚，在世界范围内也属于生态退化严重的国家。因而，我们必须充分认识到我国生态建设的艰巨性和长期性。考虑到我国地域辽阔，各地自然与社会经济条件又相差悬殊，必须树立“因地制宜”的生态建设观念，需要逐渐从“部门生态工程”模式中摆脱出来，针对不同地区的自然、社会、经济特点，制定不同的战略和措施。还要从体制上充分调动当地人民的积极性，促进自下而上的生态保护战略。建立“阿拉善国家生态战略保护区”具有重要意义。

（1）全面应对阿拉善生态与沙尘源问题

将阿拉善定位为国家生态战略保护区，可以使我们能够从国家层面，调动全国一切有利因素，从自然、社会、经济、科学与技术各方面积极应对该区的生态退化问题，进而缓解或削减沙尘（暴）发生的条件，减少沙尘发生的频率和危害。

（2）阿拉善作为我国西部生态建设示范区

新中国成立以来，特别是改革开放以来，我国发起了一系列生态建设工程，取得了一定的成果。但基本上遵循以林业和水利部门为主的部门工程建设模式。部门利益比较突出，没有充分考虑到区域的特点与可能性，而且有时间限定性，缺乏长远规划和可持续的内在机制。在我国法治法规远远不完善、发展与生态矛盾突出、生态意识比较薄弱的情况下，选择生态上影响巨大的区域（生态战略保护区），综合考虑区域自然、社会、经济特点，进行重点生态建设与生态建设改革实验，对于西部生态建设和国家生态安全具有重要的战略意义。根据目前中国的国情、沙情，坚持以政府投入为主导的原则，发挥“种子”资金的作用，集中做好重点地区、生态脆弱地区的荒漠化防治工作，起到重点治理和试点示范的双重作用，积极吸引社会各界的资金和力量投入到荒漠化防治中，并让人们充分认识到其重要性，而自觉加强对生态环境的保护，减少边治理边破坏的现象。

（3）阿拉善作为全国生态移民示范基地

生态移民涉及复杂的社会、经济过程，具有极大的挑战性。阿拉善“转移战略”实施多年，虽存在一些问题，但积累了丰富的经验。国家如果能帮助阿拉善顺利完成转移战略，进一步积累经验，可为今后我国西部更大数量的生态移民提供宝贵经验。

（4）阿拉善作为东风航天基地的生态屏障

为国家航天事业做出巨大贡献的东风航天基地就处于阿拉善境内。在该区设立国家生态战略保护区，有利于环境改善，进而保障航天基地的生态安全，保证我国航天事业的顺利发展。

（5）有利于加强政府与国人的生态保护意识

通过设立国家生态战略保护区，有利于提高全面的生态意识，促进非政府组织（non-government organization，NGO）的发展及自下而上的自觉生态保护活动，与政府主导的“自上而下”生态建设工程，相辅相成，共同保护和改善我国的生态与环境。也有利于有限资源的优化组合，将分部门、分项目的环境治理、扶贫资金作整体规划，统一调配和使用，可以进行资源的有效整合，提高资金使用效能。国家整体损失将大大减少，而整体效益将全面提高。

（6）建立地区环境建设及经济发展的长效机制

地区发展越来越注重经济、环境建设的长效机制。但极不发达地区自身基础太差，缺乏区域可持续发展的内在动力（资金、管理等）。建立国家生态战略保护区，从制度上明确特殊地区特殊发展道路和发展目标，在根本上建立地区环境建设与经济发展的长效机制。

（7）以制度创新建立我国西部生态建设与经济发展相协调的现代化模式

从国内外比较来看，我国荒漠化防治技术总体上处于国际先进水平，但在观念、立法与执法、公众参与、科学研究、技术推广、政策、投入、科研、管理、开发等方面的深度和广度，与发达国家还存在很大差距，相关法律制度还相当粗放，尤其是在制度设计上有相当大的缺陷。这正是我国生态建设面临的最根本的问题。需要对生态、自然资源、环境保护的立法、社区发展等进行统筹考虑。建立生态战略保护区可以在这些方面进行实验，取得经验，服务于我国长期的生态建设实践。

（本文选自2009年咨询报告，略有改动）

## 咨询组成员名单

| | | |
|---|---|---|
| 郑　度 | 中国科学院院士 | 中国科学院地理科学与资源研究所 |
| 陆大道 | 中国科学院院士 | 中国科学院地理科学与资源研究所 |
| 叶大年 | 中国科学院院士 | 中国科学院地质与地球物理研究所 |
| 孙鸿烈 | 中国科学院院士 | 中国科学院地理科学与资源研究所 |

| | | |
|---|---|---|
| 张新时 | 中国科学院院士 | 中国科学院植物研究所 |
| 程国栋 | 中国科学院院士 | 中国科学院兰州寒区旱区环境与工程研究所 |
| 刘嘉麒 | 中国科学院院士 | 中国科学院地质与地球物理研究所 |
| 王　涛 | 研究员 | 中国科学院兰州寒区旱区环境与工程研究所 |
| 李秀彬 | 研究员 | 中国科学院地理科学与资源研究所 |
| 夏训诚 | 研究员 | 中国科学院新疆生态与地理研究所 |
| 申元村 | 研究员 | 中国科学院地理科学与资源研究所 |
| 龚家栋 | 研究员 | 内蒙古阿拉善盟行署副盟长 |
| 汪久文 | 教　授 | 内蒙古农业大学 |
| 屈建军 | 研究员 | 中国科学院兰州寒区旱区环境与工程研究所 |
| 王乃昂 | 教　授 | 兰州大学 |
| 肖洪浪 | 研究员 | 中国科学院兰州寒区旱区环境与工程研究所 |
| 郭　柯 | 研究员 | 中国科学院植物研究所 |
| 杨小平 | 研究员 | 中国科学院地质与地球物理研究所 |
| 张百平 | 研究员 | 中国科学院地理科学与资源研究所 |
| 冯雪华 | 高级工程师 | 中国科学院地理科学与资源研究所 |
| 戴尔阜 | 副研究员 | 中国科学院地理科学与资源研究所 |

# "5·12"汶川大地震灾后重建若干问题的建议

陈 颙 等

"5·12"汶川大地震发生后，党中央、国务院举全国之力组织抗震救灾和恢复重建工作，取得了举世瞩目的成就。震后两个月内，又迅速启动灾后恢复重建规划编制工作，编制完成了汶川地震灾区震后恢复重建的总体规划和9个专项规划。规划的编制和实施，不仅使灾后恢复重建工作进入了规范有序的轨道，更重要的是表明了对灾区恢复重建的决心和信心。但由于规划编制时间短，当时不少问题尚未暴露或未被认识，现在在实施过程中，出现了一些我们值得重视的新问题。

"5·12"汶川大地震发生后，党中央和国务院举全国之力，迅即组织抗震救灾和恢复重建工作，取得了举世瞩目的成就。尤其是在地震后很短的时间内，就迅速启动了灾区恢复重建规划的编制，动员全国各方面力量，在短短的两个月之内，编制完成了汶川地震灾区震后恢复重建的总体规划和9个专项规划。《汶川地震灾后恢复重建总体规划》（简称《规划》）的编制和实施，不仅使灾后恢复重建工作进入了规范有序的轨道，更重要的是表明了对灾区恢复重建的决心和信心，增强了战胜这场特大地震灾害的勇气和力量。

但是，由于《规划》编制的时间很短，当时不少问题尚未暴露或未被认识，现在在实施过程中，出现了一些值得我们重视的新问题。为此，我们进行了较深入的有针对性的调研和分析。现仅重点对灾后重建的地质灾害防治、地震遗址保护与纪念场馆建设、生态环境恢复以及灾区发展能力重建四个方面，提出我们的意见和建议。

（1）要高度重视灾区地质灾害的隐蔽性、突发性、长期性和震后地质环境的脆弱性，灾民的永久性安置要尽可能地集中，基础设施建设不能操之过急

汶川地震发生后，国土资源部门迅速组织全国的力量，在第一时间深入灾区开展了地质灾害隐患排查和险情处置工作，基本掌握了灾区地质灾害发育分布状况，并据此制订了灾后恢复重建的地质灾害防治规划。但是，我们必须清醒地认

识到：①这些地质灾害隐患点只是针对当时抢险救人和临时安置开展的应急局部排查，并非普查，它们只占整个灾区所发生地质灾害总量的一小部分。据目前资料估计，灾区共发生各类滑坡、崩塌达 4 万~5 万处。②原来所排查、调查到的地质灾害仅仅是地震后已经呈现出来的山体崩塌、滑坡等，而潜藏的灾害并未加评估。实际上，经过这样一场强烈地震的冲击，许多山体尽管没有崩滑下来，但是已经受了严重的“内伤”，即山体被震裂、松动。这些震裂、松动山体主要出现在烈度 9 度及其以上地区，它们不易被发现，尤其是在植被较好的地区。而一旦环境条件发生较大的变化，如遇特大暴雨、强余震以及人为施工干扰等，就会产生新的滑坡、崩塌、泥石流灾害。因此，相对已经发生的崩滑灾害这些“外伤”而言，“内伤”更具隐蔽性、突发性和长期性，也更具危害性。9 月 24 日北川遭受的暴雨仅为 20 年一遇，但触发的泥石流灾害却将震毁的北川县城再次掩埋（老县城部分），其泥石流流量几乎是近 10 年中年最大流量的 20 倍，其根本原因就是北川县城周围已经被高度震裂、松散的山体，在一定程度的降雨激发下，产生大规模泥石流所致。据国外的资料，这些脆弱地质环境的基本稳定还需要5~10年的时间。

鉴于上述原因，我们判断：汶川地震重灾区内，地质环境的脆弱性、地质灾害的普遍性、危险性和潜在的风险都超出我们原先的认识，这就导致我们对灾区的重建安置以及一些重要基础设施的建设在规避地质灾害风险方面还存在较大缺陷。为此，我们建议：

第一，农村灾民的永久性安置应尽可能集中。目前，从灾区各地的恢复重建的情况来看，部分农村灾民尤其在一些交通比较方便的地区是在政府的统一规划下，按村落和聚居点布局安置的，但也有 40%~50% 的灾民是分散安置的。考虑到地质灾害的普遍性、隐蔽性和长期性，安置越分散，遭遇地质灾害的可能性越高，地质灾害防治的难度也越大。因此，应尽最大可能把分散安置的灾民通过科学选址集中安置；对已有的分散安置点，应从防范隐蔽型地质灾害的角度，进行地质灾害的评估，并采取相应的补救防治措施。

第二，基础设施的重建不能操之过急。为了尽快完成灾后恢复重建和拉动经济发展，2009 年四川将有 1.2 万亿元的投资，其中，近一半是安排在以铁路、公路为主的交通基础设施建设上，拟在今后若干年修建 10 余条出川的交通通道。这些工程中，有几条要穿越龙门山重灾区。据公布的计划，这些工程大多在 2009 年就要开工修建，而目前这些工程的勘测设计大多还处在预可研或初测阶段。这些工程要达到开工条件正常的勘测设计需要 1~2 年的时间，而现在要求仅半年左右完成，因此过于仓促，难保质量。工程建设面临的不仅是自身极其繁重的任务，而且要面对和处置大量的隐蔽型次生地质灾害。我们认为加快重建固然重要，但一定要讲科学重建，不能操之过急，更不能搞全面突击，大干快上，搞新的"三边工程",否则遗患无穷!为此,我们建议在合理调整建设进度的同时,对具体某一条线路的建设要综合考虑勘测设计与动工修建的综合协调,在线路总体走向确定的条件下,对地质条件简单的地段,勘测设计可先行完成,先行开工修建,而在线路穿越龙门山地震带的区段,要留出足够的勘测设计和建设时间。

与此同时,相关部门要结合汶川地震灾区的实际,尽快修订和出台适于强震破坏地区地质灾害防治勘测设计的规范或导则,包括修订滑坡、崩塌、泥石流灾害的勘查、设计和施工规范,编制震裂山体和堰塞湖防治的勘查、设计和施工导则等。

(2)建设西南地区地震地质灾害高风险城镇的地质环境安全监控体系,切实加强高风险城镇地质环境管理,多方面降低地震地质灾害风险水平

实际上,即便不发生强地震,这些城镇也面临着很高的地质灾害风险,如2005年初,位于大渡河边的四川丹巴县城后山坡体出现了严重的开裂变形,并显示出强烈的滑坡趋势,幸好这一现象被国土资源部门及时发现,并采取了有效的抢险治理措施,才避免了灾害和悲剧的发生!因此,加强对高地震地质灾害风险城镇的安全监测和风险管控是非常必要和紧迫的。为此,我们建议:

第一,建立西南地区高地震地质灾害风险城镇的地质环境安全与预警监测体系。相关部门应尽快组织专业技术力量,对西南地区,尤其是处于"Y"字形活动构造带内的主要城镇,开展大比例尺的地质灾害隐患调查与地质灾害风险评估工作。以此为基础,采用多种手段建立西南地区高地震地质灾害风险城镇的地质环境安全监测与预警体系。这个体系主要针对城镇周边的山体,由定期的高精度卫星遥感观测、地面和地下的各类高精度变形监测和日常群测群防体系构成,在现代网络体系支持下由相关部门统一、集中管理。

第二,加强高风险城镇地质环境管理,多方面控制和降低地质灾害风险水平。地质灾害的风险控制除了技术手段外,很大程度还依靠政府的行为和老百姓全民防灾意识的提高。一方面,地方政府要制定适合本地区的周密的地质环境管理体系和地质灾害防治工作机制,加强地质灾害防灾避灾知识的宣传和普及。另一方面,要通过多种途径,让这些地区的群众对其所居住环境的实际状况有所了解,使他们有居安思危的意识,并积极主动地加入到政府主导的灾害控制体系中去。

第三,建议在西南高地震地质灾害风险城镇采取必要的减灾、防灾、避灾措施。应按评估结果,分门别类,分清轻重缓急,对处于危险区的城镇或人口多的地区,采取相应的措施,该加固的加固,该搬迁的搬迁,该规避的规避;未雨绸缪,防患于未然。

(3)地震遗址纪念场(馆)建设布点数量过多、规模过大,部分保护对象科学价值不高;建议场(馆)建设缩小单点规模,更加注重保护对象的科学性和保护的可行性

"5·12"汶川大地震后,各级政府从纪念遇难者和发展旅游的角度,都提

出了地震遗址保护区和纪念场（馆）建设的规划，目前其数量多达20余处，而且规模普遍偏大，没有体现资源节约利用，也缺乏典型性、代表性。例如，将映秀镇的一半作为地震遗址保护区，将原北川县城和绵竹汉旺镇定为整体进行保护，并建设地震遗址纪念场（馆）。由于保护的地震建筑物遗址数量多、规模大、用地大，势必导致今后维护和运行成本高而难于维持，实际上这些成片的废墟也难以保护和维护！大量一般性的地震破坏建筑物也不具有保护的科学价值。

相反，目前对一些具有典型意义和科学价值的地震地质遗址却缺乏及时有效的保护，许多具有很高科学价值和科普教育意义的地震地质遗址遭到不同程度的破坏。例如，都江堰虹口的地震断层剖面，震后曾吸引了全世界不少科学家前往研究，但由于缺乏必要保护，日晒雨淋已使该地震断层剖面遭到破坏，失去科学价值，甚是遗憾！

实际上，地震活动造成的断层错动、地表隆起是最具自然特性和科学意义的地震遗迹，世界上几乎所有地震遗址纪念场（馆）都以地震断层活动遗迹为主题，辅以典型的、具有纪念意义的地震损毁建筑物进行保护；而我们目前的保护规划恰恰忽视了前者，变成了以地震损毁建筑物为主要保护对象的“废墟保护”。为此，我们建议：

第一，合理规划、科学布局地震遗址保护地和纪念场（馆）的建设，缩小单处保护遗址或纪念场（馆）的建设规模。建议政府相关部门按地震地质遗迹、地质灾害遗迹、地震损毁建筑物遗址等类型，在沿龙门山300千米的地震带上，选择各自具有代表性的遗迹或遗址进行规划保护或建纪念场（馆）；根据遗址类型和地域分布，在考虑被保护遗址类型多样性的基础上，科学合理地确定保护的数量和规模。同时，严格控制一般性的地震损毁建筑物遗址的保护规模，不应将大片的一般性损毁建筑物作为保护对象。所有地震纪念场（馆）可统一命名为“5·12汶川大地震×××遗址”。

第二，地震遗址保护应突出科学价值和教育意义。如地震断层和地表破裂、典型的地质灾害、代表性的地震损毁建筑物等。具体包括以下三种类型：第一类是具有科学价值的地震断层或地质灾害遗迹，如2~3处断层错动剖面（需人工措施保护）和若干处典型地质灾害遗址。这类遗址的保护可与地质公园的建设相结合，以自然状态下的保护为主。第二类是具有典型意义的地震破坏建筑物，如绵竹汉旺镇凝固地震发生瞬间的钟楼以及1~2座典型的工业厂房（一般性的损毁建筑物不宜作为保护对象），这类遗址的保护要采用人工加固措施。第三类是具有一定综合性的建筑遗址、地质遗迹集中保护区，如原北川县城及其周边，不仅包含有建筑物遗址，还有地震断层、大型滑坡、泥石流以及唐家山堰塞湖等，可以作为一个综合性研究和科普教育基地加以保护，但保护的方式仍然是以自然状态为主，辅以少量的人工维护措施。

（4）必须高度重视地震引发的生态环境问题，切实加强灾区关键敏感地段及生态脆弱区受损生态系统恢复重建与环境保护工作

由于生态环境受损后，负面影响一般不会立即凸现，其效应也不如直观的人员伤亡和建筑物破坏明显。因此目前，灾区各级政府及社会各界对灾区生态环境受损状况及其后果还存在认识上的不足，相应的生态恢复重建和环境保护的具体措施更加缺乏。

研究表明，特大地震导致的受损生态系统恢复难度比任何一类受损生态系统更为复杂和艰巨。生态系统尤其是脆弱生态系统在遭到破坏后，存在着叠加放大与连锁扩张效应，如不及时加以恢复治理，受损范围会扩大、退化程度会加剧；并且一旦错过最佳恢复时期，后期治理和恢复的投入会更大，而且效果还不佳。我国在这方面已有许多惨痛的教训。因此，务必高度重视地震灾区的受损生态系统的恢复重建及环境保护工作。为此，我们建议：

第一，尽快开展关键地段的生态恢复和环境治理。汶川地震后交通道路沿线、重要水源保护地、堰塞湖、农村居民点附近、风景名胜区等关键核心地段是急需优先恢复和治理的对象。应根据可恢复性与重要性，优先开展这些地段的生态恢复重建与环境治理工作。针对某些关键物种，如大熊猫，要尽快开展其栖息地生态系统的恢复工作。据统计，此次地震造成27个大熊猫自然保护区受损，有约1000只大熊猫（占全国大熊猫种群数量的70%）受到影响。对其有效恢复重建，关乎国宝大熊猫命运，故需高度重视，应及早实施。

第二，恢复重建要充分考虑不同区域的生态环境特点，慎用外来物种，严防外来物种入侵。在生态恢复及环境治理过程中，应尊重自然规律，并充分考虑灾区不同区域的生态环境特点、生态功能与地位、民族与文化差异，坚持自然恢复为主（特别在自然条件优良的龙门山东坡区域），人工适度干预为辅（尤其是在干旱河谷这样的生态脆弱区及某些重要地段）的原则，因地制宜。同时，应尽可能地选择生长迅速、繁殖力强、抗性优良的乡土植物。如果要引入外来物种，在引入前必须开展相应的生态风险评估。只有确定引进物种不会对当地生态系统造成威胁时，才能引入。否则，盲目引进外来物种可能会造成新的生态灾难。

（5）必须强化、提高行政组织和管理，增强跨部门、多层次、大系统的协同作战能力，提高产业恢复和资源配置效率

灾后恢复重建中，各级政府的工作效率是高的，但也存在各自为政、条块分割的现象，影响整体效益的充分发挥，表现为：①基础设施布局与环境安全没有很好衔接。在重建过程中过于强调速度、规模和数量，忽略重建布局的合理性、安全性。②产业恢复与区域整体战略不协调。当前灾区各级政府在产业恢复重建过程中，除国家的重大产业建设项目外，基本上没有严格按照从上到下、从宏观到微观、从整体到局部的规划建设程序，而是按照行政单元进行重建，强调各自

产业发展要求和各自区域内增长欲望，使各地产业发展与整个灾区、整个四川省的发展战略整体布局脱节，各地产业重建没有充分考虑与主体功能区划对接，没有处理好短期生产恢复与远期可持续发展之间的关系，这给灾区未来产业健康发展和环境协调埋下隐患。③对口援建对灾区生产、生活秩序及时、有效恢复起到了重要作用，但对口援建明显缺乏省际、灾区内部间的沟通，对口援建条块分割，互通性、关联性较差，在一定程度上存在着盲目性，没有很好体现系统性思想，因此使经济功能、社会服务功能的互补性与对口援建综合效率难以发挥。

面对灾后支撑能力建设的全局性、战略性，必须强调灾后恢复重建速度、规模与效率的统一；生产力布局、资源配置与资源环境承载力的统一；产业恢复局部特色、优势与区域整体持续性的统一，规避灾后恢复重建资源浪费，规避行政分割萌生新的利益冲突，促进行政管理能力由单一向综合、由低效向高效的战略转变，为此我们建议：

第一，强化科学支撑能力重建，发挥行政管理和政策的协同作用。应该明确恢复重建不仅是基础设施的重建，更是灾区文化的重建、精神的重建，必须综合考虑硬件和软环境的建设。也应该明确重建不仅是恢复，更是发展；不仅是还原，更是创新。灾区恢复重建是一次难得的破旧立新的契机，我们必须审视震后出现的新情况、新问题，兴利除弊，在实施更高水平的硬件建设的同时，更加关注与硬件相适应、相配套的软环境建设，发挥软环境的驱动作用，以科学发展观来统领，拥有超前的建设理念，统筹未来发展需要，系统规划灾区发展能力建设，尤其需要突出教育管理者能力、卫生保健服务能力、行政机构协调能力、社区组织能力、对口援建沟通能力的建设。

第二，科学把握产业恢复的阶段性和区域性特点，强调产业发展的资源承载能力和生态环境长期效率。生产力布局、资源配置要与资源承载力区划相衔接，必须科学合理地把握灾后重建资源投向，按照资源环境承载力区划确定的适宜重建、适度重建、生态重建区作为指导生产力布局、调整和资源配置的依据。高度重视农业环境污染评价与人体健康风险评估，尽量规避高危行业的环境风险，积极推动龙门山东麓地区的旅游成片开发，加快建设成德绵产业密集带、阿坝高耗能循环经济产业集聚区，培育大型的生态企业，恢复重建大型水电企业，整顿清理小水电开发等问题。

第三，尽快建立灾区经济补偿机制，增强区域统筹支撑能力。根据主体功能区划，龙门山大部分区域是属于限制开发区，是嘉陵江、沱江和岷江流域的重要生态屏障；是我国亚热带干温河谷生态系统恢复、重建的典型区和科研示范区；其特殊的区位生态功能，对产业的选择、规模和布局提出较严格的要求和限制。但该区当前经济发展滞后，加快发展成为当地的强烈愿望。建立限制开发区域的补偿机制，是解决这一矛盾的有效途径。为此建议：①将龙门山区作为限制开发区域，探索和建立对该区域的经济补偿机制；②转变限制开发区域居民传统的生产和生活方式，促进限制开发区域居民的外迁，对限制开发区域内居民的转产给予一定的补偿，包括技术培训、促进和改善乡村聚落结构；③根据限制开发区域生态建设和灾区重建的具体情况，大力推动和促进生态产业布局，建立与区域社会经济发展相适应的清洁生产技术发展体系，提高可持续发展的环境支持能力；④探索在非限制开发区建立“产业飞地”的可行性，让限制开发区内的州县到成都平原或附近区域建设若干产业园区，弥补限制开发区的损失。

## 附件1　关于汶川地震灾后重建次生地质灾害防治的建议

2008年5月12日14时28分发生在四川西部龙门山断裂带的里氏8.0级汶川大地震，是中国大陆近百年来在人口较为密集的山区所发生的破坏性最强、受灾面积最广、救灾难度最大、灾后重建最为困难的一次强震灾害。汶川大地震具有震级高（里氏8.0级）、震源浅（12～15千米）、持续时间长（约120秒）、释放能量大（唐山大地震的3倍）、破坏力强（87 000余人死亡和失踪，直接经济损失8451亿元）、受灾面积大（重灾区面积达13万平方千米）、余震频发且震级高（已发生余震32 200余次，其中，里氏4.0级以上265次，最大达里氏6.4级）等显著特征。

汶川大地震之所以造成如此惨重的损失，除因地震本身震级高，对建（构）筑物破坏性大，导致大量人员被掩埋外，另一个重要原因就是：强震发生在地质环境原本就比较脆弱的中、高山地区，从而触发了大量的次生地质灾害，其数量之多、规模之大、类型之复杂、损失之惨重举世罕见！据估算，汶川大地震所触发的滑坡、崩塌、泥石流等次生地质灾害总数达5万余处，其中，对人员安全构成直接威胁的灾害隐患点就达12 000余处（四川省面积近10万平方千米的39个极重灾和重灾县内，查明地质灾害隐患点就达1万余处），规模大于1000万立方米的巨型滑坡数达30余处。其中，规模最大的安县大光包－黄洞子沟滑坡，是目前和有记载的世界上规模最大的地震触发大型滑坡之一，其体积初步估算接近10亿立方米，形成的滑坡堆石坝高达550米。大量的次生地质灾害使重灾区山河易色、家园被毁、交通中断、救援受阻，造成了大量的人员伤亡。相关统计结果表明，汶川大地震触发次生地质灾害造成的人员伤亡约占地震总伤亡人数的1/3，其数量超过过去10年我国正常地质灾害导致人员伤亡的总和，其中，致100人以上人员死亡的重大崩滑灾害就达20余处，如北川老县城王家岩滑坡直接掩埋1600余人，同时，滑坡过程中产生的巨大气浪将滑坡周围近100米范围

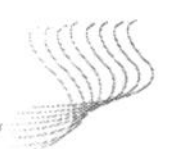

内房屋彻底摧毁；位于北川新县城景家山崩塌也将北川中学新区整体掩埋，造成700余人遇难。大量的次生地质灾害和隐患点还对人口聚集点和大量基础设施造成直接损毁和构成严重威胁，并给灾后重建带来极大的难度，并直接制约了灾区恢复重建工作的顺利开展。

为了最大限度地减少和避免地质灾害对汶川地震灾区人民生命财产造成的损失，同时科学、有效地防止新的次生地质灾害的发生，确保灾后恢复重建区人民生命财产的安全，中国科学院学部咨询委员会组织开展了“汶川地震诱发地质灾害防治”咨询项目，并于2008年8~9月组织了10余位院士和专家对汶川、都江堰、北川、什邡和青川等重灾区进行综合考察、访问，并与当地政府和相关部门座谈。专家组在充分收集已有资料和现场调查研究工作的基础上，召开了院士专家咨询会，对该地区地质灾害隐蔽性和长期性、重建场址地质环境适宜性、高地震和地质灾害风险城镇安全性、大规模地质灾害防治规范性等相关问题作了深入研究，完成了“汶川地震诱发地质灾害防治”咨询报告。

## （一）汶川地震灾后重建次生地质灾害防治的重要性、必要性和紧迫性

### 1. 恢复重建区震后地质灾害诱发因素的多重性与长期持续性

“5·12”汶川大地震产生的严重后果，不仅直接诱发了数以万计的崩塌、滑坡灾害，造成了大量的人员伤亡；更为严重的是，地震过程中强烈的震动使极震区的山体普遍受到震裂松动、山河破碎，同时，大量崩塌、滑坡积累了数十亿立方米的松散堆积物堆积于沟谷和坡麓，在今后汛期强降雨条件下，不可避免地会产生群发性泥石流以及崩塌、滑坡灾害，并可能再次堵塞河道，形成新的堰塞湖，进而引发洪水、溃决型泥石流和回水淹没等次生灾害。此外，在今后的恢复重建过程中，大量人类工程活动（爆破、开挖、堆载、切坡等）又可能加剧和促发新的地质灾害。可见，地质灾害发生的外界因素不仅包括地震本身，降雨和人类工程活动也将会进一步诱发或加剧地质灾害，由此决定了恢复重建区地质灾害防治工作的长期性和持续性，形势严峻、任重道远。

### 2. 恢复重建区地质灾害的普遍性与隐蔽性

地震使极震区山体稳定性普遍降低。遥感解译和现场排查结果表明，地震灾区尤其是沿地震断裂两侧一定范围内的重灾区，山河面貌被整体改观，高山被普

遍"剥皮"，河谷和公路沿线滑坡、崩塌比比皆是。与此同时，大量山体出现了不同程度的开裂，裂缝延伸长达数百米乃至数千米。如北川县抢险救援基地任家坪后山山顶开裂宽度2~3米，延伸长度数百米；青川县城后山整体开裂，裂缝延伸超过500米；青川县曲河乡临时安置点后山裂缝长达3000米；汶川县城时代广场后山的裂缝断续延伸近1000米；彭州市白鹿镇山体开裂长度约1500米……上述山体裂缝引起了各级政府的高度重视，并迅速组织撤离了处于危险区的群众或救援队伍。然而，这些被发现的裂缝还仅仅是少数，绝大多数由地震引起的山体开裂和地质灾害隐患因各种原因（如道路不通、植被掩盖、灾害区内暂无人居住等）还未被发现。可以断言，地震灾区除目前通过应急排查发现的上万处地质灾害隐患点外，还有大量处于隐蔽状态的灾害点未被发现，这些灾害点在恢复重建工作中将逐渐显现并不断产生危害，如不采取防范措施，将对恢复重建工作产生巨大影响，甚至酿成严重后果。

### 3. 恢复重建区地质环境适宜性评价与地质灾害危险性评价的必要性与重要性

龙门山区资源丰富，加之长期的社会人文沉淀，绝大部分灾区只能遵循就地重建和就近异地重建的恢复重建原则。在恢复重建过程中，要在高山峡谷区寻找一块地势开阔、平坦的适宜场所十分困难。因此，大量恢复重建工程很难完全避开活动断裂带和大型滑坡、泥石流堆积区，重建场址本身就存在一定安全隐患和风险。因此，开展恢复重建区场址地质环境适宜性评价与地质灾害危险性评估工作，对于降低风险，保证灾区人民生命和财产安全就显得非常重要和必要。

### 4. 恢复重建区地质灾害防治的紧迫性与艰巨性

截至目前，通过地质灾害应急排查和汛期地质灾害巡查，四川地震灾区已发现1900余处对人民生命和重要基础设施产生直接威胁的地质灾害隐患点。事实上，遥感解译成果表明，地震诱发的崩塌、滑坡十分普遍，主要沿地震断裂带和河流、沟谷、交通干线呈带状或线状分布，使整个灾区山河面貌发生彻底改观。上千万人因此失去家园，处于重灾区需要安置的灾民就达500万户1500万人之多，安置压力异常巨大。而地质环境条件相对较好、无重大地质灾害隐患的安置适宜区远不能满足数量巨大的灾民安置需求，唯一的途径是通过开展地质灾害防治工程，人为地提高地质环境适宜性，并由此扩大安置容量、拓展生存空间、保障群众生命财产安全。因此，加强恢复重建区，尤其是集中永久安置区、城镇和人口集中居住区的地质灾害防治工作十分紧迫和艰巨。此外，地震使众多旅游景区、大中型厂矿企业所在地、公路铁路等交通干线以及水利电力工程等遭受严重

损毁，这些区域同时也遭受了地震诱发的地质灾害的严重危害，需通过地质灾害应急治理和综合防治措施消除隐患，以确保人员和财产的安全。

综上所述，汶川地震灾区地质灾害问题十分突出，大量已经产生和今后还可能不断产生的地质灾害和隐患点将成为影响汶川地震灾区灾后恢复重建的重要制约因素，但灾区绝大多数地质灾害是可防和可治的。通过开展地质灾害防治工作，可改善和提高地质环境适宜性，尽量避免地质灾害对人民生命财产安全的危害，为恢复重建赢得生存和发展空间，促进人与资源环境的和谐，实现可持续发展。

## （二）关于灾后重建次生地质灾害防治的建议

### 1. 高度重视具有隐蔽性和长期性的震裂松动山区地质灾害防治工作

2008 年 9 月 24 日，汶川地震受灾最为严重的北川县城区一带突降 20 年一遇的暴雨，导致区域性泥石流的暴发。原北川中学后山魏家沟暴发的泥石流，掩埋了任家坪部分村庄和原北川中学宿舍区，并直接威胁其下游居住有 300 多人的灾民安置区。位于北川旧县城附近的滑石板沟（西山坡沟）暴发的大规模泥石流，直接冲入北川县旧城区，形成的堆积扇长达 900 米，宽达 150~200 米，面积 0. 17 平方千米。扇顶堆积厚度在上段达 10~12 米，在中段主流线附近达 7~8 米，在仅一个小时之内便将原北川县旧城区三层楼以下的所有设施全部永久埋于地下。现场调查结果表明，“9・24” 暴雨在原北川县城区一带共触发了大大小小的泥石流灾害 72 处，冲毁了震后援建板房，加上洪水灾害共导致 42 人死亡和失踪。由于通往乡村的道路几乎被泥石流全毁，4000 多人被围困山里达数十小时。“9・24” 北川特大泥石流灾害给汶川地震灾害地质灾害防治工作敲响了警钟。事后现场调查和分析结果表明，北川 “9・24” 特大泥石流灾害有以下几方面的特点和规律值得高度重视：

1） 软岩和第四纪松散物质分布区为泥石流的暴发提供丰富的物源。由于映秀—北川断裂带刚好从北川中学后山魏家沟通过，穿过任家坪街区，然后从北川老县城后山坡脚和北川旧县城通过，跨过湔江，并从北川中学新区前缘进入新城区。这种断裂展布方式致使魏家沟至北川县城北西侧斜坡处于断裂的上盘，而在北川城区一带映秀—北川断裂上盘主要由志留系的页岩、千枚岩等软岩构成，而下盘则主要灰岩、白云质灰岩等硬岩构成。调查结果表明，“9・24” 北川特大泥石流灾害，其中，有 64% 分布在志留系的千枚岩、板岩中，该类岩石容易破碎、风化，形成富含黏土矿物的物质，为泥石流的形成提供了大量松散物质，也为泥石流携带大粒径块石远距离运动提供了必要条件。

2）断层带一定范围内山体被震裂松动区为区域性泥石流的最大隐患区。汶川地震属于典型的逆冲右旋走滑型发震机制（断裂的地表破裂迹象表明，在汶川城区附近主要以逆冲为主），上盘是主动盘，由于地震动力的上下盘效应，再加上断裂上下盘本身岩性差别较大，处于上盘、岩性软弱的魏家沟西北侧和汶川旧县城后山斜坡，在强震过程中被大范围强烈震裂松动，岩体结构遭受严重的损伤和破坏，岩体强度大大降低和弱化，为暴发区域性、群发性泥石流提供了基本条件。

3）震后泥石流启动的临界降雨量显著降低。根据相关资料和调查成果，震前北川县区域泥石流发生的前期累积雨量为320~350毫米，泥石流发生的临界小时雨强为55~60毫米。而2008年9月23~24日区域泥石流发生的前期累积雨量仅为272.7毫米，本次激发泥石流的临界小时雨强为41毫米。可见，同一地区震前与震后泥石流发生的临界降雨条件变化明显。汶川地震后，该区域泥石流启动的前期累积雨量降低14.8%~22.1%，小时雨强降低25.4%~31.6%。这种特征在1999年台湾省集集地震区也有类似表现，相关统计结果表明，集集地震区震后泥石流启动的小时雨强和临界累积雨量比震前降低1/3。

4）震后泥石流启动和运动方式发生明显变化。调查结果表明，震后泥石流启动方式主要有两种：一是暴雨过程形成的斜坡表层径流使悬挂于斜坡坡面和坡麓的松散物质向下输移，进入沟道后转为泥石流；二是“消防水管效应”使沟道水流快速集中，并强烈冲刷沟床中松散固体物质，导致沟床物质启动并形成泥石流。调查和分析还发现，沟道内集中堆积的滑坡堆积物对泥石流的运动具有明显的阻塞作用，但一旦溃决后便可使瞬时洪峰流量急剧增大，沿途冲刷和侵蚀能力大大加强，暴发阵发性大型泥石流。此外，由于震后各流域松散物质特别丰富，即使较小流域面积泥石流的冲出量也比震前一般泥石流要大得多，因此，震区泥石流的堆积泛滥危险范围更大，对位于泥石流堆积扇区的居住区以及道路等基础设施的威胁也明显增大。

5）震后泥石流堆积于河道使暴发洪水灾害的风险加大。调查结果显示，“9·24”暴雨后，沿湔江等河流两岸新暴发的泥石流比比皆是，多处堆积扇使主河道河床局部抬升甚至阻塞，加上河流泥沙含量高，水位上涨快速，灾区河流暴发洪水灾害的可能性明显加大，使两岸低地居民安置区被洪水淹没和道路毁坏等的威胁也明显加大。

“9·24”北川特大区域性泥石流灾害是对汶川地震灾区减灾防灾的一个严重警示，我们需要从中吸取经验和教训，高度重视具有隐蔽性和长期性的震裂松动山区地质灾害防治工作。根据上述北川“9·24”特大泥石流灾害的特点和规律，结合灾区地质灾害的实际情况，建议：

1）加强对汶川地震灾区（尤其是汶川地震烈度在9度以上的极震区）具有暴发区域性泥石流隐患的震裂松动山体的详细调查工作与评估工作，查明震裂松

动山体的具体分布位置、发育特点、形成机理、可能危害对象、堰塞堵江的可能性，进行震裂松动山体的稳定性评价与区划，圈定潜在危险区域，在此基础上，结合灾区灾后重建规划，进行震裂松动山体的风险评估与区划。

2）加强对汶川地震灾区震后新增丰富物源的沟谷和斜坡坡面的详细调查工作与评估工作，查明具有暴发泥石流潜在威胁的沟谷和区域的发育分布规律，分析评价暴发泥石流后堰塞堵江的可能性和危害性，进行震后泥石流灾害危险性和风险评估与区划，圈定潜在危险区域，为灾区灾后恢复重建规划的制定与具体实施提供决策依据。

3）加强汶川地震灾区震后不同区域、不同岩性构造条件下，泥石流启动条件，尤其是临界降雨量的研究和分析统计工作，尽快建立汶川地震灾区泥石流暴发临界降雨量预警判据，为灾区小区域气象预警工作提供依据。

4）国土资源部门与气象部门有机联合，结合汶川地震灾区泥石流潜在危险区的划定，尽快在具有产生区域性、群发性泥石流和崩滑灾害的区域，建立和完善灾区地质灾害监测预警和小区域气象预警系统，切实加强对这些重点区域地质灾害的监测预警工作，制定和落实防灾预案，建立地质灾害应急响应机制，并做定期演练。

## 2. 灾后重建选址应高度重视场址地质环境适宜性评价

为了确保灾区人民生命安全，在“5·12”汶川大地震后，国土资源部、受灾省份的国土资源厅迅即组织专业队伍，驻扎在各重灾区，开展重灾区各过渡（临时）安置点的地质灾害危险性评估。随后，为了配合灾区恢复重建规划的制定，与建设部等部门配合，开展了重灾区各规划安置点的地质灾害危险性评估。这些工作为保证重灾区各集中安置点免遭地质灾害威胁起到了至关重要的作用。为了缓解集中安置的巨大压力，目前各重灾区要求广大农村的分散农户回乡自行修建住房。现场调查发现，由于重灾区震后地质环境适宜性本身就较差，再加上老百姓缺乏地质灾害防治的相关知识，致使灾区部分老百姓自建房存在明显的地质灾害安全隐患。比较典型的有如下几类。

1）选址不当：将房屋建在本身稳定性就较差的古滑坡体上，靠近沟口的泥石流堆积扇上，比较容易产生崩塌、落石的高陡斜坡坡脚。由于选址不当，新建房屋很容易再次遭受地质灾害的威胁。

2）随意“动土”，缺乏必要的防护措施：因四川重灾区大多数属于地形地质条件均较为复杂的山区，老百姓很难找到一块场地条件良好、地势平坦的场地作为新建房用地。同时，考虑到原有土地的耕作方便，大多数老百姓在自行建房时只能选择原址重建或就近重建。在建房过程中，往往不得不采用开挖山体、回填沟谷等办法，在一个斜坡地带开辟出一片适宜于建房的平地。在地质环境本身就很脆弱的山区斜坡进行开挖或堆填，如果不进行必要的防护，很容易诱发地质灾害的发生。

3）防护标准偏低：灾区部分农户自建房时在对房后开挖边坡采取了保坎等防护措施。但在调查中发现，大部分房屋防护标准明显偏低，保坎高度和厚度明显达不到要求，虽已加防护，但仍然达不到消除地质灾害隐患的目的。

针对上述问题，我们建议：

1）各地方国土和建设部门，应加强对广大分散农户自建房选址和具体修建过程的专业指导，加强对农户建房知识的宣传和培训；

2）各地方国土和建设部门对农民自建房做一次全面统一的检查和排查。对选址不当但还未正式动工修建的农户，应帮助其另选安全的新址；对已动工修建但存在地质灾害隐患的自建房，应指导其采取简易的防护措施（如修建保坎、加强地表水的排放等），消除地质灾害隐患。

## 3. 切实加强对灾区地质灾害防治项目的监管力度，确保工程质量和进度

“5·12”汶川大地震发生后，为了加强灾区的地质灾害防治工作，三个受灾省份在对灾区地质灾害隐患点进行排查的基础上，迅速组织力量编写了各省的“5·12”大地震灾后恢复重建地质灾害防治专项规划。目前，国家发展和改革委员会已批准了160亿元的汶川地震灾区地质灾害防治规划，其中，四川省、陕西省和甘肃省将按7:2:1的比例分配这160亿元的地质灾害防治专项经费。比如，按照规划批准的要求，四川省将在三年（2008～2010年）恢复重建期内，投资114亿元（其中，国家拨经费95亿元，其余经费由地方配套），实施重大地质灾害治理工程2300处，避让搬迁18 012户，群测群防点3695个。灾区地质灾害防治工作具有投资额度大、治理工程任务重、工期紧等特点，如不对灾区地质灾害防治工作进行严格、规范地管理，很容易出大问题。因此，我们建议：

1）尽快启动和加强灾区地质灾害的详查工作：“5·12”汶川大地震后第一时间内，国土资源部和受灾省份国土资源厅迅速组织力量，开展汶川地震灾区重灾县的地质灾害隐患应急排查工作和汛期地质灾害隐患巡查工作，又组织力量进行了灾区各乡镇过渡安置点和规划集中安置点的地质灾害危险性评估工作。上述工作成效显著，不仅确保震后灾区灾民免遭地质灾害威胁，同时为灾区地质灾害防治专项规划提供了直接依据。但是，一方面，无论是地质灾害隐患排查还是巡查，当时在余震不断、情况非常紧急、时间紧、任务重、交通不便等特殊情况下，主要遵循了以确保人民生命安全为第一要务的地质灾害调查思路，并没有时间和精力对每个隐患点的地质特征做详细系统的现场调查和分析，由此导致每个

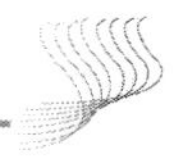

灾害隐患点的资料并不全面、详细，甚至存在错漏之处。另外，也正因为应急排查和巡查阶段主要坚持“以人为本”的指导思想，同时加上灾区很多区域交通严重受阻等特殊情况，存在地质灾害隐患点漏查的现象不可避免，并且可能还不在少数。这些漏查或具有隐蔽性的地质灾害隐患点，如不加以防范，可能会对灾区人民生命财产构成严重威胁。因此，建议各受灾省份在真正具体落实地质灾害防治规划，实施地质灾害防治工程之前，应再次组织技术力量，对灾区地质灾害隐患做一次全面的详细调查，并以此为基础，对地质灾害防治专项规划进行修编，并由此加强规划的可操作性，同时保证灾区人民恢复重建过程中再次免遭地质灾害的威胁。

2）切实加强地质灾害防治规范建设：在灾区地质灾害防治工程实施过程中，缺乏必要的规范支撑。目前，尽管各行各业（如公路、铁路）以及某些地区（如重庆市、三峡库区），针对地质灾害防治过程中的勘查、设计、监理和施工，制定了一些行业或地方标准。作为地质灾害防治的主管部门国土资源部也在2006年发布了《滑坡防治工程勘查规范》（DZ/T 0218—2006）、《滑坡防治工程设计与施工技术规范》（DZ/T 0219—2006）、《泥石流灾害防治工程勘查规范》（DZ/T 0220—2006）三本行业规范。缺少泥石流灾害防治工程设计与施工规范，崩塌（不稳定斜坡）勘查、设计、施工规范。更值得重视的是，“5・12”汶川大地震诱发的次生地质灾害在成因机理、启动、运动和停积方式等方面，表现出与通常重力作用或降雨诱发的地质灾害具有非常明显的差别，尤其是汶川地震使极震区大量山体开裂形成潜在不稳定斜坡，以及崩滑堵江形成两百多处堰塞湖。为此，我们建议：为了确保灾区地质灾害防治工作规范、有序地实施，要针对汶川地震诱发地质灾害的特点，切实加强地质灾害防治相关规范的建设，完善滑坡、泥石流灾害勘查、设计和施工规范，新编不稳定斜坡（崩塌）和堰塞湖防治的勘查、设计和施工规范。

3）严格地质灾害防治项目监管，确保防治工程质量：根据汶川地震灾区地质灾害防治实际情况，尽快制定“地震灾区地质灾害防治工程项目管理办法”，明确各级管理部门以及承担防治工程项目单位的职责；实行全程（勘查、设计、施工）监理、全面监管、动态监控；严格实行专家审查制度，由专家从专业和技术层面严把质量关；建立绩效考核与退出机制，以及通报表扬与批评制度，对工作绩效差、完成质量差的单位进行通报批评甚至让其退出灾区地质灾害防治领域。

4）加强地质灾害防治资金管理和廉政建设：尽快制定“地震灾区地质灾害防治工程项目资金管理办法”，灾区地质灾害防治项目实行“三专”（专账、专户、专人管理）管理机制。严格执行预决算制度，通过初步设计进行项目实施费用预算，竣工后进行决算审计。加强廉政建设，建立廉政责任制，各项目承担单位法人应与相关项目主管部门签订廉政责任书和廉政合同。

## 4. 加强对地震区堰塞湖的排查与评估工作，尽可能降低堰塞湖成灾风险

遥感解译和初步的排查结果表明，"5·12"汶川大地震引发的山体崩塌、滑坡、泥石流堵塞河道形成的堰塞湖达256处，已经判明有明显危害和威胁的堰塞湖35处，其中，北川9处、青川3处、安县3处、彭州2处、崇州4处、汶川1处、平武2处、绵竹4处、什邡7处。在这35处中，仅17处在抗震救灾阶段采取了应急排险工程措施进行了处理，灾区堰塞湖进一步成灾的可能性依然存在。针对汶川地震灾区堰塞湖的问题，特做以下几方面的建议：

1）加强对地震区堰塞湖的排查与评估工作，摸清家底，查明隐患：在前期抗震救灾阶段，由于大部分地区交通不畅，主要依靠遥感图像和地方上报，辅以现场复核的办法掌握地震区堰塞湖的发育分布情况。但随着灾区各主要乡镇道路不断打通，现场调查工作范围和深度的不断扩大和加深，堰塞湖的数量呈大幅度上升，由抗震救灾阶段的34处增加为256处。这256处也不是最终数字，随着调查的不断深入，可能还会发现多个堰塞湖。因此，为了摸清汶川地震灾区堰塞湖的家底，查明隐患，建议国家相关部门，尽快组织专门力量，对汶川地震灾区堰塞湖发育分布和成灾隐患开展一次彻底排查与评估，查明各堰塞湖的具体位置、规模、稳定性、可能溃决方式以及危害性，对每个堰塞湖进行成灾风险评估。

2）加强对灾区堰塞湖处治与科学利用的规划，做到处治与利用并举：在对灾区堰塞湖发育分布情况进行排查和各堰塞湖成灾风险进行评估的基础上，结合各灾区恢复重建规划，制定灾区堰塞湖处治与利用规划。对于通过评估但还存在成灾威胁的堰塞湖，应制定堰塞湖的处治方案并尽快实施。对于通过评估认为堰塞湖本身稳定性较好、成灾风险较低，同时也可与灾区恢复重建规划有机结合的堰塞湖，可通过适当的措施（如人工调控堰塞湖水位、对堰塞坝进行适当地加固处理）消除堰塞湖成灾风险后，进行科学的利用。

3）加强对灾区泥石流堰塞堵江的调查研究与评估工作，防范泥石流堵江成灾：汶川地震诱发的大量崩塌、滑坡，积累了数十亿立方米的松散堆积物堆积于沟谷和坡麓，预计今后5~10年内将是灾区泥石流暴发的活跃期。灾区暴发特大型泥石流，将有可能再次堵江形成堰塞湖。因此，加强对灾区泥石流堰塞堵江的调查研究与评估工作，防范泥石流堵江成灾，也是至关重要的工作。

## 5. 切实推进高地震及地质灾害风险城镇安全性评价与灾害防范工作

在我国西南地区，尤其是四川省境内，除本次发生"5·12"汶川大地震的龙门山断裂带外，还有两条与龙门山断裂类似的深大区域性发震断裂，即鲜水河活动

断裂带和安宁河活动断裂带，这三条控制西南地区基本构造格局的活动断裂带组合在一起形成一个“Y”，俗称“Y”字形构造。处于“Y”字形构造带内的县（区）和城镇达数十个，其地形地质条件与北川、汶川、青川等极为相似，甚至地形地质条件更为恶劣（代表性的有宝兴、泸定、雅江、丹巴、康定等），这些县城和重要城镇大多建设在河岸一侧狭窄台地上，面临大江，背靠陡崖高坡，一旦临近活动断裂带发生强震，导致城镇周围的山体滑坡、崩塌，就没有哪一个城镇会比北川县城更安全。为了从汶川大地震中吸取教训，防患于未然，做如下建议：

1）相关部门尽快组织专业技术力量，对西南地区高地震及地质灾害风险区，尤其是处于“Y”字形活动构造带内的主要城镇，全面开展地质灾害隐患调查、排查与地质灾害风险评估工作。

2）搬迁一部分高危乡镇；引导居民逐渐外迁居住；

3）在高地震及地质灾害风险的城镇，对周围山体建立长期安全监测体系，并由相关部门统一集中管理。对城镇周围的部分欠稳定山体，尽快采取必要的工程治理措施，提高山体的稳定性。

4）山区城镇场地狭窄、空间非常有限，在重大灾难发生时，根本就没有逃生和避难的空间。建议在这些高风险城镇紧急修建一批避难场所或避难逃生通道。

5）对傍河修建的重要交通干线，要尽可能采用隧道的形式通过次生地质灾害发育的路段。

6）自 2006 年起，中共中央组织部、国土资源部、建设部、教育部 4 部委在我国地质灾害较为严重的 18 个省（自治区、直辖市）联合开展了“全国农村地质灾害防治知识万村培训行动”。这一工作应进一步扩大、推广和深入，尤其是应加强山区城镇和农村地质灾害防灾、避灾知识的宣传和普及。

## 附件 2　关于汶川地震遗址保护与纪念场（馆）建设的建议

2008 年 5 月 12 日 14 时 28 分，在四川省西部龙门山断裂带发生的里氏 8.0 级汶川大地震，是中国内地近百年来在人口较为密集的山区所发生的破坏性最强、受灾面积最广、救灾难度最大、灾后重建最为困难的一次强震灾害。汶川大地震留下了许多典型的有科学研究和科普教育价值的地震地质遗迹。因此，保护汶川地震典型遗址，选择合适地点建立集地震地质研究、科普教育和灾难纪念为一体的地震遗迹纪念场馆，这无论是对于探索地震地质规律，还是纪念遇难者、警示后人，以及提高公众的防灾、减灾意识都具有重要的现实和历史意义。

## （一）地震遗址的基本概况

在国家发展和改革委员会公布的《国家汶川地震灾后恢复重建总体规划》文本中，确定了北川县城、汶川县映秀镇、绵竹市东汽汉旺厂区和成都市虹口深溪沟作为汶川地震整体保护的四处遗址。除此之外，针对龙门山沿线的多处地震遗址地，当地政府及相关部门均提出需要建设各自的地震遗址公园和纪念场馆，都江堰、彭州、汶川、什邡、绵竹、北川等县（市）共规划拟建设20处较大规模地震遗址场馆，见附表1。本报告重点阐述《国家汶川地震灾后恢复重建总体规划》提出的四处遗址概况。

**附表1　四川各地拟规划建设地震遗迹一览表**

| 地区名称 | | 产品名称及位置 | 资源现状 | 开发动向 | 资料出处 |
|---|---|---|---|---|---|
| 成都市 | 都江堰市（虹口乡） | 地震遗址博物馆（具体位置尚未确定） | 都江堰抗震救灾实物、建筑遗址、可歌可泣的事迹等 | 具备科教、科普和参观功能的综合性博物馆 | 四川省人民政府《四川汶川地震灾后旅游业恢复重建规划》 |
| | | 虹口乡八角庙基岩错动遗迹（位于虹口乡虹口村五组唐贤良宅基地） | 该宅基地完全坐落在断裂带上，各种设施震前震后显示清楚，高差4m左右，其房侧煤泥岩露层处清楚显示"5·12"汶川大地震的过程和形式，也是全灾区唯一的一点 | 科普、科考和旅游方向。首先是保护好原状，由虹口乡及相关村、组负责，在煤泥岩层处搭建雨篷，防止雨水冲刷造成遗迹损毁 | 四川大学谢和平、何昌荣《都江堰市地震遗迹保护建设方案》（待审批） |
| | | 深溪沟村地表连续破裂带遗迹（起点为虹口乡深溪沟村五组沟桥处） | 映秀镇附近是"5·12"汶川大地震的起破点段，而深溪沟也是一个破裂点段，沿乡村公路（宽3.5~4.0m）长5~6km，隆升高差普遍3~4m，一半公路震后倾斜25°~30°，是整个灾区震动最剧烈、特征最典型的点段 | 当前首先是保护好原状，防止人为破坏，同时收集与此遗迹有关的震前资料，进行科普、科考和旅游开发 | 四川大学谢和平、何昌荣《都江堰市地震遗迹保护建设方案》（待审批） |

续表

| 地区名称 | | 产品名称及位置 | 资源现状 | 开发动向 | 资料出处 |
|---|---|---|---|---|---|
| 成都市 | 都江堰市（虹口乡） | 高原村地表错动遗迹（虹口乡高原村广场） | 高原村是断裂带的上盘，所有“5·12”汶川大地震均是上盘逆冲隆升。此处是上盘推挤下盘，下盘隆升2m以上；沿“大寨墙”标牌处的道路上行，路面混凝土块左右错动均有，并有一处两板块被挤压成“人”字形 | 地震遗迹旅游与当地原本的猕猴桃产业相结合，为旅游增添亮色。今后规划建设时，仅公路口削去隆起土块，沿明显遗迹带建条小道，供游人参观，不涉及房屋搬迁，其余变动不大 | 四川大学谢和平、何昌荣《都江堰市地震遗迹保护建设方案》（待审批） |
| | 都江堰（市区） | 腾达体育俱乐部遗迹（位于都江堰市蒲阳路171号） | 三层框架结构，部分坍塌，体现了地震对建筑物的破坏力 | 计划以地震遗迹为中心，建一个小型广场，遗迹周围建栅栏式围墙，以防止游人靠近，避免发生安全事故。同时建设500m²工作用房（含接待室和展览厅），以加强对遗迹的保护管理 | 四川大学谢和平、何昌荣《都江堰市地震遗迹保护建设方案》（待审批） |
| | | 机械公司家属区遗迹（位于都江堰市太平街金平巷8号，原都江堰市木质防火门厂和都江堰市机械公司家属区） | 该区域内建筑坍塌形状多样，地震波表现生动，特征较为明显，富有震撼力 | 今后开发建设可以地震遗迹为中心，建一个小型广场，遗迹周围建栅栏式围墙，以防止游人靠近，避免发生安全事故 | 四川大学谢和平、何昌荣《都江堰市地震遗迹保护建设方案》（待审批） |
| | | 中国银行都江堰支行（位于都江堰市蒲阳路） | 这座6层建筑坍塌了一半，都江堰市政府21日用临时隔离墙将这片地震遗址保护起来 | 建筑残迹被保留并采取了消毒措施，今后主要为参观、科考、科普的用途 | 都江堰市文化广电新闻出版局相关网页 |

续表

| 地区名称 | | 产品名称及位置 | 资源现状 | 开发动向 | 资料出处 |
|---|---|---|---|---|---|
| 成都市 | 彭州 | 小鱼洞地震遗址公园（小鱼洞大桥处，位于小渔洞乡和龙门山镇之间，北至小鱼洞大桥，南至建国沙场，西至湔江河堤，东至彭白公路） | 小鱼洞大桥垮塌遗址，白鹿镇的中法桥、白鹿镇九年制义务学校的地震遗址；另外包括温总理亲笔题写的小黑板等珍贵实物资料 | 先期打造，后期发展为大龙门山地震遗址公园的中心。初期规划占地50亩，包括纪念广场、纪念碑、展览馆等 | ①《华西都市报》相关报道<br>②记者对四川龙门山旅游发展有限公司相关负责人的采访（网络资料） |
| | | 龙门山地震遗址公园（主要集中在高山、峡谷地带的彭州诸多景区） | 彭州境内龙门山断裂带一线在这次地震中形成的新地形地貌，以及建筑遗址等。同时与丹景山等轻灾区户外休闲运动的旅游资源可以互相补充，形成丰富的旅游资源群组 | 打造大区：以小鱼洞区域为中心，向北是包含东林寺—玉石沟—野牛坪的九峰山遗址项目区，往南是白鹿镇遗址项目区，其中有白鹿九年制义务学校、中法桥、白鹿老街和百年天主教堂上书院等遗址点 | ①《华西都市报》相关报道<br>②记者对彭州市建设局、四川龙门山旅游发展有限公司相关负责人的采访（网络资料） |
| 阿坝州 | 映秀镇 | 汶川大爱谷地震主题旅游区（位于震中映秀镇） | 映秀镇本身具有丰富的羌文化资源，同时又因地震形成了极具品牌竞争力的知名度资源、地震遗迹资源、地震文化资源、地震灾区政策资源等众多资源 | 抓住震中的品牌优势，以“大爱映秀”为主题，打造汶川大爱谷地震主题旅游区。主题旅游区分为：地震纪念区、地震景观区和爱城休闲区三大部分，实行分步打造。主要景点为倒塌建筑遗址和震中纪念碑等 | 四川大学李蔚《汶川映秀镇灾后旅游重建规划建议书》（待审） |

续表

| 地区名称 | | 产品名称及位置 | 资源现状 | 开发动向 | 资料出处 |
|---|---|---|---|---|---|
| 阿坝州 | 映秀镇 | 汶川大地震纪念馆和震中纪念碑 | 映秀镇作为震中具有的品牌优势 | 设立纪念碑，并保留映秀中学地震断面 | 四川省人民政府《四川汶川地震灾后旅游业恢复重建规划》 |
| | 汶川全境 | 中国汶川国家公园（以汶川为中心的龙门山断裂带地区） | 本地原有的丰富动、植物资源，及地震造成的独特地质地貌和震后新景观 | 在岷江、嘉陵江、涪江上游地区和白龙江流域实施生态修复工程；划定特殊保护区域，保护珍稀濒危动植物、独特地质地貌和震后新景观；恢复重建卧龙、白水江等大熊猫自然保护区 | 国家发展和改革委员会《国家汶川地震灾后恢复重建总体规划》；四川省人民政府《四川汶川地震灾后旅游业恢复重建规划》 |
| | 萝卜寨 | 古羌寨地震遗址纪念地（位于萝卜寨） | 萝卜寨原为世界上最大、最古老的黄泥羌寨，震后几乎全毁，留下遗址 | 展示羌族文化在地震中受到的毁灭性打击，作为九环线上的地震遗迹旅游点 | 四川省人民政府《四川汶川地震灾后旅游业恢复重建规划》 |
| 绵阳市 | 全市境内 | 汶川地震遗址旅游线 | 绵阳境内“5・12”汶川大地震形成的多处地震遗迹、遗址景观，及相关实体文物等 | 作为绵阳震后旅游特推的精品旅游线路推介 | 绵阳市政府《四川汶川地震灾后绵阳市片区旅游业恢复重建实施规划》（原则通过） |
| | 安县 | 桑枣中学逃生教育基地 | 桑枣中学的师生在大地震中全部幸免于难创造奇迹，在全国有极高的知名度 | 设立灾难应对教育中心 | 四川省人民政府《四川汶川地震灾后旅游业恢复重建规划》 |

续表

| 地区名称 | | 产品名称及位置 | 资源现状 | 开发动向 | 资料出处 |
|---|---|---|---|---|---|
| 绵阳市 | 北川县 | 北川地震遗址博物馆（北川县老城曲山镇），或名"北川地震纪念旅游区" | 北川县城被整体废弃，遗留下来的地震遗迹、建筑物遗址等，以及相关实体文物和已经非常具备知名度的位于北川县漩坪乡桐子坝的唐家山堰塞湖 | 计划将北川老县城为遗址展示区，任家坪（包括北川中学）为纪念区，作为未来举行集中纪念仪式的场所，以及陈列馆舍及服务区，规划面积约10km$^2$。建设成为世界首座整体保存地震遗址原貌的灾难性遗址博物馆 | 绵阳市政府《四川汶川地震灾后绵阳市片区旅游业恢复重建实施规划》（原则通过）；绵阳市文物管理局《绵阳市文物系统"5·12"地震灾后恢复重建发展规划》；四川省人民政府《四川汶川地震灾后旅游业恢复重建规划》 |
| 德阳市 | 绵竹市 | 汉旺地震遗址公园（位于绵竹市汉旺镇） | 汉旺镇东汽建筑物遗址、汉旺钟楼等 | 计划以汉旺钟楼为中心，修建地震遗址公园 | 绵竹市政府、文物保护部门制定的相关规划（已报省政府审批） |
| | 什邡市 | 穿心店地震工业遗址博物馆和志愿者空间公园 | 以原来当地支柱企业宏达集团的生产用房遗址为代表的大量工业地震遗迹 | 与汉旺东汽工业遗址联合开发，形成较有规模的地震工业遗址主题旅游区 | 四川省人民政府《四川汶川地震灾后旅游业恢复重建规划》 |
| 广元市 | 全市境内 | 地震地质遗迹体验主题旅游区 | 广元境内"5·12"汶川大地震所形成的地质遗迹 | 将地震遗址遗迹旅游作为广元旅游新的吸引点，全面恢复和推进广元旅游业的发展 | 广元市政府《广元市汶川地震灾后旅游业恢复重建规划》 |
| | 青川县沙洲镇 | 青川沙洲地震遗址公园 | 沙洲是受灾最为严重的地区之一，这里有大量大地震所形成的地质遗迹 | 不详 | 四川省人民政府《四川汶川地震灾后旅游业恢复重建规划》 |

## 1. 成都虹口深溪沟地震遗址

汶川地震前，虹口景区是国家级自然保护区的一部分，是距成都最近的原始生态旅游区，位于都江堰市境内，距成都 70 千米左右。深溪沟是虹口风景区的一个景点，景色秀美，高山深水、瀑布幽谷构成一幅绝妙的山水画；在这里人们既可登山运动，又可徒步穿越，更能漂流戏水，也可在此纳凉消暑，休闲娱乐，体会远离喧嚣都市的清凉之意。景区内有“西部第一漂”美誉的虹口漂流和登山、露营、攀岩、探险、滑索、科考等新奇的旅游项目。

虹口深溪沟是“5・12”汶川大地震作用的一个地表破裂点段，强烈地震形成了长达 2 千米的特殊的地质地貌景观，其中，主震断层推覆逆冲导致地表破裂特征是整个震区最典型的地段，特别是保留了在断层泥的表面的擦痕特征，真实记录了地震导致地面运动的特征，极有科学研究价值；此外，地震中深溪沟两岸产生了许多规模不等的崩塌、滑坡等地质灾害现象，在深溪沟附近形成了枷担湾、窑子沟和关门山沟三个大型堰塞湖，总蓄水量约 2100 万立方米。经爆破排险，目前堰塞湖对虹口乡下游群众生命财产安全已不能构成威胁，其堰塞湖湖面较宽广、沿岸风光奇特，与九寨沟的景观有相似之处，具有较高的地震地质资源保护与开发价值。

## 2. 汶川县映秀镇地震遗址

映秀镇地处四川汶川县城南部，与卧龙自然保护区相邻，是阿坝州的门户，也是成都前往九寨沟、卧龙、四姑娘山旅游的必经之路。映秀镇是“5・12”汶川大地震的震中和重灾区，全镇大部分房屋倒塌，特别是地震造成映秀集镇上的中学和小学完全倒塌；此外，毁坏的都汶公路的百花大桥十分典型，留下了具有保护意义的地震建筑物遗址。

映秀镇的牛圈沟被确定为“5・12”汶川大地震的地表震中位置，地震时牛圈沟的一条支沟的山体瞬间垮塌，300 多万立方米的碎屑物高速倾泻下来，瞬间将牛圈沟底填高了几十米，最深处至少 50 多米。牛圈沟的这段沟谷中分布着崩塌碎屑流、地裂缝、危岩体等，记录着“5・12”汶川大地震诱发的各种地质灾害现象。因此，牛圈沟也属于具有典型意义的地震遗迹和地质灾害遗迹。

## 3. 北川县城地震遗址



北川县城在“5・12”汶川大地震中受到的破坏最大，目前已确定县城异地迁建，这样原址就能得到最大范围的保护。作为地震遗址博物馆，那些废墟、倾斜的房屋等均能反映出地震给人们带来的灾难，也是典型的地震建筑物遗址。地震发生在“汶川—都江堰—彭州—什邡—绵竹—安县—北川—平武—青川”这条长达300千米以上的破裂带上，主破裂就是从映秀到北川，大约有120千米，北川是地震破裂的中介点。在这里可明显观察到断层上下盘错动现象，其地面垂直错断达2~3米；该遗址也展现了地震断层活动使公路被掀翻并呈15°~30°倾斜，房屋地陷下沉等地震作用现象。由于地震作用在北川老县城诱发了王家岩大型滑坡，在新县城诱发了新北川中学大型崩塌，导致了上千城市居民死亡，这两处地质灾害现象极为特殊，在形成机制和动力特征上具有重要的研究价值。由于地震形成的唐家山堰塞湖举世闻名，这样典型的地震遗址遗迹，具有重大的科研、教育价值。

### 4. 绵竹东汽汉旺厂区地震遗址

地处龙门山脉的绵竹市汉旺镇，离此次大地震的震中汶川直线距离仅有30千米，东方汽轮机厂总部就建在这里。东汽在汉旺镇的80%的厂房在地震中倒塌或受损，具有保留价值的建筑物遗址有东汽总部广场钟楼、迎宾路5号、农业银行与公安局办公楼和汉旺镇镇政府大门。东汽总部广场钟楼未受明显破坏，为钢筋混凝土框架结构，时钟受地震影响定格在14时28分，具有历史见证意义；迎宾路5号位于汉旺东汽钟楼斜对面，为一两层框架结构，因跨越沟渠，背面基础较差，出现近20°倾斜，可作为选址不合理的经验与教训；农业银行与公安局办公楼：位于东汽办公区大门处，为一七层楼框架结构，砌体结构出现“X”形裂缝，一个单元完全倒塌，其余部分受损相对较轻，与受力方向有一定关系；汉旺镇镇政府大门为一拱形结构，花岗石饰面大部分完好，而镇政府所有房屋全部倒塌，反映拱形结构的抗震能力。因此，以汉旺东汽遗址为基础形成较有规模的以地震工业遗址为主题的遗址区。

## （二）国内外现状和经验

日本阪神大地震后在神户市中央区建设了人类与防灾未来中心，在阪神大地震震源附近建设了北淡町震灾纪念公园，在神户港建设的震灾纪念公园。人类与防灾未来中心主要分为感受大地震震撼的影像馆、大地震灾后复原展示区和防灾相关知识学习区，中心作为世界防灾研究的基地，除了纪念和展示外，还担负着培养人才、调查研究、派遣抗灾专家以及资料的收集和保存等多种工作，将传统的单一参观模式转变为全方位的地震科研中心，增加了活力，为社会大众，并为

大、中、小学生提供直观、实践性的防灾常识，大大提高了公众应对地震危机意识和主动参与意识。北淡町震灾纪念公园是普及地震知识的专题公园，在园内的野岛断层保存馆内，人们不仅可以看到由实物再现的高速公路倒塌后的场景以及被完整保存下来长达140米的地震断层，还可看到开挖后裸露的地层内部断层剖面，剖面上显示地基液化、喷砂冒水的痕迹，直观再现了地震活动断层的运动和形成痕迹，从而直观了解到地震蕴藏着的巨大能量和破坏，具有地质景观价值，并富有教育、科研意义。在神户港建设了震灾纪念公园内，一段长约60米的地质破坏码头被原封不动地保存，仅以一座20世纪80年代的钢筋混凝土建筑为主，它在神户大地震中受到了部分损坏，地基也平移了1.2米，将该建筑物结构加固后仍然保持着震后倾斜的形态，供游人参观体验，树立的神户港震灾纪念碑形成标志性景观，公园具有重要的景观价值和警示意义。

1999年9月21日凌晨1时47分12.6秒，台湾省南投县发生里氏7.6级大地震，造成2321人死亡及8000多人受伤。2004年在台中县雾峰乡建成了自然科学博物馆“9·21”地震教育园区。设计者利用现场地层错动、倒塌校舍和河床隆起等典型地貌，把室内、半室外和室外整合成有机排列的空间，既保存了强烈的地震瞬间，同时用富有纪念性的现代手法，给人以深刻的印象。纪念馆首先推出的是“车笼埔断层保存馆”和“影像馆”；其后又陆续推出“地震工程教育馆”、“防灾教育馆”和“重建记录馆”。“车笼埔断层保存馆”以独特的建筑构造，保存了地震的遗址景观，连接着现址与过去的共同记忆，透过真实地貌及相关图文，让参访者认识地震科学知识和大自然的力量，了解防灾观念的重要。“影像馆”主要集成了“9·21”集集地震的种种图像以及影音数据，真实呈现地震在人们心中所留下的记忆。观众可以浏览地震后各地区的灾情、救灾人员救灾、各界送温暖、家园重建和社区学校重生等情景。“地震工程教育馆”是利用毁损校舍基地设置，突出“安全的家”、“先进楼房减震技术”和“公共安全”三大主题，同时还通过保存的毁坏教室，让观众看到老旧校舍呈现的问题。台湾“9·21”地震教育园区，利用了台中县雾峰乡一中学操场进行改建，用膜结构覆盖后作为纪念场馆。纪念馆在地震原址建馆，这个展区的设计概念是以不破坏地震后的原有景物为原则，建筑手法未使用任何梁柱，而是以PC板和玻璃建构起整个参观廊道，展出内容十分丰富，形式多种多样，专辟场馆保留有隆起、破裂、断层的大块展地和震塌、震斜的楼房，给人以震撼和冲击，地震遗址保护与地震教育并重。

马其顿地震博物馆：公元518年和1963年，马其顿发生了两次灾难性的大地震，人们现在依然可以见到罗马帝国和拜占庭时代遗留下来的城市废墟。为了纪念1963年7月26日发生的灾难性大地震，政府将在地震中仅幸存的斯科普里老火车站改建为“马其顿地震博物馆”，今天博物馆外墙上的时钟仍指向发生大地震的时间5时17分，当时整个斯科普里市几乎被夷为平地。

1931年2月3日10时47分，在新西兰只有1万多人的平静小镇纳皮尔，7.9级的大地震将它夷为平地。1931年，地震后政府委托霍克斯湾艺术及手工艺社团建造了新西兰纳皮尔霍克湾博物馆，地震博物馆保留了60多年前地震后的景象，并利用图片、录音和录影来记录城市再建及成为今日装饰艺术之都的历史。在博物馆内增设地震的展示主题馆，并举办特展，是为了让后人记住这段既悲惨又光辉的历史。地震重建的历史经验，已经成为纳皮尔人推销城市的品牌，而且是最受世界各地瞩目的旅游热点之一。

1976年唐山大地震后，我国建设了唐山抗震纪念馆，在唐山市区内保留了唐山机车车辆厂铸钢车间、唐山矿冶学院图书馆、唐山十中厕所、唐山钢铁公司俱乐部、唐山陶瓷厂办公楼、唐柏路食品公司仓库、吉祥路7处地震遗址。纪念馆内有大型综合性展览，地震遗迹展示了当年大地震的惨烈程度和地震对各种建筑物和地面的破坏情况。

概括国内外在地震遗址保护及纪念场馆建设方面的主要成功经验是：①日本、中国台湾地区的地震遗址纪念馆重点突出地震自然现象的科普教育，所占的场地面积相对最大，生动展示了典型的活动断层的地质剖面和地表破裂现象的特征。②重点选择有代表性的震灾中损坏的房屋和设施作为地震遗迹加以保护，而不是将大范围地震损毁建筑物作为保护和纪念馆。例如，日本北淡町震灾纪念公园仅用2处房屋作为遗址，就集中记录了阪神大地震对房屋建筑物的破坏现象，同时也完整地保存室内家具倾倒、混乱的景象。③将地震遗址保护与教育、科普、旅游有机结合。例如，日本地震纪念公园建成后，每年参观人数都达到270万人，这大大超过了馆方30万人的预期。新西兰纳皮尔塞克湾博物馆已成为当地旅游热点之一。台湾"9·21"地震教育园区2004年建成以来，每年参观人数达350多万人，并举办上百次科普讲座。而唐山纪念馆每年参观人数仅3万~4万人。④充分利用高科技手段修建展馆、妥善保护实地地震遗迹，开展地震情景体验活动，将地震灾害所形成的自然景观转换为社会记忆的人文景观，提升地震纪念场馆在人民心中的地位。

## （三）存在的问题

目前的地震遗址保护和场馆建设规划存在点多、面广、规模大等问题。就目前状况来看，在地震遗址保护与纪念场（馆）建设方面存在一些问题。

### 1. 规划建设的地震遗址纪念场（馆）数量偏多

地震灾区县市政府从纪念和发展旅游的角度出发，提出在各自的区域内建设

地震遗址保护区和纪念场（馆）。据不完全统计，已初步规划拟建20多处（附表1），其数量偏多，投资巨大，同时造成保护内容重复，无法突出每一个保护区的保护重点。目前规划的地震遗址保护区大多只注重其纪念和发展旅游的功能，而对其科研、科普和教育的功能考虑不充分。

## 2. 规划建设的单个遗址纪念场（馆）规模偏大

目前规划建设的地震遗址纪念场（馆）普遍规模偏大。例如，汶川县规划将原映秀集镇的一半作为地震遗址保护区，由于作为遗址纪念场（馆）的规模过大，将大量占用原有集镇十分有限的用地资源，使未来集镇居住与发展空间受到极大的限制。北川县规划将原来的北川老县城和新县城全部进行保护，其规模过大，需要保护的地震建筑物遗址数量相当大，从而导致保护区内的维护和运行成本相当高。例如，唐山地震现存的五处地震遗址中，损毁现象日益严重，部分倾斜和倒塌，严重的风化和人为的损毁，使这些地震遗址成为实际的城市废墟。

## 3. 目前对具有典型意义的地震遗址缺乏有效保护

地震后，缺乏对一些有典型意义的地震遗址的有效保护，使很多有保护价值的地震遗址遭受不同程度的破坏。例如，具有很高研究与科普教育价值的虹口地震断层剖面由于震后雨季的日晒雨淋使断层剖面大面积侵蚀脱落，断层擦痕变得模糊不清；北川县城内的一些具有典型意义的地震遗迹被“9·24”暴雨引发的泥石流所掩埋，一些因地震破坏的建筑物由于缺乏有效保护而开始风化和腐朽。

## 4. 保护重点不突出，保护类型单一

国内外地震遗址保护的经验告诉我们，地震活动造成的断层错动、地表隆起是最具自然特性和教育意义的灾后活教材，例如，台湾“9·21”集集大地震的“车笼埔断层”是地震中保存最完整的一段。世界上所有地震遗址纪念场（馆）都以地震断层活动遗迹为主题，辅以典型教育特征或纪念意义的地震损毁的建筑物遗迹。目前，各地的保护区规划偏重于因地震而破坏的建筑物的保护，而缺乏对地震活动遗址和次生地质灾害遗址的有效保护和重视；而且遗址保护类型较单一，将会降低地震遗址保护的科学研究和科普教育价值，同时使被保护的地震遗址缺乏典型性和代表性。



因此，如何有选择性地保护汶川大地震遗址，如何建设有全国性乃至全球性

影响的集地震科考、学术研究、科普教育和灾难纪念为一体的汶川大地震遗址纪念场（馆），将是人们普遍关注的一个话题。

## （四）建议

1）对于汶川大地震遗址纪念场（馆）应该需要进一步咨询研究的地震遗址，在其数量上、规模上应给予充分的论证。建议沿龙门山300千米的地震带上整体合理布局，选择有代表性的地质遗址进行保护和建设纪念馆、纪念园等，以使地震遗址保护地相对集中，点、线、面相结合，保证遗址类型的多样性。地震遗址类型包括断层错动、地面隆起等地震地质遗址和滑坡、崩塌、堰塞湖等次生地质灾害遗址，以及被破坏的公路、工厂、民房、公共设施等建筑物遗址。此外，所有地质遗址纪念场所的名称应该一致，统称为“5·12汶川大地震遗址×××”。

2）目前北川县城地震遗址受到泥石流灾害的严重破坏。2008年9月24日突降20年一遇的暴雨使北川老县城背后任家坪西坡的魏家沟暴发泥石流，泥石流冲入老县城，几乎全部淤埋北川老县城遗址；而且老县城周围还发育4处坡面泥石流，并泛滥形成新堆积体；泥石流还冲毁了县城的部分防洪堤、淤埋通往县城道路、抬高了湔江的河床，使县城的抗洪能力大大降低。此外，因“9·24”暴雨造成堰塞湖泄洪槽塌岸，造成湔江水位抬升，因此，唐家山堰塞湖对北川老县城遗址的威胁还没有完全解除。上述灾情给今后北川县城遗址保护和纪念馆的建设带来了很大的困难，需要开展地质灾害的工程防治、老县城防洪堤和道路修建、县城遗址清淤等工作，其建设工程十分艰巨。基于上述问题，建议在北川老县城建设地震遗址现状管理保护机构，作为地震地质、地质灾害研究和科普教育基地。

3）受四川“5·12”汶川大地震的影响，北川县城的地质环境十分脆弱，在斜坡和沟谷中堆积了大量松散物质，一旦遭遇暴雨，极易诱发新的地质灾害。已确定的北川县城、汶川县映秀镇和成都虹口深溪沟地震遗址的周围山地均分布地质灾害隐患体和震裂不稳定斜坡，对地震遗址保护与纪念馆建设构成一定程度的危险性。因此，应对地震遗址保护区进行地质灾害风险评估，并采取相应的防治工程、监测预警等措施降低地质灾害风险，以确保地震遗址纪念馆的安全。

4）对于彻底倒毁的房屋：因为它们受地震作用，遗迹性状已经改变，所以不具有很好的科学研究价值，保护起来也相当困难。因此建议清除废墟，进行土地复垦或土地开发，回归土地所具有的价值。所保护的建筑和设施按照结构类型，每类选择1~2个具代表性的进行保护。由于震区属于民族混居地，相对国

外而言，此次受灾的建筑具有类型多样的特点。其中包括有框架结构、砖混结构、砖木结构、石砌结构等几种常见的结构类型。按分类选取典型的受损建筑加以保护利用，对未来的科学研究具有重要的价值。对于本身就具有标志性意义或历史文化价值的建筑、设施，无论它们的损坏程度如何，都应实施保护、修复或重建（如古建筑、钟楼等）。

5）地震纪念场馆的建设，应结合地震遗迹保护来考虑。在原址上保护的地震地质遗迹和建筑物应建设维护建筑物进行保护，维护建筑物应采用膜结构为主，其抗震能力强，造价低。由于建筑和设施受到地震破坏，因此保护的同时必须进行加固以保障所保护的建筑和设施安全可靠，同时对可能进一步腐烂损坏的部分，在尽量不破坏原貌的情况下进行防腐处理，以延续其使用寿命。可依托灾区内的重要旅游城镇和旅游景区，设置规模适度的地震遗址纪念场馆。在都江堰市建立地震科学博物馆，使其成为地震科普教育中心和地震观摩现场；在映秀建立汶川地震遗址公园和震中纪念碑；在绵竹汉旺和什邡穿心店建立工业地震遗址公园。

6）申报“中国汶川世界地质公园”。在《国家汶川地震灾后恢复重建总体规划》中，提出要设立“中国汶川国家公园”，其设想很好，但目前我国尚无国家公园的管理体制。在灾后重建任务紧迫、地震遗址急需保护的背景下，设置具有明确管理主体，且已被联合国教科文组织所认可的“世界地质公园”，更有利于汶川地震遗址的保护与利用。地质公园是以其地质科学意义、珍奇秀丽和独特的地质景观为主，融合自然景观与人文景观的自然公园。以本次地震活动最强的青藏高原东缘的龙门山断裂带为主，在从宝兴至都江堰、卧龙，沿汶川、北川、青川一线，长300多千米的范围内设立“中国汶川世界地质公园”，可满足联合国教科文组织提出的地质公园的六条定义，也有利于地震遗迹的原址保护。可在映秀、虹口、银厂沟、千佛山、青川分设世界地质公园园区，开发地震地质旅游产品，并将地震遗址保护区与周边旅游景区、景点或旅游线路相结合，形成由地震地质旅游、羌族文化旅游、世界遗产旅游、龙门山山地生态旅游和乡村旅游组成的综合性旅游产品，使旅游业成为灾区恢复生产重建家园的先导产业，成为灾区经济恢复发展的动力产业，成为灾区人们生活改善、社会稳定的和谐产业，成为灾区扩大增收、促进就业的惠民产业。

7）申报“中国汶川地震遗址世界文化与自然遗产”。在中国汶川地震灾区范围内，自然资源、文化资源优势明显。龙门山是继阿尔卑斯陆－陆碰撞造山带（A型）、科迪勒拉洋－陆碰撞造山带（C型）后新发现的世界第三种造山带类型（L型），是中国南方的东西地形分界线，是我国地势的第一阶梯（青藏高原）向第二阶梯（四川盆地）过渡的区域，也是全球生物多样性宝库，是目前世界上亚热带山地动植物资源保存最完整的地区，是世界自然遗产大熊猫栖息地。特殊的地质与地理环境造就了成都龙门山旅游带丰富多彩的自然景观资源，其中，尤以地质造山奇观、高山峡谷、森林风光、珍稀动植物资源最富有特色，被誉为天然的地质博物馆、珍稀生物基因宝库。龙门山脉悠久的历史文化渊源和独特的自然地理环境，孕育出了独具特色的历史文化资源。龙门山是孕育灿烂的古蜀文明的摇篮，是三星堆和金沙文化的发源地。李冰父子创造的史无前例的都江堰水利工程为龙门山的历史文化又添上浓厚的一笔。汶川、理县、茂县、北川是中国羌民族的唯一聚居区。北川是中国唯一的羌族自治县，以大禹为代表的羌族人，历来所承受的苦难及与大自然抗争的精神足以感动世界。从科学、保护或自然美角度看，中国汶川地震灾区具有世界文化与自然遗产的品质，符合列入《世界遗产名录》的标准，建议申报"中国汶川地震遗址世界文化与自然遗产"。

综上所述，"5·12"汶川大地震遗址的保护和纪念场（馆）的建设应遵循尊重自然、分类保护、规模适度、永续利用的原则，对具有典型性、科学性、警示性和观赏性的地震遗迹及遗址进行保护。在规划上应考虑到资源的集群性，以及与其他设施的配套性。修建方案应会同地震、地质、建筑、规划、社科、民俗等各方面学者专家共同进行讨论、研究，选取适宜基址，确定适度规模，采取具有较强抗震性能和适于陈列展览的结构类型来实行建造。

## 附件3　关于汶川地震灾后生态环境恢复与环境保护的建议

"5·12"汶川大地震破裂带沿着龙门山脉呈北东–南西走向，长度达300千米以上，地震烈度达11度以上。此次地震具有震级高、震源浅、持续时间长、释放能量大、破坏力强等特点。地震造成的极重灾区和重灾区数量高达51个县（市、区），其中，四川39个，甘肃8个，陕西4个，主要涵盖岷江、涪江、嘉陵江等河流的上游源区，面积约13万平方千米。

汶川地震不仅给人民群众的生命财产造成了惨重损失，也使得灾区生态环境遭受到严重破坏。由于生态环境效应具有时滞性，它们遭到破坏后，负面效应一般不会立即体现出来。因此，到目前为止，政府各级部门、社会各界、新闻舆论以及普通群众都更加关注地震对于直观的人员伤亡和建筑物破坏的影响，而对于灾区生态环境所遭受到的破坏还没有引起足够的重视，对于生态恢复和环境保护的关注则更少。然而，实际上特大地震导致的受损生态系统的恢复难度和复杂性要比以前的任何一个受损的生态系统的恢复更复杂、更艰巨。诸多事实也证明，生态系统尤其是脆弱生态系统在遭到破坏后，如不及时恢复，受损范围就会逐渐扩大；并且一旦错过最佳时期，后期就得投入更多的资金用于治理和恢复，而且

效果还不佳。

针对上述问题，本咨询报告分析了此次汶川地震灾区生态环境状况和受损情况，并相应地提出一些具体的有关如何高效、经济、有序地开展生态恢复与重建方面的建议，旨在引起社会各界对灾区生态恢复重建及环境保护的重视，从而加速灾区人与自然的和谐发展。

## （一）地震灾区的生态环境状况、功能与战略地位

此次地震灾区主体区域位于青藏高原向四川盆地的过渡地带，是我国地形地貌、气候、土壤、生物多样性、植被以及人文资源荟萃的重要区域。同时，地震灾区也是岷江、嘉陵江、沱江等多条长江主要支流的源头区域，发挥着重要的水源涵养与水土保持功能，从而成为长江上游生态屏障的重要组成部分。灾区相当一部分地区地处龙门山－横断山生物多样性保护关键地带，生物资源丰富，生态服务功能强，生态地位十分重要和特殊，在维护我国和区域生态安全方面具有十分重要且不可替代的战略地位。此外，地震灾区是汉、羌、藏、回、彝等多民族集聚的区域，具有众多独特的自然景观以及丰富的人文资源，也是羌文化的发源地和核心区。另外，地震灾区的大部分地区具有高山峡谷和低山丘陵等山地特征，水土流失敏感性高，滑坡、崩塌、泥石流等自然灾害频繁。加之地震灾区人类活动历史悠久，人口压力大，人地矛盾突出，因此，灾区相当一部分自然生态系统，尤其是西部山地区域生态系统十分脆弱。一旦系统遭到外部干扰，极易崩溃。

## （二）汶川地震灾区生态环境受损状况

### 1. 生态系统受损严重

此次汶川地震本身及其引发的次生灾害使得灾区的自然生态系统受到了严重损害。根据《国家汶川地震灾后恢复重建总体规划》（征求意见稿）统计：地震灾区需要恢复林草植被 915 万亩；修复国家和省级自然保护区 49 个、大熊猫等珍稀野生动物栖息地 180 万亩；修复国家级风景名胜区 9 个、省级风景名胜区 30 个；修复国家森林公园 17 个、省级森林公园 18 个；修复草地 233 万亩；治理水土流失面积 2073 平方千米。我们认为，虽然这些数据不一定十分准确，但还是在很大程度上反映出灾区生态系统受损相当严重。

### 2. 对农业生态系统影响很大

根据《国家汶川地震灾后恢复重建总体规划》(征求意见稿)统计:地震灾区受损农田面积达151万亩。灾区大片农田被毁,粮食作物、经济作物、中药材、生猪、水产等地方农业主导产业遭到严重破坏。另外,由于滑坡等造成耕地被毁,以及污染物泄漏和大量使用消毒剂等造成的土壤污染十分严重。

另外,根据中华人民共和国环境保护部对典型灾区(北川、平武、汶川、茂县等)的遥感解译结果,受损农田主要分布西部山区,其中,北川县和平武县农田损毁比较严重,损毁面积占解译区损毁农田的70%。同时,地震还造成了山区大量在田夏收作物无法收获,严重破坏了相当一部分坡面的蓄排水设施和田间灌溉渠。重灾县如汶川、茂县、北川不少地段农田严重受损后根本无法恢复重建,导致山区耕地面积严重减少,加剧了人地矛盾,增加了震后家园重建与农村基本生活和农业生产自救的难度。

### 3. 威胁河流生态系统安全

汶川地震及其诱发的滑坡、泥石流、崩塌等地质灾害造成了部分河段河道淤塞、河床抬高,破坏了水体容量,甚至在某些地段形成了堰塞湖,严重威胁下游安全。据不完全统计,在上游主震区就形成了多达34处的大型堰塞湖,且多数成串珠状分布,具有级联效应,严重危害着下游沿岸城镇、村庄和其他基础设施的安全。

地震引发的滑坡、塌方、泥石流还明显造成了水体中悬浮物的急剧增加。如唐家山堰塞湖泄流时绵阳监测断面水质浊度曾达到700以上,严重影响了水体质量;而青川、平武等地矿坑、矿井的积水外溢,造成了嘉陵江部分河段长达2个月以上的污染。此外,河流沿岸由于地震产生的污染物(主要包括生活垃圾、生活污水、腐烂动物尸体、泄漏的化学物质以及防疫过程中使用的大量消毒剂、灭菌剂等)也随着降水过程,以面源污染的方式进入到水体中,加剧了河流污染。据初步统计,此次地震后有关部门在灾区共计派发了近1000吨的消毒药品。如此大量的化学物质一旦伴随降雨等过程进入水体,必然会对灾区的河流生态系统产生严重影响。

"5·12"汶川大地震还致使灾区水源涵养能力降低,水土流失加剧。根据四川省水利厅灾后水土流失调查,汶川地震加剧了灾区水土流失,导致水土流失面积、侵蚀强度和年均水土流失总量均有明显增加。重灾县(区)震后水土流失面积为71 729平方千米,占重灾区县辖区面积的55.04%,较震前新增水土

流失面积 13 368 平方千米，较震前水土流失面积增加 22.91%。震后年均土壤侵蚀量为 40 194 万吨，较震前增加 17 661 万吨。震后的土壤侵蚀模数由震前的 3861 吨/（千米$^2$・年）增加至 5604 吨/（千米$^2$・年），新增水土流失区域的土壤侵蚀模数可达 13 211 吨/（千米$^2$・年），比震前全省平均土壤侵蚀模数高 9785 吨/（千米$^2$・年）。

### 4. 人居生态环境破坏程度十分严重

据不完全统计，本次地震倒塌房屋 1500 万间，2000 多户生态示范户、60 多个国家和省级生态示范村受到破坏，需要通过重建安置的受灾人数达 1000 多万人。地震在损毁房屋建筑的同时，也对房屋周边的环境造成了破坏。由于灾区百姓多有在房前屋后种树栽花的习惯，这些一个个的“生态细胞”累积起来发挥的作用也是不可低估的。同时，在灾民安置过程中，又必将占用大量的土地良田，这也是个十分庞大的数字。

## （三）灾后生态恢复重建与环境保护的建议

### 1. 做到生态、生产、生活相结合

地震灾区的恢复重建涉及方方面面，有许多工作都是急需尽快开展的。因此，在现阶段，单纯地在大范围开展生态恢复重建工作，很不现实。然而，生态恢复重建工作也应该尽快开展，否则等各方面都安定以后再开始生态恢复，已为时晚矣。我们有太多的事后再投大笔资金来恢复生态、保护环境但效果却不明显的例子，尤其是在如龙门山西坡这样的生态脆弱区，生态系统一旦破坏便极易恶化和蔓延。

因此我们建议：灾区的生态恢复重建工作应该尽快开展，尤其是在某些关键的生态脆弱区；恢复过程中应同时关注生态、生产、生活三个方面，尽可能地将灾区生态环境恢复重建与灾民安置、生产恢复有机结合，将抗震救灾应急需要与区域生态环境恢复重建的长期目标相结合。具体来说，就是通过关键地段自然景观（植被）快速恢复，强化地震灾区的生态安全保障功能；开展以基础设施建设，饮用水及其水源地保护，农村生活污水及垃圾处理，农业有机废物处置，村容、村貌建设为主要内容的生态美好家园建设工作，促进人与自然和谐相处；通过山区特色生态产业提升，构筑生态恢复保障体系。只有这样，灾后生态恢复与重建才能得以顺利实施，效果才能得以保障。



此次汶川地震重灾区基本分布在山区，山区的生物多样性和丰富自然资源为

特色产业的发展提供了良好的基础。一方面，把特色产业的恢复作为重点来抓，不仅能迅速促进人民群众增收，也能有效恢复受损的生态环境；另一方面，结合灾区群众的板房、自建房建设，大力开展周边生态环境的保护与治理工作，将在提高灾区群众人居环境质量的同时，促进生态环境质量的提升。

## 2. 充分考虑不同区域的生态环境特点

汶川地震灾区自然生态环境的区域性特点明显，因此，灾后重建过程中应根据不同区域的自然特点、生态功能与地位、民族与文化差异，科学合理地开展地震灾区的生态环境恢复。例如，龙门山东坡的青川、平武、绵竹、什邡等市（县）位于迎风坡面，与"华西雨屏带"重合，雨量充沛，自然条件优越；而西坡的汶川、茂县等地位于龙门山背风坡面，气候干燥，以干旱河谷灌草丛为其基带，植被带谱相对简单，属于典型的生态脆弱区。另外，龙门山东西部之间不仅自然地理条件、区域生态地位与功能分区不同，而且其社会经济基础、特色产业和民族文化特点也差异很大。东坡是以汉族为主的农耕区，西坡则是以羌族为主的农牧交错区；东坡经济发展水平较高，而西坡相对滞后。汶川地震灾区生态环境恢复与重建不能按照一个标准、一个模式进行，而应该根据各区域的不同特点，制定出相应的目标与路线，并分步实施。

## 3. 尽快完成生态评估与生态功能区划调整工作

截至目前，地震灾区尚没有一份完整、详细的生态系统受损情况评估报告。虽然中国科学院等单位已经完成了部分评估工作，但总的来说数据还不够详细，精细程度还有待提高，实际指导意义不足。因此，应该尽快整合相关研究机构的数据，完成整个灾区的详细生态评估工作，这才是地震灾区生态建设和生物多样性保护至关重要的基础。评估工作应主要包括灾区生态系统与生物多样性受损情况调查与评估，珍稀动植物栖息地、自然保护区的影响调查与评估等内容，明确地震对生态系统的影响范围、类型、程度、面积，特别应该加强对生态系统功能受损的评估。在此基础上，结合国家生态功能区划及各省的功能区划，适当调整灾区部分区域的原有区划定位，为全面合理进行生态恢复与环境保护提供决策依据。

## 4. 自然恢复为主，人工适度干预

汶川地震灾区的自然条件差异比较大，生态系统类型、功能和战略地位各有

不同，生态系统受损程度也不尽相同。在目前灾后重建的关键时期，方方面面都需要大笔资金。因此，当前地震灾区的生态系统恢复应该坚持以自然恢复为主、人工适度干预的原则。对于灾区的大部分地区，尤其是东部地区，植被恢复应以自然恢复为主。台湾“9·21”集集地震的研究表明，地震一年后，滑坡体的植被盖度就可以高达47.1%。因此降水条件与集集地区相近的龙门山东坡区域，靠自然恢复就能取得较好的恢复效果。事实也证明，东部地区的植被恢复速度是比较迅速的。如截至目前，青川县许多“5·12”地震形成的小滑坡体已经有了较高的植被覆盖度。但对于某些生态极度脆弱区和影响人民群众生活的关键地段，则需要通过适度人工干预，加快生态恢复的进程。

## 5. 尽快开展关键地段、关键物种栖息地的生态恢复

汶川地震后交通道路沿线、重要水源保护地、堰塞湖、主要河流的河堤护坡地段、农村居民点附近、风景名胜区等关键核心地段是急需优先恢复的对象。根据可恢复性与重要性，要优先开展这些地段受损植被的恢复重建。

另外，针对某些关键物种，要尽快开展栖息地生态系统的恢复工作。例如，国宝大熊猫的重点分布区岷山－邛崃山就位于此次汶川地震灾区中，地震及其次生灾害导致了该区27个大熊猫自然保护区不同程度地受损。地震不仅对原有的大熊猫交流廊道产生了新的隔离障碍，而且对熊猫主食竹林也造成了不同程度的破坏。研究表明，1976年的松潘－平武地震使松潘、平武一带大熊猫主食竹林大面积开花，140只大熊猫因缺食而死亡。此外，灾后大规模的基础设施建设如不加以科学规划，势必会加快栖息地的破碎化进程，给野生动物造成更大的威胁。

因此尽快开展地震灾区大熊猫受损栖息地的生态恢复工作，促进大熊猫主食竹林的恢复进程，是关乎以国宝大熊猫为旗舰种的整个生物多样性保护的重大问题。

## 6. 建立1～2个综合生态示范区

地震灾后重建是一项综合性很强的复杂工程，方方面面都要涉及，也没有现成的经验可供借鉴。由于特大地震灾害的不可预见性和突发性，目前还没有针对地震重灾区的生态系统恢复重建的成功案例。即便是生态恢复技术，也只是在某些单项上比较成熟。相关技术一方面必须与灾区的实际情况相结合；另一方面，由单项技术组成复合技术，也尚需对集成效应进行研究。同时，在震后社会、经济和环境背景均发生重大改变的情况下，这些技术如何高效地与其他灾后重建工

作相结合，也需要实践。因此，有必要建立1~2个示范区，探索出一套地震重灾区生态恢复重建、灾区群众安居乐业、特色资源可持续利用的生态恢复模式，以点带面，起到示范带头作用。

我们建议可以在汶川或茂县设立综合生态示范区。主要基于三个原因：一是这两个县的生态环境都极其脆弱，非常有必要优先开展生态恢复工作；二是有工作基础，国家从"八五"开始就在这一区域就生态恢复技术进行探索；三是显示度高，能起到示范带动作用。

### 7. 慎用外来种，严防外来物种入侵

在汶川地震灾后生态系统恢复重建过程中，对有关恢复物种的选择，一定要慎重。建议尽可能地选择生长迅速、繁殖能力强、抗性好的乡土植物。如果一定要引入外来物种，在引入前必须开展相应的生态环境影响评估。只有确定引进物种不会对当地生态系统造成威胁时，才能引入。否则，不恰当地盲目引进外来物种可能会造成新的次生灾害。

# 附件4　关于灾区发展能力重建与资源配置的建议

5月12日14点28分在四川汶川发生里氏8.0级特大地震，给人民生命、财产和国家重要基础设施造成巨大损失，并且地震还引发大范围的次生山地灾害，进一步造成生态损毁，加剧灾害严重程度，人居环境安全更加受到胁迫，使灾后重建面临更复杂的困难。

灾后重建是一项复杂的系统工程。重建工作不是简单的恢复，而是面对新的发展挑战和机遇，着力在灾区发展能力的重构与资源配置方面开拓一条新路子，确保重建工作有重要的提升。

## （一）汶川地震造成的经济社会损失概况

### 1. 汶川地震概况

四川汶川特大地震是新中国成立以来破坏性最强、波及范围最广、救灾难度最大的一次地震，震级达里氏8.0级，最大烈度达11度，余震3万多次，涉及四川、甘肃、陕西、重庆等10个省（自治区、直辖市）417个县（市、区）、4667个乡（镇）、48 810个村庄。灾区总面积约50万平方千米、受灾群众4625

万多人，其中，极重灾区、重灾区面积13万平方千米，造成8万多名同胞遇难、近34万名同胞受伤，需要紧急转移安置受灾群众1510万，房屋大量倒塌损坏，基础设施大面积损毁，工农业生产遭受重大损失，生态环境遭到严重破坏，直接经济损失8451亿多元，引发的崩塌、滑坡、泥石流、堰塞湖等次生灾害举世罕见。

### 2. 地震对基础设施的破坏

四川汶川地震受灾面积超过了10万平方千米，极重灾区3万多平方千米，造成灾区内道路和桥梁、通信、水电站等重要基础设施的严重损毁。其中，交通基础设施损失达580亿元；受灾电信所3069个，损毁基站12 025个，损毁光缆15 905千米，通信电杆损毁81 021个，直接经济损失70多亿元；地震造成1996座水库存在不同程度险情，占现有水库30%，有溃坝险情水库69座，高危险情水库310座，直接经济损失56亿元；地震造成四川省846座水电站受损，其中，673座损坏比较严重（79. 6%），直接经济损失54亿元。

### 3. 地震对产业的破坏

地震对灾区的产业造成了重创，其中，工业企业损失1981亿元；旅游业损失278亿元；商贸流通业损失300亿元；银行、保险业损失200亿元。地震对农田的破坏还造成了当年至少70亿元的损失。

### 4. 地震对城镇的破坏

地震沿龙门山断裂带给映秀、北川、青川、都江堰等城镇造成毁灭性的破坏，其中，房屋倒塌损失就达2114亿元。还有大量的城镇给排水、通信管网等基础设施的严重损毁。

### 5. 地震对公共服务设施的破坏

地震严重摧毁了学校、医院、金融和商业等公共服务设施，造成了多达1574亿元的损失。

## （二）灾区发展能力重建的主要方面



灾区在发展能力重建方面不是简单的复制性恢复，要以科学发展思想来统领，拥有超前的建设理念，统筹未来发展基础需要，系统规划灾区发展能力重建。重点是在：

## 1. 能源和基础设施能力建设

对于基础设施建设应结合实际需要，满足需求，既要弥补现状、达到标准，同时又要结合实际节能提效和环境的协调，应该因时、因地、动态判断基础设施建设是否真正适合灾区实际，要分类，要用长远发展的眼光、区域差异的视角、因地制宜的手段来解决这个问题。空间布局上要合理，对未来发展要留有支撑空间。

## 2. 产业恢复重建不能忽略生态效率和环境问题

（1）农业方面

关注灾区农业恢复和重建过程中的生态环境，是一个关乎灾区农业持续发展的大问题：

重视农业环境污染评价与人体健康风险评估。地震导致大量企业受损，水处理系统瘫痪；厕所、阴沟污水外泄。这些都可能引发更为严重的农业环境污染，尤其是农业面源污染。因此，应对震区农业环境污染状况进行监测、评估、区划，界定农业污染对人体健康的风险水平，提出农业环境重点治理对象、重点区域和应对的具体方案。

科学规划震后畜禽养殖业。震后农村畜禽养殖业的发展将是农业产业恢复重建的有机组成部分，也是农民重建家园的重要内容。由于畜禽养殖业对灾区脆弱的生态环境影响较大，应尽可能在增加养殖户收入的基础上，做到科学规划，以有效降低农业面源污染的可能性。在水源地保护等关键地区，需要根据生态承载力合理安排畜禽养殖业发展，编制灾区畜禽养殖业发展规划，形成可直观指导畜禽养殖布局的灾区畜禽养殖区规划发展图。

因地制宜恢复发展优势特色农产品和加工业，积极发展生态农业，稳步提高农业综合生产能力。立足资源优势，恢复重建一批专业化、标准化、规模化的优质特色农产品生产基地。

（2）工业方面

灾区是四川省乃至全国化工行业相对集中的区域，地震使化工企业受到重创，严重影响了当地的经济发展和环境安全。针对地震造成的复杂、多样而潜伏的环境危机与灾害，科学合理地解决工业重建过程中的生态环境问题是保障灾区社会经济持续发展的关键环节。

以资源环境承载为基本依据，尽量规避高危行业的环境风险。灾区工业恢复重建首先要维护生态安全，使生态环境指标成为灾区工业布局的基础条件，将资源环境承载能力作为灾区重建的基本依据。重视化工、石化等高危行业的环境风险问题，重新审视重大自然灾害发生时污染物对大江大河、饮用水源地、集中居民区、自然保护区等环境敏感目标的影响，贯彻流域区域一体化统筹的理念，避免整体布局不当可能造成的污染事故风险，并重视加强灾害地区生态的自身修复功能，避免二次破坏及急功近利行为。

以川陕交通干道为轴线，建立"国家级装备制造工业园区"。以川陕交通干道为轴线，纵贯成德绵，以重大装备制造为重点，建立"国家级装备制造工业园区"，承接东部地区产业转移，与现有的重大装备制造业基地、新材料产业化示范基地和职业教育培训基地一体规划和布局，为绵阳高新技术产业开发区、德阳经济开发区的进一步升级、扩展创造条件。

积极推动龙泉山东麓地区的矿业成片开发。龙门山磷矿带金河、清平、天池三大磷矿，总产量占中国磷矿石总产量的1/10。该地区的大小矿井有百余个，从业人员达2万~3万人。磷矿及其下游化工企业都属于原料指向性企业，更多的会从运输成本上做考虑，而地处龙门山脉中段的磷矿资源又相对较为集中，所以就近建厂是该区域企业的典型特点。但从灾区产业重构格局和整个区域布局大调整看，轻工、化工易产生污染源，宜布局于龙泉山东面的下游地区。可考虑在龙泉山东面的中江、遂宁等地布置轻化工产业园区，横向上，可以从龙泉山两侧打通若干隧道连接；纵向上，可从中江到简阳，建设龙泉山东麓快速通道。

建立成德绵装备制造、阿坝高耗能循环经济产业集聚区。以提高资源利用为核心，以节能、节水、节料为重点，促进资源在企业内部，企业之间、产业之间的循环，实现"节能、降耗、减污、增效"。促进清洁生产形成低投入、低消耗、低排放和高效率的节约型增长方式。同时，按照企业自愿，政府引导分期分批选择部分企业开展循环经济试点，促进产业结构优化，提升产业生态化水平。

以重点工业企业为主导，培育大型的生态企业。以中国昊华、龙蟒、东汽、天池集团、阿坝铝厂等重点工业企业为主导，培育大型的生态企业。发挥重点工业企业环境友好产业和资源循环的抛锚作用，努力实现"硫、磷、钛"相互嫁接的循环产业链，"电、铝、材"循环产业链，共同支撑未来灾区工业的"绿色化"。

（3）能源方面

关于水电行业的恢复重建，关键是恢复重建大型水电企业，整顿清理小水电开发。第一，做好灾后水电站对生态环境影响的评估，划定影响等级，为水电行业的重新布局提供决策依据。第二，在危坝的去留问题上要关注下游人民群众生命财产安全，关注河流生态安全，除大型水电站外，对于受破坏的、未受破坏的小型水电站，借此机会应予以取缔，彻底改变过去该地区水电开发过度和无序的状态。第三，在恢复重建过程中，高度重视水电建设的环境影响评估。尽量避免一些珍稀濒危水生动物灭绝，阻滞淹没区陆生生物岛屿化。

（4）旅游方面

做好灾区旅游业重建的科学规划。旅游的重建规划要与整个震区重建规划相一致，要区分规划的长期性和启动市场的临时性之间的区别，并应在总体社会经济发展规划的框架内，考虑未来旅游功能的发挥。

科学、有序地开展对旅游景区的修复工作。修缮工作必须科学规划，有力、有序和有效展开。对于原本与景观环境不协调和违章的建筑，要借此机会全部予以拆除；对于自然景观的恢复需要较长时间，应科学制订景观修复方案，以切实改善景区整体环境。

恢复通往景区的交通道路。在路网规划、项目建设、资金安排上对旅游项目实行倾斜扶持，设立旅游交通专项资金，改善由绵阳方向通往九寨沟的道路等级。

重视新遗产的保护和利用。人类在地震灾害自救、救援的过程中，对自然和人类自己有了新的认识，展现了特殊时期的文化现象，这些对未来都是宝贵的知识和遗产，对这些灾难文化的记录，应以科学的态度积极保护和开发利用。

## 3. 教育管理者能力的建设

当前，在灾区教育恢复重建过程中"硬件"重建受到各界高度重视，社会各界对教育资助大都集中在物质帮助上，对于教育重建中的非物质方面还认识不足，甚至存在着误区：把教育重建单纯看成一批"硬件"修补和再造问题。教育重建不仅仅是校园、校舍、设施和设备，更是教育精神、校园文化、教师队伍、教学制度、教育管理等能力的重建。如果"软件"不到位，也会限制、制约"硬件"作用的发挥。大灾之后的教育恢复重建，本质上是一个原地起立的过程，是一个发展起跳的过程，是一个破旧立新、革故鼎新的过程。教育恢复重建工作，就是要把握个性、适应共性，并且把两者科学地结合起来，立足实际，遵循教育规律，在废墟上建设一个传承历史、融入现实、面向未来的新教育。为此，在"硬件"提升的过程中，"软件"作用应得到同步或超前提升，尤其是教育管理者的能力建设需要得到较快发展。在教育能力重建中，迫切需要理清教育管理者能力建设的层次、重点、难点和突破点。

## 4. 卫生保健服务能力建设



公共卫生服务设施建设布局及其抗灾性能保障和抵御山地灾害的能力，必须

要从长远方面考虑不同区域和层次的科学布局，以及体量或规模的合理性，包括遇大灾的应急医疗处置能力。还要考虑地震伤残人员康复治疗和机能训练与保健设施的建设，乡镇医疗卫生保障体系建设是震后改善医疗条件要优先投入的方面，要有必要的多元资金保障。

### 5. 组织和管理能力建设

要清醒地认识到汶川地震恢复重建的复杂性、艰巨性和长期性。可以考虑成立汶川地震重建委员会组织机构，并在各地市设立分支机构（灾后重建管理局），归口统一领导权，直接秉承国务院决策意见，授权领导和指导有关重建项目研究、立项审批与组织实施，协调各项规划，统筹调控资源配置与资金的分配流向。

灾后重建还要注意社区的组织能力建设，要把改革完善乡镇社区管理能力建设与有效组织农村劳动力资源进行生计产业发展与富民为目标，完善社区能力的配套建设，为新的发展提供社区组织保障。

还应建立社区减灾学习与技能培训中心，开展灾害风险综合协作管理和公众避灾技能培训，结合当地灾情，进行灾害风险管理与防灾、减灾知识的传播。

### 6. 政策支持能力的建设

国家对灾区重建要建立特殊时期政策支持体系，包括对新兴中小企业的扶持政策，在就业与社会保障、公共服务设施建设、资金筹措、土地配置等方面给予有限期的政策保护性支持，注意对伤残群体生计能力建设的扶持。建立非常规财税机制，加大政府投入，强化对口支援，税收减免，特别是对清洁生产技术支撑的产业项目要给予更加优惠政策扶持力度，开辟项目审批绿色通道等。

## （三）灾后发展能力重建需要关注的突出问题

灾后恢复重建是重构灾区社会发展能力建设布局与提高质量的重要机遇，重建中要进一步解放思想，树立长远发展观念，真正做到科学统筹。因此，灾后恢复重建中特别需要关注的问题有以下几个方面。

### 1. 道路、通信基础设施重建布局与安全



龙门山区虽属地震断裂带区，但在四川省区域经济建设中具有重要的地位，

是重要矿产资源、水电资源、旅游资源和重要县镇开发与建设的重点区域。未来仍然是产业发展集聚的重要区域。因此，恢复重建必须更加合理布局道路、通信等基础设施建设，而且要依靠现代科技和经济实力，提高道路、通信等基础设施建设的安全标准，开辟专线道路建设，要以路、桥、隧道科学组构，尽量减少工程建设对山体的破坏性影响。同时，山区道路要有明确车辆吨位限制，对山区道路要强制性管理。

道路建设与安全保障系数要与山地灾害风险区划、经济发展的重要性以及未来可能的经济增长地区等紧密关联。要从长远道路维护的累积成本比较中，认识一次高投入的长效受益性的经济合理性。

## 2. 产业恢复要体现区域间整体协调

地震灾区是重要的自然与人文社会高度复合的区域，形成了密切而复杂的依存关系。区内有国家级自然保护区、世界自然与文化遗产地、国家乃至世界知名的风景名胜区，也是成德绵经济辐射带动区域，整体的关联性非常紧密。因此，产业恢复必须要深入考虑区域间整体协调的问题，产业布局与地区经济社会功能，特别是与国家主体功能区的划分相一致，产业链条要密切关联、功能互补、分工合作，避免重复与低效率。

## 3. 新建产业要力求与生态环境相协调

新建产业要与当地资源环境承载能力相符合，避免高能耗、高污染产业项目建设，要发展清洁生产产业，鼓励循环经济式的产业发展模式。对必须建设的企业，要有严格的环保措施，特别是重要矿产资源开发必须走产业开发与环境保育/修复并举的路子。新的城镇建设和重要城镇发展，必须注意生产、生活废水、废气和固体废弃物处理能力的匹配建设，确保产业、人口、城镇发展与生态环境处于可协调之中。

## 4. 加强劳动技能培训，提高劳动力资源质量

应当从山区人力资源开发与贫困人口生计问题解决的长远考虑，建立必要的劳动技能培训制度，要形成长效机制。当前要通过短期的技术培训，提高当地劳动力资源的质量，增加就业机会与从业能力，向各种恢复方案的建设项目输送技术受训人员，使灾区重建过程中能够增加当地人员的参与程度和必要收入，促进社会的稳定。

### 5. 对口援建要注意重建效率与区域间的整体协调

对口援建是震后灾区恢复重建的重要途径，体现了党中央和全社会对灾区恢复重建的支持。但对口援建条块分割，互通性、关联性差，在一定程度上存在着盲目性，缺乏整体性设计思想，使经济功能、社会服务功能的互补性难以体现。因此，对口援建工作不能过于独立化，应当在统一的各项规划指导下，加强宏观层面的协调和具体项目实施的会商，特别是要有统一的长远发展眼光和视野，要考虑龙门山大区域的资源、环境与经济社会协调可持续发展的战略性问题，要谋百年大计，切不可只图眼前问题的一时解决。

此外，灾区恢复重建还必须在注重时间效率的同时，更要注意质量和发展后续支撑能力的可持续性。

### 6. 要防止恢复重建中新的利益冲突

统筹协调的保障机制也是灾后恢复重建的重要政策和措施，其中，最重要的是建立规划的协同机制，因为灾区重建不是孤立的，城镇体系规划、乡村建设规划、城乡住房建设专项规划、基础设施建设专项规划、历史文化遗产保护规划、生产力布局和产业调整规划等各种规划之间存在紧密的内在关联，灾区重建需要科学地协调各类规划的关系；在灾区重建中还需要避免新诸侯经济的产生，避免各自为政，避免以行政区划为基本单元争取资金多、项目多为政绩导向，尤其需要在灾区重建一盘棋、灾区重建一个整体的指导思想下，极力规避投资纷争、项目纷争、土地纷争导致的新的利益冲突。只有这样，才能长期有效地促进灾区能力提升和持续发展。

## （四）关于资源配置的投向

资源配置是和其使用效率相关联的。灾后重建必须要科学合理地把握资源投向大问题，这是确保有限资源产生重大效能的关键环节之一。

### 1. 资源配置投向依据

资源配置主要依据的原则应当是灾区资源环境承载力和经济社会发展的生产力布局与区域整体经济活力的重构。

(1) 资源承载力区变化特征

1) 龙门山主断裂带区域。龙门山主断裂带区域是地震灾区资源环境综合承载能力变化最大的区域。该区域面积1.46万平方千米，震前人口85万，其中，农业人口65万。地震发生后，耕地资源损毁率在10%左右，结合次生山地灾害危险、生态系统脆弱和保护区核心区等不宜人居区域的分析判断，综合认定该区域耕地与人居环境资源综合损毁率为20%~25%，该区域需要迁移人口总量为19.4万，其中，跨市（县、区）迁移人口13万，就近迁移人口6.4万（附表2）。

**附表2　龙门山主断裂带区域人口调整方案**　（单位：万）

| 地区 | 行政区域 | 震前总人口 | 震前农业人口 | 震前非农业人口 | 跨市（县、区）迁移人口 | 就近迁移人口 |
|---|---|---|---|---|---|---|
| 阿坝州 | 汶川县（全部），理县的通化、桃坪乡，茂县的风仪、南新、土门乡（镇） | 16.1 | 5 | 11.1 | 3.3 | |
| 成都市 | 都江堰市的龙池、虹口、紫坪铺、向峨乡（镇），彭州市的龙门山镇、白鹿镇 | 5.7 | 1.5 | 4.2 | | 1.2 |
| 德阳市 | 什邡市的红白镇、八角镇、莹华镇，绵竹市的汉旺镇、金花镇、清平乡、天池乡 | 10.8 | 4.5 | 6.3 | | 1.9 |
| 绵阳市 | 安县的雎水、永安、茶坪乡（镇），北川县（除片口、小坝、白什乡外的全部）江油市的敬元、六合、雁门乡（镇），平武县的南坝、响岩、平通、豆叩、大印、坝子、水观乡（镇） | 27.9 | 5.5 | 22.4 | 3.3 | 3.3 |
| 广元市 | 青川县（全部） | 24.8 | 3.5 | 21.3 | 6.4 | |
| 总计 | | 85.3 | 20 | 65.3 | 13 | 6.4 |

2) 其他区域。其他区域是指30个重灾县中除龙门山主断裂带区域以外的其他区域，是资源环境综合承载能力相对变化较小地区。其范围包括盆地中部、北部丘陵区，成都平原区，龙门山主断裂带以西的高山、高原过渡区域，面积总计6.1万平方千米，震前人口1327万。由于该区域中平原、丘陵地区耕地资源基本没有损毁，人居环境综合损毁约0.5%，广元山区耕地和人居环境综合损毁为2%，阿坝州耕地资源和人居环境综合损毁为5%，雅安市汉源县为8%。综合认定该区域需要迁移人口13.2万。其中，跨市（县）迁移人口2.4万，就近迁移人口10.8万（附表3）。

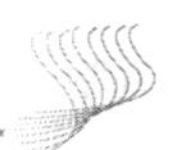

附表 3 30 个重灾县中敏感区域以外的其他区域人口调整方案 （单位：万）

| 地 区 | 震前总人口 | 震前农业人口 | 震前非农业人口 | 跨市（县）迁移人口 | 就近迁移人口 |
|---|---|---|---|---|---|
| 阿坝州 | 31 | 5 | 26 | 0.5 | 0.8 |
| 成都市 | 201.2 | 58.1 | 143.1 | | 0.7 |
| 德阳市 | 315.2 | 67.4 | 247.8 | | 1.2 |
| 绵阳市 | 510.1 | 127.7 | 382.4 | | 3.8 |
| 广元市 | 237.1 | 49.4 | 187.7 | 1.9 | 1.9 |
| 雅安市 | 32.1 | 3.1 | 29.1 | | 2.4 |
| 总计 | 1326.7 | 310.7 | 1016.1 | 2.4 | 10.8 |

（2）基于资源承载力的生产力布局分区

根据灾区资源环境承载能力评价（附图 1），以龙门山为界划分山前、山中和山后区域，并依据重建强度将规划区划分为适宜重建、适度重建、生态重建三类地区，据此作为指导生产力布局与调整的依据。

此外，建议增加龙门山生物多样性保护生态功能区。建议国家在国家级主体功能区划中，增列龙门山生物多样性保护生态功能区。该功能区行政上包括汶川、茂县、黑水、理县、松潘、九寨沟、北川、青川、平武 9 个县的全部，以及崇州、都江堰、彭州、什邡、绵竹、安县的山区部分，区域面积 4.49 万平方千米，其中，国家级自然保护区、风景名胜区、地质公园、森林公园、世界自然文化遗产面积总计 5491 平方千米，作为国家级限制开发区的面积为 3.94 平方千米。

## 2. 资源配置投向分区与重点产业布局

（1）适宜重建区

适宜重建区主要指资源环境承载能力较强，灾害风险较小，适宜在原地重建县城、乡镇，可以较大规模集聚人口，并全面发展各类产业的区域。主要分布于龙门山山前平原和与龙门山山脉接壤的低丘地区。资源配置重点基于推进工业化、城镇化，集聚人口和城镇公共设施安全保障，以振兴经济、承载产业和创造就业为主要方向。该区城镇应原地恢复重建，其中，条件较好的，与经济发展和吸纳人口规模相适应，可适当扩大用地规模；产业资源配置应根据自身特点发展相关产业，延伸产业链，增强配套能力，重点发展机械电子、石化和精细化工、绿色食品和中药材加工、医药等产业，改造提升一批工业园区（集聚区），逐步形成优势产业带和产业基地；可以适度扩大该区城镇的建设用地规模。

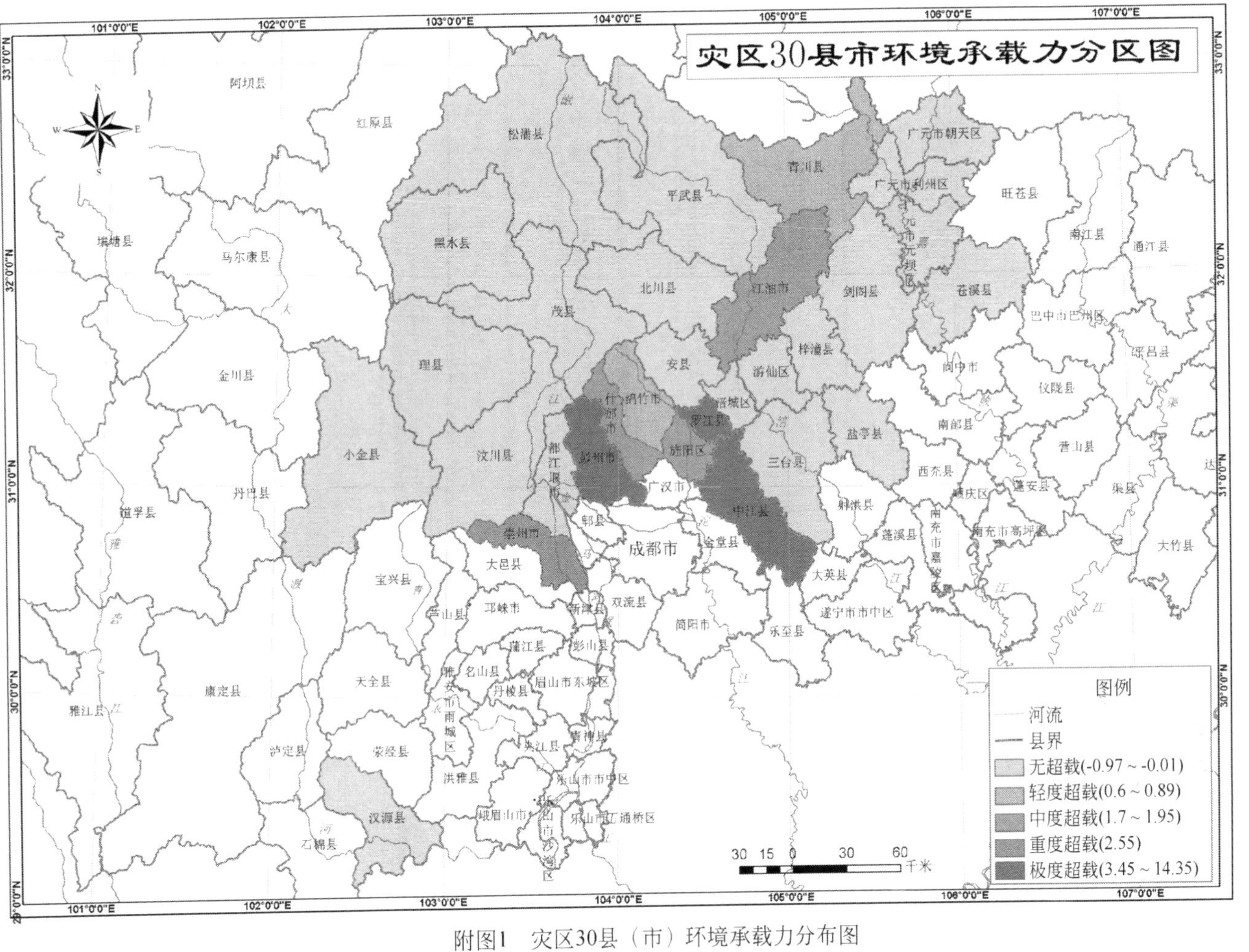


附图1　灾区30县（市）环境承载力分布图

(2) 适度重建区

适度重建区主要指资源环境承载能力较弱，灾害风险较大，在控制规模前提下可以适度在原地重建县城、乡镇，适度集聚人口和发展特定产业的区域。主要分布于龙门山山后高原地区和山中峡谷地带。资源配置重点基于保护优先、适度开发、点状发展方向，建成人口规模适度、生态环境良好、产业特色鲜明的区域。该区城镇应以原地重建为主，其中，不宜发展工业的，应调整功能；发展空间有限的，应缩减规模。产业资源配置重点发展以旅游、生态农业为主的特色产业，适度开发优势矿产资源，严控工业园区规模，撤并或迁建不具备恢复重建条件的工业园区；控制该区城镇建设用地，结合工业园区撤并和企业外迁，适度压缩工矿用地。

(3) 生态重建区

生态重建区主要指资源环境承载能力很低，灾害风险很大，生态功能重要，建设用地严重匮乏，交通等基础设施建设维护代价极大，不适宜在原地重建城镇并较大规模集聚人口的区域。主要分布于四川龙门山地震断裂带核心区域和高山地区。资源配置主要基于以保护和修复生态为主，建成保护自然文化资源和珍稀动植物资源、少量人口分散居住的区域方向。该区受到极重破坏、通过工程措施无法原地恢复重建的城镇，应异地新建。在不影响主体功能的前提下，适度发展旅游业和农林牧业，严格限制其他产业发展。控制该区城镇建设用地，适度压缩工矿用地和农村居民点用地，恢复并逐步扩大生态用地。

## （五）关于区域经济补偿机制

长期以来，西部地区在很大程度上是依靠增量投入拉动经济增长的，传统产业居于主体地位，资源密集型和劳动密集型是主要产业特征，这种经济增长过分依赖资源，结构不合理，且资源消耗快、浪费严重，使资源的供需矛盾十分突出，生态环境状况面临严峻形势。同时，由于西部地区缺乏发展资金，实际开发西部资源的经济主体主要是中央各部所属的大企业集团和公司。根据分税制原则，这些企业的税收大部分由国家拿走，地方税收所剩无几。另外，长期以来，全国的发展战略是以发达地区、全国的总体水平和效率来制定的，政策、战略的主体走向是以发达地区为主导的，西部，尤其是西部山区的利益只能兼顾，而不能优先。故在战略的主体走向上也就自觉不自觉地将山区的发展置于了弱势地位。因此，建立科学的区域经济补偿机制，是促进区域协调发展以及实施可持续发展战略的基本要求，也是实现区域经济社会协调发展的重要突破口。

从灾区的主体功能区划看，龙门山大部分区域是属于限制开发区域。从生态功能看，建立对限制开发区域的补偿机制，具有典型的公益性和公平性特征。利益补偿就是通过相关的制度安排，调整相关主体的利益关系来激励生态服务的供给，限制公共资源的过度使用，从而促进生态环境的保护，促进人与自然的和谐发展。限制开发区域往往是生态重建区，经济补偿机制关注的重点应是：

1）限制开发区域类型多样，其利益补偿机制应该是不同的，目前主要是政府调节和市场手段两类。政府调节就是指政府通过其掌控的财政资源调节相关主体之间的利益关系，主要是通过公共支付的手段，来弥补限制开发区域因维护其主体功能而需要额外支出的成本和由此丧失的发展机会成本。应该说，无论从支付规模还是应用的广泛程度来说，以政府调节为主的公共支付体系应该是限制开发区域利益补偿的主要形式，目前市场手段调节不应成为灾区重建的主要调节方式。

2）转变限制开发区域居民传统的生产和生活方式，促进限制开发区域居民的外迁，对于保持限制开发区域的主体功能具有关键性作用。因此，要对限制开发区域内居民的转产给予一定的补偿，使他们转变为生态建设者和维护者。应在替代产业发展和增加城镇吸纳能力上给予补偿。按照内聚外迁、点状发展的原则，加大对限制开发区域内适宜发展的小城镇的扶持力度，增强其在产业发展和人口集聚方面的能力，促进限制开发区域内不适宜人类居住地区居民的迁移，减轻限制开发区域的生态压力。对限制开发区域内居民的技能培训工作给予一定补助，提高居民的生计就业能力。

3）为保障限制开发区域利益补偿的科学性，要根据限制开发区域生态建设和灾区重建的具体情况，适时进行评估，探索建立动态调整机制，分阶段、有重点地明确和调整限制开发区域利益补偿的政策内容，要建立中央和地方财政对限制开发区域生态保护经济补助的长效机制，保持限制开发区域有关政策实施的连贯性。

从灾区经济协调发展看，由于灾区涉及面积广、受损程度高，区域内部自然条件和经济社会发展水平极度不均衡，重建过程经济要素配置的差异性，使以行政区划为单元的重建过程对各类资源表现出了强烈的需求愿望，对资金的缺口也很明显，区域内部不可避免地出现了各种资源配置的争端和矛盾。在此背景下，需要建立区域经济的补偿机制，促进整个灾区经济和谐发展。在市场经济体制下，区域经济的协调运行和管理需要完善的法律法规来保障和进行。其主要职能是通过鼓励或限制性的措施，为灾区重建的各经济活动主体行为提供一个基本的活动框架和必须遵守的行为准则，这是灾区经济补偿机制的重要内容。重点应包括：

1）组建与国家汶川地震灾后重建协调小组对应的地方各级管理机构。在横向联合中，为了保障灾区有效的利益形成、增长与分配，必须建立一个在以灾区能力建设的国家战略为依据，以地方对应机构为支撑，以项目带动、产业发展为特征的区域经济政策框架下的管理体系，并通过建立相应的协调发展机构，促进中央和灾区之间、对口省市与灾区之间、灾区内部之间发展要素合理配置和流

动，以实现灾区长期可持续发展，而不是盲目竞争，滥用资源，浪费一体化发展的机遇。

2）积极引导沿海地区、对口援建地区产业、项目、资金、技术、人才等资源和要素向灾区流动和转移。国家、灾区地方政府应出台相关政策措施，鼓励沿海地区、对口援建地区对灾区投资企业给予相应的土地、财政贴息和税收等政策支持，积极引导沿海地区、对口援建地区的经济要素转移，促进灾区经济社会的尽快恢复和能力提升。

3）完善利益协调机制，加强区际横向联合。从发展的角度看，对口支援省市与灾区之间、灾区内部之间存在生产要素的差异以及比较优势，加强区际、区内的横向联合，才能达到多赢的局面。

4）当前，中央政府为灾区重建提供了体制、政策等多方面的支持，中央政府和对口援建省市投入了大量的重建资金。为提高投入资金的实用效率，需要进一步明确财政资金、对口援建资金的支出用途、支出强度，切实保证公共服务、关注民生的投资。并结合扩大内需投资政策，采取有条件转移支付，激励灾区地方政府进行改革，防止滴漏现象，提高财政转移支付效率，保证公共服务的整体效益。

（本文选自2009年咨询报告）

## 咨询组成员名单

| | | |
|---|---|---|
| 陈　颙 | 中国科学院院士 | 国家地震局 |
| 李德仁 | 中国科学院院士 | 武汉大学 |
| 周锡元 | 中国科学院院士 | 北京工业大学 |
| 滕吉文 | 中国科学院院士 | 中国科学院地质与地球物理研究所 |
| 姚振兴 | 中国科学院院士 | 中国科学院地质与地球物理研究所 |
| 朱日祥 | 中国科学院院士 | 中国科学院地质与地球物理研究所 |
| 黄润秋 | 教　授 | 成都理工大学 |
| 邓　伟 | 研究员 | 中国科学院成都山地灾害与环境研究所 |
| 唐　川 | 教　授 | 成都理工大学 |
| 吴　宁 | 研究员 | 中国科学院成都生物研究所 |
| 许　强 | 教　授 | 成都理工大学 |
| 刘　庆 | 研究员 | 中国科学院成都生物研究所 |
| 方一平 | 研究员 | 中国科学院成都山地灾害与环境研究所 |
| 葛丽佳 | 院长助理 | 中国科学院成都分院 |

# MPP系统芯片体系结构的发展对策建议

沈绪榜　等

当前，计算机普遍使用的处理器芯片一直由国外垄断，我国由于考虑体系结构兼容的要求，只能在国外处理器芯片的指令集合的基础上模仿和重复。大规模并行处理（massively paralel processing，MPP）的系统芯片（system on chip，SoC）体系结构的设计目前还没有发展到成熟阶段，这给我国提供了一个打破国际芯片竞争格局的机遇。结合我国已着手开展的相关研究，着力发展MPP体系结构的国产芯片技术，将对高水平地完成国家中长期科技发展规划中所有“十六专项”的相关工作起到重要的带动作用，也是实现信息化带动工业化、提高高新技术产品市场竞争能力、建设现代化国防与知识社会的基础和保证。

## 一、现状和机遇

计算机的体系结构包括宏体系结构与微体系结构，宏体系结构指的是计算机的指令集合，又称为指令集合体系结构（instruction set architecture，ISA）；微体系结构指的是实现宏体系结构的逻辑结构与电路结构等，是随计算机的物理实现技术的进步而不断变化的。但是，宏体系结构是计算机硬件与软件的接口，起着定义计算机产品的作用；为了保持软件的稳定性，是不能经常改变的。直到如今，计算机都是按照冯·诺依曼体系结构的计算过程数字化，依照一定的程序进行运算与按照电子学的方法设计的，说明了宏体系结构演变的缓慢性与稳定性，以及影响未来的长期性。

1971年处理器芯片的问世，把原来利用印制电路板实现的计算机的指令集合体系结构的设计和改进，完全转移到了硅基微处理器芯片的指令集合体系结构的设计和改进上；从体系结构上没有多少创新，重要的是这种把以前放在许多芯片上的功能集成到一块芯片上的物理实现技术，将ISA的通用性与灵活性转移到了体积只有指甲大小的芯片上，实现了微型化，提高了性能与可靠性，实现了经济性。使同一块微处理器芯片还可以用来制造各种各样的个人计算机。在处理器

基础上发展起来的个人计算机与嵌入式计算机，使计算机从科学殿堂走进了寻常百姓家，是计算机普及应用发展的一个转折点。从此，处理器芯片的体系结构起着定义计算机产品的作用；计算机是按照处理器芯片体系结构的发展而演变的，而芯片的集成度又是按摩尔预言的速度不断提高的。

随着芯片集成度的提高与并行计算规模的扩大，1987 年人们提出了系统芯片（system on chip，SoC）的概念，要将计算机的系统设计也转移到芯片设计上来。从一个新概念的提出到这一概念的成果市场化，一般大约需要 30 年左右的时间。系统芯片概念提出 20 多年之后，逐渐形成了两种系统芯片。

一种是以处理器/多处理器为核（core）发展起来的多处理器（multi processor，MP）系统芯片，即 MP 系统芯片（MP SoC）。目前许多嵌入式计算机的系统设计已经成功地转移到 MP 系统芯片的设计上来，使嵌入式计算机更加经济可靠与简单，是嵌入式计算机应用普及发展的一个新转折点。MP 系统芯片的设计要求设计者既要具有模拟电路专长和数字电路专长，又要具有丰富的软件知识。

另一种是根据并行计算技术与深亚微米技术发展起来的大规模并行处理系统芯片，即 MPP 系统芯片，因为采用了阵列体系结构的实现方法，可以统称为阵列处理器（array processor）芯片。Intel 公司将这种以万亿次速度处理万亿字节数据的芯片，称为 tera-scale processor（万亿级处理器）芯片。在 MPP 系统芯片基础上发展的计算机将使超级计算机的大规模处理能力，从服务器走向桌面（desktop）、膝上（laptop），甚至手持的设备，是高性能计算机普及应用发展的一个新转折点。MPP 系统芯片的设计还要求设计者具有高性能算法的知识。

芯片产业现在已经成为决定一个国家综合国力、国际竞争能力和国家安全的高新科学技术产业。芯片产业对我国同样重要，它是实现信息化带动工业化，信息化与工业化相互融合，全面提高我国人民物质与精神文明水平，建设现代化国防与知识社会的基础和保证。

现在已经形成由国外 MP 系统芯片一统天下的格局，对我国来说，由于处理器芯片的宏体系结构要受兼容性的限制，只能彼此重复地模仿国外芯片的体系结构，使我国的处理器芯片设计者不能成为计算机产品的定义者，而只能是开发者和使用者，从而很难打破国外芯片的垄断局面。而 MPP 系统芯片体系结构的设计，国外还没有发展到成熟阶段，给我国提供了一个打破国际芯片竞争格局的机遇。

## 二、问题及分析



在晶体管问世 16 年之后，1963 年 11 月由中国科学院半导体研究所研制成功了硅平面晶体管；1964 年中国科学院计算所研制成功了第一台大型通用晶体管计算机（119 型计算机），开创了我国晶体管小型化的新时代。相隔 2 年之后，在“两弹一星”任务的牵引下，开始为箭载计算机研制集成电路；中国科学院半导体研究所于 1965 年，首先研制成功了双极小规模集成（TTL SSI）电路，比国外只晚了 7 年；采用这些集成电路，中国科学院计算所二部研制成功了我国首台集成电路计算机。1969 年西安微电子技术研究所也研制成功了 TTL SSI 集成电路及其箭载计算机，于 1971 年成功地用于火箭系统的试验中；该所接着又研制成功了 PMOS MSI 集成电路及其箭载计算机，成功用于火箭系统的试验中；1977 年该所研制成功了 NMOS LSI 集成电路的 16 位定点微处理器芯片与配套的系列芯片及其微计算机，比国外的 4 位微处理器 Intel4004 只晚了 6 年，受到了国内计算机应用单位的广泛关注。

然而，自 20 世纪 80 年代国外芯片进入中国市场以后，国产芯片的发展缓慢到几乎停顿下来，国产微处理器没有得到进一步的发展。直到 90 年代，芯片国产化才又受到了重视，微处理器芯片和操作系统一起被列为我国信息产业的核心技术。为了满足替代的兼容性，多数国产芯片不得不采用国外微处理器的 ISA 体系结构与兼容的封装，虽然提高了芯片的自给率，但限制了国产芯片体系结构的发展与芯片的产量突破。我国现在从事多核/众核处理器的设计队伍，虽然取得了很大的成绩，但直到如今，国产高性能处理器芯片采用什么样的 ISA 体系结构，仍受到国外 X86 的影响和制约。要不要有我国自己的处理器芯片体系结构还是一个有争议的问题。总的来说，我国的芯片设计队伍人数太少，力量薄弱，无法与国外大公司抗衡。目前我国 MPP 系统芯片及其计算机的设计工作几乎还没有开展，只有西安微电子技术研究所，为了满足航天图像处理的需要，采用 1 微米 CMOS 工艺，研制了一种 16 位定点处理元（processing element，PE）的 8×8阵列的 MPP 系统芯片；采用 64 个这种 MPP 系统芯片，按照单指令多数据流（SIMD）的 PE 阵列体系结构，于 1999 年研制了具有 4096 个（64×64）个处理元 PE 阵列的 MPP 计算机，还编著了《MPP 嵌入式计算机的设计》一书①。

MPP 系统芯片是一种换代的核心技术。美国国家科学基金会认为，高性能计算机正处于重要的转折期，从 2001 年开始启动了一系列项目，鼓励所谓“革命性体系结构概念”的研究。从现在的研究情况来看，关键问题是如何能使 MPP 系统芯片的阵列体系结构成为新一代的换代体系结构。

由于指令流计算模式中的 SIMD PE 阵列的体系结构，是很适合于数据并行算法的体系结构，国外从 20 世纪 80 年代就开始研制这种体系结构的图像处理的 MPP 系统芯片，而图形处理与超级计算的 MPP 系统芯片是最近几年才开始的。

---

① 沈绪榜，MPP 嵌入式计算机的设计，1999，北京：清华大学出版社

因为可视物理空间是三维的，并行计算也是空间并行的，现在已有的一些并行计算芯片自然都采用了空间并行的阵列体系结构。例如，作为计算机与物理世界接口的传感器芯片等的微体系结构是阵列的。数据流计算模式的 ASIC 芯片（如脉动阵列芯片）、静态可重构的 FPGA 芯片以及构令流计算模式的动态可重构的 RC-Device（reconfigurable device）芯片等，都是空间并行计算的阵列体系结构芯片。这些阵列体系结构芯片的优点是性能效率高，缺点是没有处理器芯片的可编程的灵活性。所以，能支持非规则算法的超级计算的 MPP 计算机，主要还是由上万的 2 核、4 核乃至 12 核的多核处理器芯片组成，由于现在的多核处理器支持空间并行计算的能力有限，这些超级计算的 MPP 计算机主要是通过软件管理，支持并行的 MPP 计算，并行计算规模虽然很大，但并行编程复杂，实际工作效率非常低。

MPP 系统芯片很自然地采用了阵列体系结构，该结构适合并行计算规模的扩大与芯片集成度的提高。现在已有的阵列处理器的 PE 阵列基本上支持两维算法，因为现在计算机的传感器输入主要是空间上的两维阵列，显示器输出也主要还是空间上的两维阵列，相应的 PE 阵列自然也是两维；因可视空间是三维，计算科学家就通过立体视觉算法在两维阵列显示器上形成三维的立体感。其实，并行计算正在从 2D 并行计算向 3D 并行计算发展，例如，IBM 公司正在研制的 C64 超级计算机就是一个 3D-Mesh 网络；制造技术也正在从 2D 向 3D 发展，特别是以 TSV（through-silicon-vias）方法为基础的 3D 二次集成技术，得到了很好的发展，完成空间并行计算的阵列处理器也应当是三维的。

人们估计到 2010 年，基于光刻技术采用 SiGe 的 CMOS 工艺的制造能力达到它的极限 30 纳米时，将会使线的延迟比门的延迟更重要，特征尺寸已小得使芯片缺陷不可避免，以及漏电流与功耗变得非常重要。从设计上讲，解决线延迟问题就是要采用局部通信技术，解决芯片缺陷问题就是要研究避错的自主重构技术；当特征尺寸小于 65 纳米之后，静态功耗将超过 50%，芯片体系结构上要采用功耗的自主管理技术。因此，如何解决这些技术上的所谓“红墙”（red brick wall）问题，也推动了 MPP 系统芯片阵列体系结构的研究和发展。

芯片体系结构设计的最大挑战是要能影响未来。微处理器芯片的体系结构已经是国外芯片一统天下，但是，MPP 系统芯片的提出虽然已经有 20 多年，它的体系结构国外也还没有发展到成熟的阶段，给我们提供了一个发展国产芯片体系结构的机遇。抓住 MPP 系统芯片发展机遇，解决存在的问题，关键是要能提出有国际竞争力的 MPP 系统芯片的体系结构方案。为此，我们研究并将现有的计算机体系结构进行了分类，发表了“计算机体系结构的分类模型”一文①，根据

① 计算机学报，2005，(11)：1759～1766

这个分类模型，现代计算机共有指令流、数据流与构令流三种计算模式的 10 种体系结构，以及时间映射与空间映射两种映射方式。如何将性能效率高、没有可编程灵活性、数据流计算模式与构令流计算模式的体系结构融合到 MPP 系统芯片的阵列体系结构中，是 MPP 系统芯片体系结构没有解决的关键问题之一。SIMD PE 阵列是一种很规则的阵列体系结构，如何利用它就能同时支持数据并行算法与非数据并行算法的并行计算，是 MPP 系统芯片没有解决的关键问题之二。

为了能实现我国 MPP 系统芯片体系结构的产业化发展，覆盖广泛的应用领域，将数据流计算模式与构令流计算模式的体系结构，也能统一到指令流计算模式的体系结构中去，在完成“MPP 系统芯片体系结构的发展对策建议”的咨询项目时，我们研究了一种统一改变的体系结构（ISA for unified change）模型，简称 Unified ISA 模型，发表了 *Evolution of MPP SoC architecture techniques* 一文[①]。此模型统一了上述三种计算模式的体系结构，使数据流计算模式 ASIC 电路与 FPGA 电路，以及构令流计算模式的 RC-Device 电路等这些体系结构，都能在 SIMD PE 阵列的体系结构上统一通过程序设计实现。此模型针对解决上述 MPP 系统芯片阵列体系结构中的两个关键问题，为高效率的 MPP 计算机的实现设计奠定了基础。

# 三、措施与建议

（1）建议优先发展天基应用的 MPP 系统芯片及其计算机，并将其作为“十六专项”中的重要研究内容

2006 年全国科学大会提出的“十六专项”是我国 21 世纪的战略重点任务，将实现信息、通信、生物、能源、航空与航天等 16 项国家目标，并打下相应工业发展的基础。“十六专项”中有芯片设计的“核心电子器件、高端通用芯片及基础软件”专项与芯片制造的“极大规模集成电路制造装备及成套工艺”专项，所有 16 专项都与芯片应用紧紧“链”在一起。所以，“十六专项”体现了芯片的设计、制造与应用相互配合跨越式协调发展的产业链特点，就是支持 MPP 系统芯片体系结构发展的重大战略措施。基于下列两点理由，建议优先发展天基应用的 MPP 系统芯片及其计算机，并将其作为“十六专项”中的重要研究内容。

理由之一就是要打破国外的封锁。因为在天基应用环境中，电子设备的技术与地基应用环境的差别是很大的。天基应用的 MPP 系统芯片及其工艺技术国外是绝对封锁的，只能靠自主创新研制国产 MPP 系统芯片，才能解决天基应用的

① Science in China Series F 2008，754~764

问题；所以，建议优先发展天基应用的 MPP 嵌入式计算机。从 MPP 系统芯片应用来看，有地基（陆基、海基和空基）与天基两种应用环境，有嵌入式应用与非嵌入式应用两种应用方式。嵌入式应用是所有两种应用环境中的共同特点。在地基应用环境中，电子设备的技术差别不大；虽然采用商业运筹模式买不来核心技术的，但可以在别人的 Foundry（代工）上制造地基应用的 MPP 系统芯片，或者是购买国外的芯片研制 MPP 计算机，解决 MPP 系统芯片的地基应用问题。

MPP 系统芯片是一种换代的核心技术，根据国内外的经验，换代的核心技术起步时往往没有经济效益，很多是通过专项任务的牵引。例如，1958 年基尔比刚发明集成电路时，由于价格昂贵，没有得到民用支持；美国军用弹载计算机的小型化需要，才使它得到应用和发展。我国的集成电路也是在军用箭载计算机专项任务的牵引下发展，自从 1957 年 10 月 4 日第一颗人造卫星上天以后，人类从此进入了太空时代。因为卫星独有的“站得高就望得远”的作用，是很多地基技术所达不到的。

理由之二就是要符合科学革命的发展方向。人类生活在三维的可视空间，将两维的地基计算机网络，发展成由卫星天基计算机网络与地基计算机网络所组成的三维计算机网络，符合人类知识社会发展的方向，卫星是地球的保护伞，导航卫星的全球定位作用与遥感卫星的全球观测作用的功能在地面上无法实现。特别是雷达遥感技术可以在多云、多雨和多雾地区完成光学遥感影像不能完成的测绘任务，可以全方位全天候的监测地球表面的变化，预测天气与地震等。使用可见光和红外谱段的传感器，每天观测地球两次，就可以观测到地球表面 70% 以上的资源、灾害和环境。

通信卫星是军民两用的，但通常是没有直接经济效益的。众所周知的摩托罗拉公司耗资 50 亿美元建成的“铱”星通信系统（Iridium），1998 年 10 月 1 日正式启动工作，从此移动电话能在地球上任何两点间传输信号，而不必担心与其他蜂窝电话系统互不兼容。仅仅一年之后，由于费用贵、用户少不得已而项目告吹。但是，由于“铱”星系统具有国防专用的重要性，美国国防部就买下了“铱”星系统，现在美军已在广泛使用“铱”星电话系统，这种通信系统可以与远方的移动电话发射天线（如在丛林深处或北极荒地）保持联系。通信卫星的这个特点在汶川大地震中创造了“三个第一”：5 月 13 日 21 点实现了汶川映秀镇灾后的第一次通话；5 月 15 日搭起了映秀镇灾后的实时视频传送平台；5 月 16 日开通了汶川地震后的第一个移动基站，灾区群众终于可以使用手机同外界取得联系。

（2）建议以提高芯片制造能力、加快芯片集成度为基础，加紧研究圆片级的一次集成电路技术、3D 二次集成的 TSV 技术以及具有天基产品抗辐照功能的集成电路特殊工艺技术

MPP 系统芯片是以芯片制造能力的提高为基础，是芯片集成度发展到上亿晶体管之后的必然结果。发达国家的 MPP 系统芯片的发展对策，就是一定要实现摩尔预言，每 18~24 个月将特征尺寸降低 0.7 倍时，真正掌握成品率与多层布线等关键核心技术，将芯片集成度提高一倍，为了发展国产 MPP 系统芯片，我们也不能例外地要采用这种发展对策，通过“十六专项”中的第二项把信息技术的物质基础（芯片制造能力）搞上去。

2007 年英特尔（Intel）公司提前完成了 45 纳米技术，将传统的“二氧化硅绝缘层 + 多晶硅栅”的 CMOS 的工艺结构，改变成为“高 K 介质材料 + 金属栅”的结构，率先于 2007 年具备了 45 纳米生产能力，使半导体产业进入了“材料推动革命”的时代。Intel 45 纳米工艺的芯片集成度是 65 纳米的两倍，找到了新的晶体管能量流失问题的解决方法，漏电量降为 10%，耗电量减少了 30%，速度提高了 20%。而且，这种材料和结构还可以将 CMOS 工艺提升到 32 纳米、22 纳米，乃至 16 纳米的水平。

我国的集成电路工艺水平，与发达国家相比差距很大。根据这个情况，我国 MPP 系统芯片比较合适的发展对策，就是要加紧研究圆片级的一次集成电路技术、3D 二次集成的 TSV 技术和具有天基产品抗辐照功能的集成电路特殊工艺技术，使我国可以很快地解决地基与天基应用的图像处理的 MPP 系统芯片的制造能力问题，抢占国产图像处理的 MPP 系统芯片应用的发展机会。

美国休斯（Hughes）公司就是采用这种发展对策，成功地抢占了图像处理的嵌入式阵列处理器芯片的发展先机。它是在特征尺寸为 3 微米 CMOS 工艺的基础上开始研制的，采用了很有特点的圆片规模集成 WSI（wafer scale integration）电路技术以及设计上的避错技术（这也是现在解决“红墙”问题时，芯片设计中要采用的技术），把圆片上的芯片互连起来，将一次集成电路的面积从芯片扩大到了圆片；而圆片之间又采用了 3D 二次集成电路技术，包括硅圆片的穿通（feedthroughs）技术、相邻大圆片之间的微桥互连（microspring bridges for wafer-to-wafer communication）技术以及多个大圆片的三维组装技术（assembly technology），按照 SIMD 的 PE 阵列体系结构，于 1987 年 10 月就研制成功了一种 3D MPP 计算机。该计算机由 5 个大圆片（wafer）组成了 32 ×32 个 16 位定点处理元的 PE 阵列，工作频率 10 兆赫兹，峰值速度为 600 百万次运算/秒，功耗约 1.5 瓦，体积只有手掌大小。除了 32 ×32 的 PE 阵列外，休斯公司还先后研制了每个大圆片上有 128 ×128 与 256 ×256 个功能模块的 MPP 系统芯片。休斯公司的上述 MPP 系统芯片的制造技术值得我们借鉴。

3D 集成电路技术是所有 MPP 系统芯片都要解决的制造技术。由于单个芯片上的 I/O 引脚数目不能随芯片集成度的提高成比例增长，采用芯片四边引线的办法，已不能解决 MPP 系统芯片引出头多（数据带宽）的问题和“红墙”问题，

3D 集成电路技术成了芯片制造能力的发展热点。其中，3D 一次集成电路技术由于技术本身和芯片设计都比较困难，因而可解决单个芯片上的 I/O 引脚数目与“红墙”问题的 3D 二次集成电路技术就得到了更多的发展。特别是 TSV 方法的 3D 二次集成电路技术可以上 1000 倍地缩短芯片之间的连线长度；上 100 倍的增大传输通道；使整机（或系统）与外部连接点大大减少，进一步提高可靠性。2007 年 4 月 IBM 公司发布将采用 TSV 技术研制三维芯片；三星公司也计划用 TSV 技术制作三维内存芯片；英特尔公司的 Tera-Scale 研究计划的 MPP 系统芯片，已采用了 3D 二次集成电路技术。根据我国目前的实际情况，发展 TSV 方法的 3D 二次集成电路技术，不仅可以抢占图像处理的 MPP 系统芯片的发展先机，而且也是一种研制图形处理/超级计算机的 MPP 系统芯片技术。

（本文选自 2009 年咨询报告）

## 咨询组成员名单

|  |  |  |
|---|---|---|
| 沈绪榜 | 中国科学院院士 | 西安微电子技术研究所 |
| 陈国良 | 中国科学院院士 | 中国科学技术大学 |
| 吴宏鑫 | 中国科学院院士 | 航天科技集团第五研究院 |
| 何新贵 | 中国工程院院士 | 北京大学 |
| 张天序 | 教　授 | 华中科技大学 |
| 郝　跃 | 教　授 | 西安电子科技大学 |
| 韩俊刚 | 教　授 | 西安邮电学院 |
| 梁松海 | 教　授 | 深圳大学 |
| 桑红石 | 副教授 | 华中科技大学 |
| 黄士坦 | 研究员 | 中国航天科技集团公司九院第七七一研究所 |
| 王俊峰 | 研究员 | 中国航天科技集团公司九院第七七一研究所 |

# 关于唐家山堰塞湖整治与北川地震遗址保护问题的建议

张楚汉　等

在“5・12”汶川大地震地区2009年汛期到来之际，唐家山堰塞湖安全与北川地震遗址保护问题，再次引发了社会各界的广泛关注。唐家山堰塞体受泥石流和山体滑坡堵塞的风险依然存在，迫切需要整治；由于泥沙淤积，北川地震遗址防洪标准已由震前的20年一遇降低到现在2～5年一遇，远低于国家级遗址保护的防洪标准，魏家沟泥石流也对遗址产生威胁；堰塞湖泄洪回水将淹没上游禹里乡，影响该区灾后重建；由于震后水文、地质、地形、环境变化和唐家山堰塞湖的形成，原通口河流域规划亟待调整。

在“5・12”汶川大地震一周年及2009年汛期到来之际，唐家山堰塞湖安全与北川地震遗址保护问题，再次引起了社会各界的广泛关注。为此，中国科学院技术科学部常务委员会以“保护地震遗址，发展地方经济”为主题正式立项咨询，成立了由清华大学、四川大学、中国水电工程顾问集团公司成都勘测设计研究院、大连理工大学、成都理工大学、中国科学院成都分院、中国水利水电科学研究院等单位相关领域专家共同组成的咨询调研组。调研组对相关关键问题开展了为期三个多月的调查研究、现场考察与科学计算，并于2009年5月16～19日在成都市举行了技术科学论坛，15位中国科学院、中国工程院院士和57名相关领域专家参加论坛，听取了11个专题报告并进行了认真讨论，就有关问题达成共识与建议。

## 一、关于唐家山堰塞湖的安全与整治问题

唐家山堰塞湖地处涪江支流通口河北川上游5000米，是“5・12”汶川大地震中由右岸2400万方巨大滑坡形成的80～120米高天然水坝。在唐家山抢险过程中，1000余名军民奋战，温家宝总理多次亲临现场视察，创造了2008年“6・10”安全溃堰泄洪的奇迹。地震仿真分析表明，山体下滑时场址烈度应为10～11度以上。迄今堰塞湖仍有8000万立方米库容，右侧坝高40米，并存在以下安全风险：

1）右岸山体后缘张拉裂缝严重。裂缝长20~400米，最长达1000米，裂缝张开10~50厘米，深10~50米，上述裂缝可能引起右岸山体局部崩塌与滑坡问题。

2）唐家山2号山体与上游大水沟在地震中形成的松散物质与泥石流堵江威胁严重。2008年9月24日就发生一次30万立方米泥石流，堵塞了明渠泄洪道，壅高上游水位8米。

3）汛期洪水威胁。目前堰塞湖按20年一遇洪水标准开挖的临时泄洪道，若遭遇更大洪水或遇暴雨泥石流堵江，堰体存在着洪水冲刷安全问题，对下游北川遗址甚至绵阳形成威胁。

4）通往唐家山的陆路永久交通仍未打通。汛期一旦出现险情，抢险人员和装备将面临进场困难。

5）余震对山体稳定的威胁仍然不可忽视。

针对上述安全问题，提出如下建议：

1）建议将唐家山作为遗址保护区组成部分，保留其自然现貌。这既是一道自然景观，又是自然灾害历史见证，日后与发展旅游结合，发展地方经济。

2）对唐家山右岸滑坡山体的稳定性加强安全监测。在取得资料的基础上对山体与堰塞体进行必要的加固与保护，以确保堰塞坝与山体在泄洪、泥石流、地震条件下的稳定安全。

3）尽快在左岸开凿一条泄洪隧洞，以控制库水位保护堰塞体的安全。若遇山体滑坡、泥石流，也可以迅速降低水位，减免对绵阳、北川的洪水威胁。

4）目前由北川至唐家山交通仍受暴雨洪水威胁，应尽快修筑由北川至唐家山的交通道路，为汛期抢险创造有利条件。

## 二、关于北川遗址保护的指导思想与防洪安全问题

北川原县城是汶川地震中受灾最惨重的地区之一。在抗震抢险与灾后重建过程中，北川人民在全国军民的支援下，进行了可歌可泣的拼搏战斗。2008年5月16日，胡锦涛总书记赴北川羌族自治县，看望慰问受灾群众，指导抗震救灾工作。温家宝总理2008年5月22日在北川考察时，提出将北川老县城作为地震遗址予以保留，修建地震博物馆；建地震遗址博物馆主要意义在于为研究地质构造、预防地质灾害提供科学依据，同时纪念亡灵，警示后人。咨询组经多次考察，并听取了同济大学相关课题组的介绍，认为目前北川地震遗址保护的关键问题是遭受来自北川上游唐家山下泄洪水与来自相邻魏家沟泥石流的双重威胁。北川县河道震前防洪标准为20年一遇，由于“6·10”唐家山溃堰泄洪带来大量泥沙淤积，北川河床淤高7~8米，目前的防洪标准仅为2~5年一遇，大大低于

国家遗址保护要求的防洪标准。经清华大学洪水过程分析计算，北川遗址区在20年一遇洪水条件下将淹没43%，百年一遇洪水条件下将淹没58%。另外，北川紧邻魏家沟，潜在泥石流威胁严重。2008年9月24日40万立方米泥石流已使北川老城淤高10米，遗存房屋三层以下均被掩埋。目前该区由于地震引起山体松动，植被毁坏，未来仍有300万立方米以上潜在泥石流威胁遗址保护区。因此，防洪安全问题极为突出。为此建议：

1）北川遗址保护应遵循“以人为本，顺应自然，科学规划，确保安全”的指导思想，融教育-纪念-科研为一体。鉴于整区破坏极为严重，保护规模不宜过大，以免引起建设和维护运行方面的困难。不加区分地进行整区遗址安全保护不仅困难，也有悖于“顺应自然”的指导思想。选择遗址保护宜按分类、分级、动态、有重点的原则进行规划。选择有典型科学研究、纪念与教育意义的遗址加以重点保护。

2）尽快启动北川遗址保护区防洪规划设计，经审批后尽早实施。建议修建适当标准的防洪堤及其他导洪措施，以对重点保护区实施有效保护。

3）泥石流防治宜采取水土保持、排水减渗与堤坝拦截等综合措施，以降低泥石流的冲淤威胁。

## 三、关于通口河流域规划的重新调整与修订问题

通口河是涪江上的一条支流，全长186千米，流域面积4300平方千米，年平均流量约100立方米/秒。原通口河流域规划于2003年经四川省发展和改革委员会批准采用一库七级的开发方案，规划总发电装机容量为30万千瓦，其中，苦竹、曲山、通口、香水与青莲共5级电站已建成，装机容量约11.7万千瓦。汶川地震中，唐家山堰塞湖“6·10”溃堰泄洪掩埋报废了苦竹、曲山两座电站，其他下游3座电站仍运行良好。规划中的漩坪高坝水电站为综合开发计划中的龙头水库与电站，位于唐家山上游4000米，处于堰塞湖库区中。规划指标为正常水位785米，坝高144米，总库容6.0亿立方米，电站装机容量为15万千瓦。主要功能以发电为主，兼顾灌溉、供水、防洪。

汶川地震中，特别是在唐家山堰塞湖形成后，通口河全流域的地质、环境、河流生态等已经发生了巨大的变化。原通口河流域规划，特别是漩坪高坝水电站规划也应该与时俱进，适应新的环境条件。具体建议如下：

1）尽快启动通口河流域补充规划研究。根据灾害现状，充分考虑地质、地震、环境、生态、流域开发与地方经济发展，统筹全局，优化调整。

2）漩坪水库的兴建存在着以下关键技术问题。

漩坪坝址离龙门山中央断裂带仅4000~5000米。汶川地震后地质环境已十

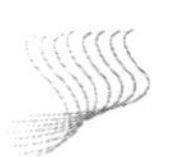

分脆弱。上游库岸危险性大的区段占40%以上，未来5~10年内，滑坡、泥石流灾害仍将十分频繁，水库诱发地震的可能性也需谨慎对待。

漩坪原规划属大型水电工程，设计洪水500年一遇为8000米$^3$/秒，校核洪水5000年一遇为11 300米$^3$/秒。漩坪坝址离唐家山仅4000米，要求下泄的设计洪水能够安全通过唐家山堰塞坝，这将增加唐家山工程改造的难度与代价，而且，修建紧邻唐家山的漩坪高坝与保留唐家山遗址自然面貌的目标亦相悖。

漩坪－唐家山两库水头将搭接45米，会给漩坪水电站的发电效益与施工带来诸多矛盾。

基于上述分析，宜重新审视漩坪高坝水电站的方案。建议在研究上述关键问题之后进行调整，并勘查在上游修建中低水头电站或具有一定防洪调节能力水库等替代方案的可行性。

3）将发展地方经济与流域综合开发利用相结合。在确保唐家山堰塞体安全的条件下，研究利用唐家山堰塞湖修建引水式水电站的可行性，以充分利用唐家山堰塞湖的水能资源。

## 四、关于唐家山库区禹里乡灾后重建问题

禹里乡在唐家山上游21千米，相传为大禹的故里。该区高程在723米以上，现有居民约3200人，其中，城镇人口2400人，农业人口800人。禹里乡在汶川地震中也遭受严重震害，有3650间房屋倒塌。在唐家山堰塞湖形成后，由于泄洪水位与泥石流堵江造成的上游回水又多次淹没禹里乡大部地区，对群众生产、生活与安全造成严重威胁，是北川县灾后重建的重要乡镇之一。经项目咨询组现场调查研究，以及中国水电工程顾问集团公司成都勘测设计研究院与四川大学平行进行的洪水和淤积分析计算表明：按唐家山堰塞湖目前的状态，在遭遇20年一遇洪水并考虑20年水库淤积，库区回水将达到约730米高程，将淹没禹里乡场镇的大部地区。因此建议：

1）禹里乡灾后重建宜按回水淹没高程以上进行安置。考虑到给未来库区淤积抬高回水（翘尾巴）留有一定余地，建议按735米以上高程为安置控制高程；此外，根据现场调查，在禹里乡对岸900~1000米高程处有可供安置的台地。为保障群众安全以及为今后通口河流域规划修订留有余地，安排在较高部位是有利的。

2）禹里乡灾后重建要注意保留历史古迹文物与羌族文化以及人文风情。重建后的禹里和北川地震遗址、唐家山堰塞湖共同形成一条优美的水陆两路旅游景区，为发展北川地方经济、营造北川人民福祉做出贡献。

（本文选自2009年咨询报告）

## 咨询组成员名单

| | | |
|---|---|---|
| 张楚汉 | 中国科学院院士 | 清华大学 |
| 陈祖煜 | 中国科学院院士 | 中国水利水电科学研究院 |
| 林　皋 | 中国科学院院士 | 大连理工大学 |
| 邱大洪 | 中国科学院院士 | 大连理工大学 |
| 叶恒强 | 中国科学院院士 | 中国科学院 |
| 谢和平 | 中国工程院院士 | 四川大学 |
| 陆佑楣 | 中国工程院院士 | 中国长江三峡工程开发总公司 |
| 郑守仁 | 中国工程院院士 | 长江水利委员会 |
| 王思敬 | 中国工程院院士 | 中国科学院/清华大学 |
| 周丰峻 | 中国工程院院士 | 总参工程兵第四设计研究院 |
| 陈运泰 | 中国科学院院士 | 中国地震局 |
| 钟万勰 | 中国科学院院士 | 大连理工大学 |
| 周锡元 | 中国科学院院士 | 北京工业大学 |
| 宋振骐 | 中国科学院院士 | 山东科技大学 |
| 程耿东 | 中国科学院院士 | 大连理工大学 |
| 马　瑾 | 中国科学院院士 | 中国地震局 |
| 王光谦 | 教　授 | 清华大学 |
| 李庆斌 | 教　授 | 清华大学 |
| 崔　鹏 | 研究员 | 中国科学院成都分院 |
| 许唯临 | 教　授 | 四川大学 |
| 黄润秋 | 教　授 | 成都理工大学 |
| 陈五一 | 教授级高级工程师 | 中国水电工程顾问集团公司成都勘测设计研究院 |
| 张　林 | 教　授 | 四川大学 |
| 李西瑶 | 教授级高级工程师 | 中国水电工程顾问集团公司成都勘测设计研究院 |
| 李宏男 | 教　授 | 大连理工大学 |
| 唐　川 | 教　授 | 成都理工大学 |

## 项目组秘书

| | | |
|---|---|---|
| 于玉贞 | 教　授 | 清华大学 |

# 青藏高原冰川冻土变化影响分析与应对措施

孙鸿烈 等

青藏高原的自然环境和生态系统十分独特，对高原区域经济社会发展起着基础保障作用，在我国乃至亚洲的生态与环境安全保障中具有不可替代的重要地位。近年来，冰川冻土的加速退缩，不仅给高原自身发展带来困难，还影响到更大范围的区域气候过程和大气环流运动及区域水循环和水资源条件。因此，采取科学有效的应对措施和策略，是支持藏区发展、构建稳固的高原生态屏障以及促进区域协调可持续发展的需要。

青藏高原自然环境和生态系统十分独特，对高原区域经济社会发展起着基础保障作用，在我国乃至亚洲的生态与环境安全保障中具有不可替代的重要地位。近30年来，全球正经历着以气候变暖为主要特征的显著变化，对青藏高原冰冻圈的影响极为明显。气候变暖导致山地冰川加速消融退缩，引起冰湖溃决和泥石流、滑坡等山地灾害发生频率和危害程度加大，一些湖泊水位上升并淹没周边草场。温度上升也使青藏高原多年冻土发生不同程度的融化，对大型道路和工程建设产生了严重影响，进而对区域生态和环境产生潜在或直接的破坏作用。作为中低纬度最大的冰川冻土作用区，青藏高原冰川冻土加速退缩，不仅给高原本身的发展带来困难，而且还影响更大范围的区域气候过程和大气环流运动及区域水循环和水资源条件。因此，采用科学有效的应对措施和策略是支持藏区发展、构建全国稳固的高原生态屏障、促进区域协调可持续发展的需要。

## 一、青藏高原冰川冻土及其变化趋势

以青藏高原为中心的冰川群是中国，乃至整个高亚洲冰川的核心。最新中国冰川本底研究表明，青藏高原中国境内有现代冰川 36 793 条，冰川面积 49 873. 44平方千米，占中国冰川总条数的 79. 5%、冰川总面积的 84% 和冰储量的 81. 6%。在高原南缘的喜马拉雅山、西部的喀喇昆仑山和北部的昆仑山西段等山系，冰川分布最集中。在青藏高原内，西藏自治区冰川数量最多，有现代冰川19 594条、冰川面积24 893平方千米、冰储量约2142立方千米。冰川集中分布在喜马拉雅山和念青唐古拉山等5座山系。

青藏高原的冰川分为海洋型冰川（占全国冰川面积的22%）、亚大陆型或亚极地型冰川（占全国冰川面积的46%）、极大陆型或极地型冰川（占全国冰川面积的32%）等3类。由于全球变暖，青藏高原冰川自20世纪90年代以来呈全面加速退缩趋势。由于高原各区域增温幅度和冰川消融过程不同，藏东南、珠穆朗玛峰北坡、喀喇昆仑山等山地冰川退缩幅度最大，大陆性气候的青藏高原内陆地区冰川退缩幅度最小。例如，1987~2000年，喜马拉雅山中段波曲流域冰川面积减少了20%，冰湖面积增加了47%。位于希夏邦马峰东侧的嘎龙错湖面积增加了104%。长江源各拉丹冬地区1969~2000年冰川总面积减少了1.7%，而黄河阿尼玛卿山地区冰川面积减少了13.8%，储量减少了9.8%。

未来青藏高原冰川的消融情况将取决于该区的气温升高幅度。在2030年、2070年和2100年气温分别平均上升0.8℃（各地区有所差异，升温为0.4~1.2℃）、2.0℃（1.2~2.7℃）和3℃（2.1~4.0℃）的情景下，青藏高原冰川面积将分别减少12%、28%和45%。青藏高原东南部海洋性冰川的退缩幅度仍将远大于青藏高原西部的极大陆性冰川。

气候变暖引起青藏高原北部多年冻土面积减少和冻土分布海拔下界升高，特别是在多年冻土边缘地带的岛状冻土区发生最明显的退化。20世纪60~90年代，多年冻土下界分布高度平均上升约70米（40~80米）。自20世纪80年代以来，出现季节性冻结深度变浅、季节性冻土厚度变薄和冻结期缩短等退化现象，季节性冻土厚度平均减小20厘米。

预测未来在气候变化年增温0.02℃情形下，50年后青藏高原多年冻土面积将缩小约8.8%，100年后将缩小13.4%。如果升温率每年达0.052℃，50年后冻土面积将缩小13.5%，100年后缩小将达46%。那时，青藏高原的多年冻土将仅存于羌塘高原与极高山地。

## 二、冰川冻土变化对生态与环境影响及适应对策

青藏高原冰川、冻土退化引发了一系列山地灾害，并对青藏高原的资源环境带来严重影响。

1）山地冰川消融加速，融水在冰川末端形成冰湖，随着冰融水不断增加，冰湖逐渐扩张，以至溃决，造成洪水和泥石流灾害，直接威胁到下游地区人民的生命财产安全和交通。念青唐古拉山和喜马拉雅山东段以及川藏公路沿线是西藏境内冰川最为发育的地区，同时也是我国冰湖溃决最危险的地区。例如，1981年西藏聂拉木的章藏布次仁玛错冰湖溃决形成泥石流灾害，摧毁了50千米范围

内的中尼公路等交通设施，诱发了多处大滑坡，冲毁曲乡附近的建筑和尼泊尔境内的逊科西水电站，导致尼泊尔200多人死亡。

应对措施：急需加强对冰湖的调查，对其安全性进行评估；对有严重溃决危险的冰湖进行监测和防治，可采取工程措施开挖溢洪道主动排水，防止冰川湖水漫顶溃坝造成灾害发生。

2）冰川退缩加剧，导致泥石流滑坡灾害进入一个新的活跃期。冰川退缩引发的泥石流滑坡往往构成灾害链，从高寒山地到支流沟谷，再到人口密集的河谷，沿途逐级演化发展，灾害规模、破坏能力和危害范围不断扩大，从而造成巨大的损失。例如，2000年4月9日，波密县易贡扎木弄巴发生巨型滑坡，堵塞了易贡藏布河。6月11日堰塞坝溃决，水位涨幅达55.36米，最大洪峰流量达到每秒12.4万立方米，冲毁下游帕隆藏布和雅鲁藏布江沿岸40多年来陆续建成的桥梁、道路、通信设施；严重冲刷易贡藏布和帕隆藏布河谷两岸坡脚，形成新的滑坡、崩塌灾害，毁坏大片森林；同时造成下游印度境内的灾害，损失重大。

应对措施：亟须加强对泥石流滑坡的预防和治理，首先要开展冰川退缩对泥石流滑坡影响机制的研究，做出泥石流滑坡活动及其潜在灾害的预测。进行全区灾害普查，对重点城镇和基础设施实施灾害监测预警，建立灾害信息共享平台，制定综合减灾规划，研发适合高寒区的减灾技术。

3）高原湖面扩大，淹没湖边分布的冬春草场，加剧了高原本来就缺乏冬春草场的困境，致使当地牲畜冬瘦、春死情况加剧，进一步影响到畜牧业的发展。1970~2000年，青藏高原冰川的退缩使得高原西北部地区的湖泊面积净增加约428.6平方千米，97个湖泊水位上升面积增大。例如，藏北草原上由冰川融水补给的蓬错湖，由于其源头念青唐古拉山的冰川加速融化，湖面面积增大了46.6平方千米，淹没接羔育幼防抗灾草场基地4处，淹没一般草场41.3平方千米，被迫搬迁居民40户，102户正面临搬迁威胁。又如，由于冰川融水的增加，色林错有可能同其北面的崩则错、纳江错，及其东面的班戈错等湖泊连为一体，进而将影响到拉萨—安多—阿里的交通。

应对措施：对青藏高原湖泊的潜在危害性进行科学评估并对其周围的生态与环境进行本底调查，建立湖泊灾害预警系统。同时，开展草场淹没的应急预案和上游导流工程措施的研究，并制订利用湖泊水资源方案，以有效减缓湖泊上涨带来的负面效应，并惠及当地群众的生产与生活。

4）冰川退缩严重，影响区域生态与环境及社会经济发展。青藏高原分布着亚洲七条最重要的河流，其水资源的变化对下游有极为重要的影响。由于高原冰川融水量有所增加，七大江河源头径流量也呈现出不稳定的变化。从趋势上看，短期内冰川的持续退缩将使河流水量呈增加态势，也会加大以冰川融水补给为主河流的不稳定性，且因冰川融水多集中在汛期（消融期），冰川融水与汛期降水叠加将一定程度地增加区域洪水灾害发生的过程与频率；从长期看，随着冰川的持续退缩，冰川融水将锐减，以冰川融水补给为主的河流将有可能面临逐渐干涸的危险，对区域的经济社会发展及生态与环境将产生严重影响。

应对措施：加强对水资源的保护，逐步建立包括冰川变化、冰川径流、河川径流、湖泊面积与水位以及气候因子等内容的观测网络，采取自动监测和远程数据采集系统相结合的方法，对以不同冰川类型补给为主导的重点河流、湖泊进行系统的、连续性的观测，并逐步形成数据的网络化管理和数据共享机制。同时，借助遥感监测等手段，结合实地观测，对重点湖泊和有可能发生突发性冰川退缩事件的流域进行长期动态监测，建立有效的预警机制，提高应对冰川退缩引发水资源问题的科学决策能力；通过科学规划，有步骤地采取植树、种草、控制放牧等措施，逐步改善以冰川补给为主导的流域的生态系统功能，增加流域的水源涵养能力。

5）冰川退缩加大了高原特色旅游资源保护与利用的难度。青藏高原山地冰川是大自然赐予人类的珍稀旅游资源，作为我国后备旅游资源，将成为青藏高原新的社会经济增长点。冰川退缩对冰川旅游资源影响突出表现为：一方面，气候变暖导致冰川消融，将降低冰川资源的质量；另一方面，冰川消融引起的灾害，将破坏旅游设施、威胁游客人身安全，从而造成损失。如位于珠穆朗玛峰北坡的绒布冰川消融呈现加强趋势，加大了自然保护区的生态脆弱性。特别是冰川融水再加上强降雨，将会导致自然保护区雨季突发性洪涝灾害。

应对措施：高度重视绒布冰川的变化趋势，积极防范冰川持续消融可能带来的灾害，科学制定旅游规划，综合评估冰川消融对冰川终碛堤、登山营地和旅游点可能造成的影响。对其他冰川旅游资源也应开展监测和预警，并切实加强对冰川的保护。

6）冻土退化严重影响重大工程效能的发挥，特别危害到青藏高原上的道路。如青藏公路1990年调查结果表明，格尔木—拉萨段穿越多年冻土区520多千米路基、路面破坏累计达343千米，病害率高达66%。1991~2001年，10年间青藏公路大多数路段沥青混凝土路面下多年冻土上限都在下降，特别是高温下高含冰量路段，下降幅度达4米左右。冻土路基变形还与土体年平均地温和冻土工程条件有关，年平均地温高于－1.5℃，路基变形随年平均地温升高而剧烈变化；冻土路基变形主要发生于高含冰量路段，含冰量越大，融化下沉变形量也越大。未来100年内，若气温持续上升，稳定带冻土将向不稳定带转变，分界线向高海拔地带迁移，青藏公路等道路工程病害将会更加严重。

应对措施：考虑到气候变暖和人类工程活动影响的加强，为保障青藏公路的畅通，对公路沿线不同类型路段的多年冻土路基应采取不同处理方式。在基本稳定路段，应在路基下铺设隔热层以减小地表能量的向下传输，或铺设沙石路面以

增大地面反射和地面蒸发散热；在准稳定路段，应采用片石通风路基、碎片石护道，以有效降低路基地温，保护下伏的多年冻土；在不稳定路段，采用对路基进行强迫冷却或采用陆面桥的形式进行道路建设；在极不稳定路段，对于冻土厚度相对较薄的地区，应在路基填筑前对冻土进行融化并清干冻土融化的水分，然后进行道路施工，对于多年冻土厚度相对较大（>10 米）的地段，宜采用旱桥架空的方式以确保路基稳定。

为有效应对冰川和冻土退化导致的山地灾害和社会经济负面影响，支撑和保障上述措施得到有力实施，建议国家增大对青藏高原有关省区（尤其是西藏自治区）在人力、物力和财力等方面的支持力度，以建立和完善冰湖、泥石流滑坡和冻土退化的灾害实时综合监测预警系统。主要包括：对全区冰川冻土退化灾害进行详查，分析评估灾害的类别和程度，确定重点监测区域、制定监测预警标准及统一监测预警技术方法；购置监测预警系统相关的硬件设施，科学合理地设置与安装，发挥监测功能；招募监测预警系统工作人员，并对其进行专业培训，确保监测预警系统正常运行；建立监测预警系统管理体制，并制定相关的法律确保监测预警系统的有效运行。同时，对冰湖、泥石流滑坡和冻土退化导致的灾害开展研究并做出防治措施示范。

（本文选自 2009 年咨询报告）

## 咨询组成员名单

| | | |
|---|---|---|
| 孙鸿烈 | 中国科学院院士 | 中国科学院地理科学与资源研究所 |
| 施雅风 | 中国科学院院士 | 中国科学院南京地理与湖泊研究所 |
| 李文华 | 中国科学院院士 | 中国科学院地理科学与资源研究所 |
| 程国栋 | 中国科学院院士 | 中国科学院寒区旱区环境与工程研究所 |
| 郑　度 | 中国科学院院士 | 中国科学院地理科学与资源研究所 |
| 袁道先 | 中国科学院院士 | 国土资源部岩溶地质研究所 |
| 冯宗炜 | 中国科学院院士 | 中国科学院生态环境研究中心 |
| 秦大河 | 中国科学院院士 | 中国气象局 |
| 王　浩 | 中国科学院院士 | 中国水利水电科学研究院水资源研究所 |
| 丁一汇 | 中国科学院院士 | 国家气象中心 |
| 姚檀栋 | 中国科学院院士 | 中国科学院青藏高原研究所 |
| 武素功 | 研究员 | 中国科学院昆明植物研究所 |
| 崔　鹏 | 研究员 | 中国科学院成都山地灾害与环境研究所 |
| 欧阳华 | 研究员 | 中国科学院地理科学与资源研究所 |

| | | |
|---|---|---|
| 赵新全 | 研究员 | 中国科学院西北高原生物研究所 |
| 刘晓东 | 研究员 | 中国科学院地球环境研究所 |
| 张镱锂 | 研究员 | 中国科学院地理科学与资源研究所 |
| 王宁练 | 研究员 | 中国科学院寒区旱区环境与工程研究所 |
| 姚治君 | 研究员 | 中国科学院地理科学与资源研究所 |
| 鲁安新 | 研究员 | 中国科学院寒区旱区环境与工程研究所 |
| 赵　林 | 研究员 | 中国科学院寒区旱区环境与工程研究所 |
| 林振耀 | 研究员 | 中国科学院地理科学与资源研究所 |
| 丁永建 | 研究员 | 中国科学院寒区旱区环境与工程研究所 |
| 康世昌 | 研究员 | 中国科学院青藏高原研究所 |
| 朱立平 | 研究员 | 中国科学院青藏高原研究所 |
| 刘时银 | 研究员 | 中国科学院寒区旱区环境与工程研究所 |
| 张宪洲 | 研究员 | 中国科学院地理科学与资源研究所 |
| 陈宁生 | 研究员 | 中国科学院成都山地灾害与环境研究所 |
| 张雪芹 | 副研究员 | 中国科学院地理科学与资源研究所 |
| 冯雪华 | 高级工程师 | 中国科学院地理科学与资源研究所 |
| 刘林山 | 助理研究员 | 中国科学院地理科学与资源研究所 |

# 关于加强“以光传输和光交换为特征的新的下一代网络”研究的建议

简水生　等

随着信息化社会的发展，为应对网络信息量剧增和网络安全威胁加剧等问题，国际社会正着眼于构建全新的、安全的互联网。我国相关规划中提出的“下一代网络”采用光传输和电交换，难以满足未来信息流量、网络安全和节能等方面的要求，而传输和交换都采用光的“下一代网络”为解决以上问题提供了机遇和途径。因此，结合我国相关单位的研究基础，着力加强以光传输和光交换为特征的新的“下一代网络”研究，将对促进我国乃至国际社会信息化的发展发挥重要的作用。

基于对网络安全问题的关注，美国科学基金会（National Science Foundation，NSF）于2006年2月提出了网络创新的全球化环境计划（Global Environment for Network Innovations，GENI）计划，着眼于构建全新的、安全的互联网。2007年6月欧洲委员会召开了打击网络犯罪国际会议，认识到“网络犯罪已成为严重的全球性威胁”。实际上，各国都在研究信息安全网络，以使自己在未来信息化战争中立于不败之地。随着信息化社会的发展，信息流量剧增，路由器的通过能力需要达到$10^{15}$比特/秒。然而，我国中长期科学技术发展规划中所研究的“下一代网络”传输是光，交换是电，达不到$10^{15}$比特/秒信息流量的需求，而且耗能极大，更不能解决网络信息安全的问题。另外，为了节约能源，需在一定范围内推广“在家上班”工作制，这也需要一个安全的、全新的网络作保证。因而，以光传输和光交换为特征的新的下一代网络，成为在我国信息化发展中迫切需要研究的重要课题。

## 一、加强“以光传输和光交换为特征的新的下一代网络”研究的时代背景和意义

### 1. GENI计划的提出



美国科学基金会2005年8月底提出了“全球网络探索环境计划”（Global

Environment for Networking Investigations)，2006 年 2 月将计划名称修改为“网络创新的全球化环境计划”（Global Environment for Network Innovations，GENI)。这一更名体现了其革命性的主旨。GENI 计划的核心是要解决网络安全问题，其目的是希望能构建一个全新的、安全的、能够连接所有设备的互联网。“一石激起千层浪”，GENI 计划在全世界引起了极大的反响。

在我国召开的全球 NGN（下一代网络）高峰论坛会上，围绕 GENI 计划，我国从事互联网研究开发和运营的众多学者和专家认为，美国 NSF 高度强调 GENI 计划的原始创新原则，除了在“光纤通信不变”、“采用基于麦克斯威方程组的电磁波传送不变”、“Inter-Net 原则不变”（即网际网原则不变）等三方面不改变外，其他任何革命性的建议都有可能实现。“三不变”方针的实质是，对 21 世纪将要建立的网络基础设施而言，几乎什么都可以革新；相对而言，我国的继承和兼容包袱太重。

与会专家虽然一致认为网络安全是最最重要的问题，但是如何改造现在的互联网？是继续采取修补的办法？或是采取革命的办法？会议并没有得出结论。

由于在网络总体设计之初，设计者认为所有的用户都是可信可靠的、能自律的，没有考虑到在网络结构上如何确保网元不受到攻击等互联网的安全问题。路由器的使用实现了包交换或分组交换，优点是提高了电路的使用效率，尽量简化了交换设备，但是在发信者与受信者之间没有固定的电路相连接，没有信令系统，使受信者不能实时准确知道发信者地址码。网络中的主机可以向其他主机发送任何内容的信息，而受信的主机无法拒绝接收。这种以 TCP/IP 协议为基础的互联网进入大规模商用后暴露出来的安全性、服务质量（quality of service，QoS)、网络智能管理、赢利商业模式等多方面问题，使互联网的发展面临严峻挑战。病毒流行、黑客猖獗、黄色垃圾泛滥、网上赌博、网上盗窃等不仅严重影响社会的安全和青少年的健康成长，也影响到国家的安全。实现由 IPv4 转为 IPv6 也仅仅只能解决通信地址码不足的问题，仍不能保护其网元不受攻击的问题。要使我国在未来信息化战争中立于不败之地，必须建立信息安全的新的下一代网络。

## 2. 欧洲委员会在法国召开打击网络犯罪国际会议

2007 年 6 月 11 ~12 日，欧洲委员会在法国斯特拉斯堡召开了打击网络犯罪国际会议，来自 55 个国家以及国际和民间组织的 140 位反网络犯罪专家参加了这次会议。会议着重分析和讨论了网络犯罪的威胁与网络犯罪立法的实效性等问题。欧洲委员会副秘书长莫德·德布尔在会议开幕式致词中指出，目前世界互联网用户有 10 多亿，而且还在以惊人的速度增长；每年有数以万计的新病毒和恶

意代码被截获，每天有数百万个试图窃取网络用户信息的事件发生；有组织的网上犯罪、儿童色情问题非常严重，恐怖分子也在加紧利用互联网；网络犯罪已成为严重的全球性威胁，已造成了惊人的经济损失和社会不良影响。与会专家认为，造成如此后果的主要原因是互联网设计奉行网络自由主义和网络无政府主义，缺乏对网络的管理意识，因而急需建设一个能从整体上驾驭的、安全的网络世界。

### 3. 国防和国家安全呼唤新的下一代网络

网络信息安全关系到社会安定发展和国家安危，要打赢未来的信息化战争必须具有信息安全的网络。有报道称，美国空军成立了网络司令部。我国有关部门也正在大力加强信息化方面的工作。但是，到目前为止，各国都没有找到使自己在未来信息化战争中立于不败之地的新型网络结构。以光传输和光交换为特征的新的下一代网络的实现，可为我国在未来信息化战争中立于不败之地创造条件。

### 4. 超级计算机的发展和应用迫切需要新的下一代网络的支持

我国曙光5000A已入围世界超级计算机前10强，峰值速度达230万亿次/秒，千万亿次的超级计算机也计划于2010年建成，应用领域更广阔。在首届全球视觉计算展会上，一些专家认为，我们正在迎来一场“显示革命”，三维显示技术将给社会生活的诸多方面带来深远影响。事实上，目前最先进的三维图形处理器已经拥有每秒1万亿次浮点运算的强大处理能力，如果利用以光传输和光交换为特征的新的下一代网络，就能在远程呈现三维图形的虚拟现实，使与会者如同身临其境地进行学术讨论。这样既节省旅途时间，又节约了大量能源，为人类社会开辟了一个全新的生活和工作环境。我国有科学家提出国家在2020年以前支持生命仿真器研究，研制每秒100亿亿次（$10^{18}$）运算速度的网络计算系统，显然，这种超速网络计算系统一定要有信息安全的新的下一代网络的支持。

### 5. 为推广“在家上班”工作制迫切需要新的下一代网络

日本NTT公司将于2009财年开始面向全体员工推出“在家上班”工作制，无论是营销人员还是系统、设备维护保养人员，所有工种工作均可在家完成。为了保证公司信息不流失，公司将向希望在家上班的员工提供专门的、没有“记忆功能”的“单线”计算机，并可根据每位员工工作内容的不同进行相应配置。此外，包括日本电气公司（NEC）在内的4家日本IT大企业最近推出了在家工作的弹性出勤制度，通过高速大容量的宽带网，在家出勤的员工可以和办公室的同事互动，一起完成系统开发和维护等工作。显然，如果能实现以光传输和光交换为特征的新的下一代网络，则可在社会上广泛推行“在家上班”工作制。这将缓解城市交通拥堵，减少尾气排放，大量节约能源，为支持我国可持续发展做出贡献。

实际上，世界各国的信息流量增长速度极快。日本每年的信息流量增加1.7倍，在13年内增至1000倍。路由器的通过能力将要达到$10^{15}$比特/秒，功耗达到12兆瓦；100个$10^{15}$比特/秒路由器需要相当于一个核电站的供电能力。到2020年我国京广线通信容量的增速也将接近1000倍，我国所需$10^{15}$比特/秒路由器的数量可能达到数百个甚至更多，耗电量是巨大的。2007年10月日本提出了建设新的下一代网络的AKARI计划，其特点是传输和交换都采用光。这种新的下一代网络到2015年得到逐步完善，其交换容量将超过$10^{15}$比特/秒，电能消耗可以节省99%以上。

## 二、“以光传输和光交换为特征的新的下一代网络”总体构思和技术路线

信息网由传输和交换两部分所组成。目前两根光纤可以传输的容量是50太比特/秒，在实验室已达到25.6太比特/秒，在实用化商品方面两根光纤也可以达到1.6~3.2太比特/秒，可以说已超过了目前人类社会的需求。光传输已实现了由电到光的革命性的转变，这仅仅是完成了信息网由电到光革命历程的20%左右，而剩余80%的历程要靠光交换实现。采用何种技术路线来完成交换由电到光的革命历程，正是“以光传输和光交换为特征的新的下一代网络”研究的主要内容。

### 1. 实现光交换方式的选择

实现光交换有两条路线。

一是研究开发光的分组交换系统。分组交换需要有光的延时器件、高速光开关和光的逻辑器件。其中，最难解决的是光的延时器件。有人提出用低温来降低光的传输速度。目前物理学家将温度降至-273.149 999℃，光速可降至3米/秒，耗能是巨大的，耗资也是巨大的。况且，光子是无静态质量的，当温度接近绝对零度时，光子也接近消失。显然，以降低温度来使光延时是不可能的。到目前为止，光的延时器件、超高速光开关和光的逻辑器件都没有获得突破性进展。实现光的分组交换不具备基本条件。目前有人提出突发交换，但突发交

换仍然需要光的缓冲等关键器件的支持。而且，无论是分组交换还是突发交换，仍然是端到端无连接、无信令系统、任何端机还可对任何端机发动攻击，而任何端机也无法拒绝所发来的任意信息，网络的不安全问题仍然存在。更何况光路是如此廉价，几乎是无限多，所以采用分组交换来提高每个光路的使用效率不仅不能解决网络安全问题，而且还是不经济的。

二是研究开发光路交换系统。光纤的传输容量达 50 太比特/秒，设光纤到户的速率为 1 吉比特/秒，光纤频谱利用的占空比如果能达到 1∶1，则光纤的波分复用数可多达 2 万个波长。目前的技术可以达到 5000 个波长以上。而且光纤的价格是每公里 10 美元，比 5 号对绞铜线便宜 25 倍。由于光路几乎是无限的，而且价格低廉，这就为实现光路交换奠定了基础。在这种光路交换网络中受信者与发信者之间有固定的光路连接，有其独特的信令系统，只有双方“握手”后，才可能进行信息的交流。这就从结构上为解决网络安全问题奠定了基础。

### 2. “端对端有连接有信令系统的分布式波分、纤分光路交换网”是最优化的、易于实现的光路交换结构

2000 年，我们提出了分布式的波分复用光路交换系统的构思。经过近八年的研究，终于取得了较大进展，研制成实现光路交换的关键技术和器件，提出了“端对端有连接有信令系统的分布式波分、纤分光路交换网”的结构模型。这种模型可以将一个城市分成 $n$ 个小区，每个小区的用户由波长数来确定，波长数可为 200~5000 个，每个小区都可以使用这种波长，但从一个小区至另一小区需要进行波长变换，各个城市和各个大区之间可以采用纤分复用方式，但各个城市和各个大区之间仍然需要进行波长变换。这种端对端有连接有信令系统的分布式波分、纤分光路交换网的网络如能在国家科研计划中得到有利支持，一定能达到实用化的水平，将使我国的光交换技术处于世界领先地位。

### 3. 实现“端对端有连接有信令系统的分布式波分、纤分光路交换网”所需解决的关键技术及器件

首先，需要对“以光传输和光交换为特征的新的下一代网络”的总体结构和框架进行深入的理论分析，提出最优化的结构模型。其次，还需要研制出多种廉价的、性能优良的光电子器件和光纤器件。为此，需要进一步研究的部分器件包括：基于 MOEMS 的、具有数千个节点的、立体的光开关，廉价的符合 ITUT 建议波长的半导体激光器，廉价的高质量的调制器和光调制器，具有 1000 ~ 5000 个波长的超大规模直线波导的 AWG，基于光纤光栅不对称强耦合理论的大规模有源和无源的合波器和分波器，基于光纤光栅的新型调制器，基于双芯光纤

的 M-Z 干涉原理的调制器，利用大功率二极管阵列和包层泵浦掺杂光纤光栅研制成一泵数十个不同波长的光纤光栅激光器（其波长皆符合 ITUT 建议标准），利用大功率二极管阵列和包层泵浦掺杂光纤研制成一泵数十个光纤放大器，可以激活已铺设的大量的暗光纤；多元素掺杂新型 ZBLAN 氟化物光纤可以覆盖 O、E、S、C、L 和 UL 所有波长范围；利用上述光纤研制出能覆盖 O、E、S、C、L 和 UL 所有波长范围的光纤光栅激光器和放大器。

### 4. 建立一个 200 ~2000 用户的信息安全光路交换演示系统

200 ~2000 用户的信息安全光路交换演示系统的研究将包括：信息安全光路交换系统的物理层的构建和有关科学问题，信息安全光路交换系统的控制层的研制和有关科学问题，为信息安全光路交换网的实用化奠定基础的信息安全光路交换演示系统的建成等。

从信息网的发展历史过程来看，互联网的“端对端、无连接、无信令系统”的分组（包）交换否定了电信网的“端对端、有电路连接、有信令系统”的交换形式；而“端对端、有光路连接、有信令系统”的光路交换又将否定互联网的“端对端、无连接、无信令系统”的分组（包）交换，完全符合辩证法的“否定之否定”、“螺旋上升的过程”等发展法则。信息网由电到光的革命需要经历多学科的交叉创新。目前我国有数十所大学和研究机构在从事有源及无源光电子器件和光纤通信的研究工作。在中长期科学技术发展规划的大力支持下，一定能团结全国有关科研力量，创造条件推动这一历史性使命的完成。

## 三、建　议

为了解决网络信息量剧增和信息安全问题，同时又有利于节约能源、缓解城市交通、减少尾气排放等，一定要加强以光传输和光交换为主要特征的新的下一代网络的研究。为此，提出如下建议：

1）将“以光传输和光交换为主要特征的新的下一代网络”的研究，列为我国中长期科学技术发展规划的重点研究项目。

2）将支持新的下一代网络的实现所需的多种廉价、实用的光电子器件列为我国中长期科学技术发展规划的重点研究项目。

（本文选自 2009 年咨询报告）

## 咨询组成员名单

| | | |
|---|---|---|
| 简水生 | 中国科学院院士 | 北京交通大学 |
| 陈俊亮 | 中国科学院院士 | 北京邮电大学 |
| 周兴铭 | 中国科学院院士 | 国防科技大学 |
| 王启明 | 中国科学院院士 | 中国科学院半导体研究所 |
| 侯朝焕 | 中国科学院院士 | 中国科学院声学研究所 |
| 谢　毅 | 教　授 | 中华人民共和国工业和信息化部电信研究院 |
| 蒋林涛 | 教　授 | 中华人民共和国工业和信息化部电信研究院 |
| 杜百川 | 教　授 | 国家广播电影电视总局 |
| 徐安士 | 教　授 | 北京大学 |
| 张汉一 | 教　授 | 清华大学 |

## 工作组成员名单

| | | |
|---|---|---|
| 简水生 | 中国科学院院士 | 北京交通大学 |
| 蒋林涛 | 教　授 | 中华人民共和国工业和信息化部电信研究院 |
| 郑小平 | 教　授 | 清华大学 |
| 李增瑞 | 教　授 | 中国传媒大学 |
| 延凤平 | 教　授 | 北京交通大学 |
| 娄淑琴 | 教　授 | 北京交通大学 |
| 张建勇 | 副教授 | 北京交通大学 |
| 曹继红 | 讲　师 | 北京交通大学 |

## 项目组秘书

| | | |
|---|---|---|
| 裴　丽 | 教　授 | 北京交通大学 |

# 高影响天气气候事件对中国可持续发展的影响和对策

叶笃正　等

高影响天气气候事件是指可能造成严重灾害，从而对社会有重大影响的天气气候现象或异常。目前地球正经历以全球变暖为主要特征的显著气候变化，天气和气候极端事件呈现频率增多和程度增强的变化趋势，导致某些重灾、大灾和巨灾出现的可能性增大，造成损失的可能性加大，人类面临的防灾减灾任务更为艰巨。

我国幅员辽阔，天气和气候系统复杂，地质条件多样，加之青藏高原的作用，是世界上受气象灾害影响最为严重的国家之一。

与人类生存息息相关的天气和气候总在随时变化，有时甚至发生极其显著的异常情况，从而给人类生存和社会发展带来极大影响和威胁。近年来，在全球增暖大背景下，大范围气候灾害和突发性强烈天气灾害有更为频发的可能，若不采取必要的应对措施，将会对国民经济和人民生命财产造成严重的损失，对我国经济社会可持续发展产生严重影响。

所谓高影响天气气候事件是指可能造成严重灾害，从而对社会有重大影响的天气气候现象或异常。干旱、洪涝、暴雨和台风等气象灾害每年都会给我国带来不同程度的影响。随着社会发展和进步以及人们生活水平的提高，过去不太为人们重视的天气气候事件也可能成为高影响气象灾害。例如，在农耕时代，雾和霾一般不会造成严重灾害，但在现代社会，较为严重的雾霾天气往往会对社会尤其是在交通运输和人民身体健康方面造成极大影响。再如，随着城市化发展，特别是大的城市群的出现，会对天气气候造成一定影响，从而出现特有的城市气象灾害。根据我国的具体情况，结合致灾的严重性，报告分别对我国的暴雨洪涝、干旱酷暑、台风、沙尘暴、严重雾霾、雨雪冰冻和城市气象灾害等重大高影响天气气候事件进行了深入调研和系统总结，对全国的灾害情况和预测预报情况做了系统介绍，同时也分别对不同的高影响事件提出了有针对性的应对和防范措施及建议。



目前针对各种气象灾害既采取预测、预报和防御等共同的方法和措施，也因不

同类型天气气候灾害发生背景和条件不同，致灾形式和影响对象有很多的不同之处，根据高影响天气气候灾害的类别，报告重点描述发生机理、影响途径和致灾情况，同时也按照高影响天气气候灾害的不同类别提出了相应的防御措施和建议。

## 一、加强高影响天气气候事件的机理和发生规律研究

高影响天气气候事件是全世界面临的难题，其发生往往是小概率事件，目前对其认识不深，更难做出准确的预报预测。因此，建议国家有关部门加强组织研究力度，搞清其形成机理和发生规律。

## 二、提高天气预报和气候预测准确率

目前，我国已建立了密度较高的观测网，气象卫星应用进入业务运行阶段，雷达探测网已基本形成；全国已建立了包括全球中期预报、全国降水预报、区域细网格天气预报、热带气旋路径预报、短期气候（月）预测等较完整的预报业务体系，建议各级气象部门进一步加强天气气候预测技术的研究开发，特别要努力提高对高影响天气气候事件及其灾害的预报预测水平，从而为防灾减灾做好服务保障。

## 三、建立健全气象灾害监测预警系统，开展气象灾害评估业务

为应对高影响天气气候事件的发生、有效预防和减轻灾害损失，建议进一步建立健全气象灾害监测预警系统，尤其是地市和县级的气象灾害监测预警系统。应依据综合观测资料，开展气象灾害综合分析，确定灾害范围、等级；同时建立和发展灾害影响评估模型，实现灾害影响的定量化评估，从而为政府、决策部门和公众提供灾害监测、预警信息，以及减缓灾害影响的技术措施。

## 四、建立防御高影响天气气候事件灾害的工程性措施

目前，气象部门已研制了人工增雨机载监测新技术，筹建了国家人工影响天气业务和重点地区的人工影响天气作业基地，建立了现代防雷科学高新技术体系和现代雷电灾害防御保障体系等。因此建议国家进一步加强其他方面的工程性建设，例如，建设台风活动的飞机探测系统，以获取台风内部结构资料，大幅提高

台风预报精度，特别是对台风强度和路径等关键要素的预报；加深对台风登陆过程的认识，进而改进台风预报模式的性能。

另外，在洪涝高发地区应特别加强水利工程建设；在暴雨泥石流高发地区除加强监测之外，还要进行必要的工程建设；在三北地区除继续进行防护林建设之外，还应进行必要的固沙工程建设；在大城市和城市群建立综合环境监测系统，为高影响天气气候事件及其他突发环境事件的预测预报提供基本信息。

## 五、提高全民对高影响天气气候事件的防范意识

在全球气候变暖的背景下，高影响天气气候事件发生概率增大，对经济社会的发展造成的影响和损失增大，因而提高全民防范意识尤为重要。目前我国预报预测水平还很低，提高全民防范意识可以对防灾减灾效果起到一定的有益补充。

## 六、预防次生灾害的发生

高影响天气气候事件所造成的灾害，大部分是与高影响天气气候事件相伴发生的次生灾害。例如，2008 年 1 月发生在我国南方的雨雪冰冻灾害，不仅是持续雨雪冰冻天气造成的，而且与雨雪冰冻天气相伴发生的电网倒塌、交通瘫痪等次生灾害也起着重要作用。虽然它们的倒塌和瘫痪与雨雪冰冻天气的出现有关，但工程设计和施工的标准，以及工程和所用材料的质量也是重要原因。因此要预防和减轻高影响天气气候事件的影响和灾害损失，对城市、交通和能源等的建设工程一定要有科学的规划，设计时必须考虑气象环境条件，提高必要的工程设计标准，确保工程质量，以减少次生灾害的发生。

（本文选自 2009 年咨询报告）

### 咨询组成员名单


| | | |
|---|---|---|
| 叶笃正 | 中国科学院院士 | 中国科学院大气物理研究所 |
| 陶诗言 | 中国科学院院士 | 中国科学院大气物理研究所 |
| 李崇银 | 中国科学院院士 | 中国科学院大气物理研究所<br>中国人民解放军理工大学 |
| 黄荣辉 | 中国科学院院士 | 中国科学院大气物理研究所 |
| 丑纪范 | 中国科学院院士 | 中国气象局培训中心 |
| 吴国雄 | 中国科学院院士 | 中国科学院大气物理研究所 |

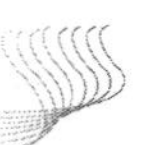

| | | |
|---|---|---|
| 李泽椿 | 中国科学院院士 | 中国气象局国家气象中心 |
| 丁一汇 | 中国科学院院士 | 中国气象局国家气候中心 |
| 翟盘茂 | 研究员 | 中国气象局预报与网络公司 |
| 李维京 | 研究员 | 中国气象局国家气候中心 |
| 张庆云 | 研究员 | 中国科学院大气物理研究所 |
| 林朝晖 | 研究员 | 中国科学院大气物理研究所 |
| 任福明 | 研究员 | 中国气象局国家气候中心 |
| 杨　辉 | 副研究员 | 中国科学院大气物理研究所 |

# 加强自旋电子学技术研发，实现中国自主创新跨越式发展

都有为　等

20世纪80年代末，材料磁化状态的变化导致电阻值显著改变的巨磁电阻效应的发现，揭示了电子的输运与电子自旋取向的相关性，为人类同时将电子的电荷属性和自旋取向性应用于信息传输、运算与存储等方面提供了广阔的发展空间。当前，随着微电子和相关信息技术的快速发展，大力开发电子自旋器件，将极大有利于器件的进一步高度集成化、能耗的降低和运算速度的提高，也将为我国抓住产业革命发展机遇，实现自主创新和跨越式发展提供强有力的科技支撑。

自旋电子学目前主要内涵为磁电子学与半导体自旋电子学，它是继高温超导材料研究热潮后又一个席卷全球的研究新高潮，是将对人类有重大影响的科研成果；它的先驱产品“巨磁电阻效应读出磁头”是纳米科技中最先进入工业化生产，显著推动信息技术发展的杰出的高科技产品；它的发展方兴未艾，前程无量，将会对国家的发展起十分重要的作用，应当从国家发展的战略高度关注、支持、加速其发展，使我国在国际上占一席之地。目前我们落后了，科学工作者的社会责任感催促我们提出此建议，争取在国家的大力支持下，迎头赶上去！

## 一、背景和意义

2007年诺贝尔物理学奖授予巨磁电阻效应发明者法国A. Fert教授与德国P. Grünberg教授，以表彰他们对凝聚态物理与信息技术的发展所做出的杰出贡献。巨磁电阻效应是指材料磁化状态的变化导致电阻值改变的现象，1856年英国W. Thomson首先在铁磁材料中发现各向异性磁电阻效应（AMR），其值为3%~5%，1979年IBM公司首先利用AMR效应制备成薄膜读出磁头，取代原来的感应式磁头，使磁盘记录密度提高数十倍，1991年，磁盘密度已达1~2吉比

特/英寸$^2$①。1988 年，Fert 与 Grünberg 科研组彼此独立地在人工纳米结构（铁/铬多层膜）中发现高达 50% 的磁电阻效应，比 AMR 效应高 10 倍，故命名为巨磁电阻效应（GMR）。其机理不同于前者，其物理本质反映了电子的输运性质与电子自旋的取向有关，称为自旋相关导电。因此在输运过程中不仅可利用电子电荷特性，而且同时可利用电子自旋这一自由度，信息的传输、处理与存储可在固体内部有机地结合在一起，这是科学家长期梦寐以求的目标。但是，迄今为止，所有的计算机中信息的存储主要靠磁盘，信息的处理靠半导体集成电路，而传输靠导电体，这三者是彼此分离的，从而严重地影响计算机性能的进一步提高。1997 年 IBM 公司成功地制备成巨磁电阻效应读出磁头，取代了薄膜 AMR 磁头，又将硬盘记录密度提高几十倍，近 10 年来硬盘记录密度提高了千余倍，目前已超过 200 吉比特/平方英寸，实验室可达 520 吉比特/英寸$^2$，已向太比特/英寸$^2$（1000 吉比特/英寸$^2$）方向迈进。随着科技的进步，每兆比特信息存储的成本数十年间几千倍地下降，计算机向着高记录密度、超大容量、高运行速度、高稳定性、低功耗、小型化和长寿命方向迅猛前进，自旋电子学为信息技术的高速发展提供了无限的空间。20 世纪末，美国科学家总结 100 年来在凝聚态领域对人类进步有重大意义的成果时，将各向异性磁电阻效应列为重大基础研究成果，而将巨磁电阻效应列为重大的应用领域成果，充分肯定了磁电阻效应对人类社会进步的重大影响。

1988 年法国发表了巨磁电阻效应的论文，德国在发表论文的同时申报了专利，美国购买了德国的专利并将它实用化，而生产巨磁电阻效应读出磁头的主要厂家却在深圳，我国为它提供了廉价的劳动力，全世界仅读出磁头的产值就已逾 100 亿美元。20 世纪 90 年代后，巨磁电阻效应的研究在世界范围内兴起了继高温超导氧化物研究之后的新高潮，形成了磁电子学的新学科，除巨磁电阻效应外，隧道磁电阻效应（TMR）、钙钛矿化合物的庞磁电阻效应（CMR），均从低温开拓到室温，从而进入实用化。目前 TMR 器件已逐步取代 GMR 器件，技术的更新十分迅速，从基础研究到实际应用几乎是相互交融与促进，没有基础研究就不可能有重大的自主知识产权的产业化。在应用上，磁随机存储器（MRAM）、自旋晶体管、自旋传感器、自旋逻辑器件等应运而生，其产值将大于千亿美元。此外，更为重要的进展是将电子自旋带入半导体器件中，形成半导体自旋电子学新学科。半导体自旋电子学的基本思路是：首先将自旋极化的电子注入半导体中，然后控制极化自旋的传输，通过自旋进行信息的处理和存储。目前研究的焦点是自旋流的产生与注入，然后可利用十分成熟的半导体工艺制备自旋半导体器件，这是纳电子学十分重要的发展方向。从物理的观点考虑，从二极管发展到超大规模集成



① 1 吉比特 = 1024 兆比特，1 平方英寸 = $6.4516\times10^{-4}$ 平方米

电路，奠定了现代信息化社会的基础，但它仅仅利用电子具有电荷的属性，如今，可同时利用电子具有电荷与自旋这两个属性，必将呈现前所未有的新效应、新器件。自由电子自旋间的相互作用是电子电荷间作用的1/1000，从而从原理上确定自旋电子学的器件能耗必将低于传统微电子学器件，此外，自旋电子学器件通常具有抗辐射能力、噪声低、运算速度快和非易失性等特点，即使电源中断，信息仍可继续保留，而半导体器件却无法保留信息，此特点颇受军方重视。

磁电子学起步较早，部分器件已进入工业化生产阶段，利用自旋转矩效应的MRAM将成为新一代非易失性、抗辐射、低功耗和高运算速度的存储器。而基于自旋动量矩转移的电流诱导磁化相关的新技术和新型纳米器件的研发成为磁电子学的另一个发展高潮。电流诱导磁化反转已用于磁性随机存储器中GMR存储单元的写入，从而可降低功耗、提高记录密度。电流诱导磁矩进动的频率在微波区域，直流电通过一个自旋阀或磁性隧道结型的纳米器件可产生微波频率的高频分量。反之，微波电流的通过可产生直流分量。纳米尺度的电流诱导微波发生器和整流器等新型微波器件目前已成为自旋电子学的新分支、新热点。

半导体自旋电子学则方兴未艾，前程无量，如自旋场效应晶体管、自旋发光二极管、自旋共振隧穿器件、太赫兹频段的光开关以及量子计算机与量子通信中的量子比特等领域。未来，自旋流将可能取代目前半导体元器件中的电荷流，自旋将同时肩负信息的传输、处理与存储。自旋电子学必将对科学与技术以及国民经济和国防建设起着十分重要的作用。从目前自旋电子学的基本原理和迅速发展的态势来看，自旋电子技术和自旋量子信息技术很可能会引起芯片技术革命性的变革，成为引领未来的新一代微电子技术。

我们丧失了前三次产业革命的机遇，作为发展中国家，我们在微电子学领域落后了，如今我们要充分利用自旋电子学发展的机遇，走自主创新之路，实现跨越式的发展。

## 二、存在问题和分析

自旋电子学学科实用性较强、应用背景十分明确，早就受到了国内学者的重视并开展了相关研究。在过去近20年时间里，中国科学院物理研究所、半导体研究所、上海技术物理研究所以及南京大学、山东大学等单位，在国家重大基础研究项目和国家自然科学基金等项目的资助下，从实验与理论两方面开展了自旋电子学多方面的研究工作，在SCI刊物上发表了近千篇论文，申报了数十项国家发明专利和部分国外专利，在基础研究方面取得了一些国际上认可的、有影响的成果。但是，总体上无论从数量到质量，我们与发达国家还存在相当大的差距，特别是在产业化方面，我们现在远远落后于国外。

在“973”项目的资助下，中国科学院物理研究所磁学国家重点实验室开展了MRAM原理型器件的基础性研究，2006年9月完成了传统型16×16 bit MRAM演示器件的制备和演示工作，在国际上首次设计和制备出以外直径为100纳米环状磁性隧道结为存储单元、自旋极化电流直接驱动的新型4×4 bit MRAM原理型演示器件，具有自主知识产权。该方案不仅可以大大简化隧道结结构、存储器单元结构和外电路的设计，还可以显著降低存储单元写入功耗，提高存储单元密度，为发展MRAM实用性器件提出了一种有价值的新设计方案。该项研究2006年11月通过中国科学院成果鉴定，但受到管理体系、人才、资金等约束，如无国家牵头并作为重大专项投入，要进入工业化生产阶段似乎遥遥无期，我国的基础研究工作将只能为他国的工业化铺垫。

我国与美国、日本及欧洲发达国家相比，在人力和物力的投入方面存在巨大差距。首先，美国和日本都有上万人的科研专家和技术人员从事自旋电子学方面的学术研究、材料制备、器件开发和产品制造。而我国相关领域科研技术人员相当匮乏，产、学、研队伍非常薄弱。其次，美国和日本两国政府及其各大公司在过去20年均相继投入了数以百亿美元的相关科学研究和技术更新的资金，推动了美日两国信息产业和技术的阶梯式可持续发展，成为过去20年美日两国重要的经济增长点。通过税收再投入到基础研究的资金基数大、比例高、效益好、产出快，具有高投入、高回报的高新技术产业特点，实现了产、学、研的良性循环；而相比较而言，我国立项慢、对科研投入资金少、成果转化瓶颈多、企业消化能力弱等现状，导致国内相关高科技产品严重依赖美国、日本、欧洲进口，有悖于国家发展战略、经济安全和可持续发展的要求。

我国在“十五”期间已经通过国家自然科学基金和国家“973”项目等部署了半导体自旋电子材料制备和理论设计方面的研究工作，国内一些研究所和高校在半导体自旋电子学领域已经取得了很好的前期工作积累。例如，制备出了高质量Ⅲ～Ⅴ族、Ⅳ族和氧化物等稀磁半导体及其异质结构，受到国际同行的关注和好评。我国在半导体自旋量子调控研究方面的工作开展得比较晚，在21世纪初才自行搭建了一些可以测量自旋的时间演化过程的实验设备，如时间分辨法拉第/克尔测量系统以及时间分辨的偏振荧光测量系统，在中国科学院半导体研究所、物理研究所、上海技术物理研究所，复旦大学，中山大学，北京大学，南京大学与山东大学等陆续开展半导体自旋电子学的实验研究工作，但还没有做出在国际上有一定影响力的工作。一个主要的原因在于我们的实验研究仪器方面的开发利用还比较落后，我们的实验手段比较匮乏。我们在电子自旋极化的表征设备上，明显落后于国际，从而影响我国自旋电子学向深层次方向发展。在理论方面，中国科学技术大学、中国科学院物理研究所在这一方面有一系列研究工作。



虽然国内外在半导体自旋电子材料研究方面已经取得了重要进展，但是它仍然处在发展的初级阶段，因此为我们赶超世界先进水平留下了时间和空间。

## 三、对策和措施

加大科研投资力度，从重点发展、稳定支持、有选择突破等出发，增强自旋电子学材料及器件的自主创新和研发能力，加快科技成果转化，促进国内高新技术产业的孵化、培育与发展，为今后国内发展高科技大企业和世界前 100 名品牌企业奠定科技人才和知识产权基础，满足国家重大战略和经济发展需求。为此，建议重点开展磁电子学、半导体自旋电子学和自旋极化的微观表征等方面的研究。

在磁电子学研究方面，应加强基础研究，进一步研究与探索各类磁电阻效应的新材料、新构型、新器件，对可以走向产业化的磁电子器件，应加速其产业化的进程。具体的研发内容可包括：MRAM 的产业化、TMR 和 GMR 的传感器应用（我国在有关方面都有独特设计专利和知识产权）、钙钛矿化合物和有机介质等体系中与自旋相关的自旋输运性质及其磁/光/电特性的研究和应用、自旋动量矩转移和电流诱导磁化转动/进动/畴壁位移的基础和应用研究、超快速磁化和反磁化及超短开关时间的机制和实验研究等。

在半导体自旋电子学的研究方面，应加强室温稀磁半导体材料以及能够实现较高极化自旋注入率的铁磁体/半导体异质结构的深入研究，探索源于自旋霍尔效应等新的自旋流器件，探索具有高居里温度的稀磁性半导体材料及生长与半导体制备工艺相匹配的半金属材料；加强材料生长设备和原位监视手段的研究、开发和利用；加强具有室温本征铁磁性半导体、与半导体相容的高自旋极化度的铁磁材料以及氧化物自旋电子材料的探索研究工作；加强开展半导体中自旋极化的产生、注入、输运、操作、放大和探测的方案及其物理原理的研究工作，制作实用、便利的实验研究仪器，探索实用的半导体自旋量子调控的方法；加强实用的通用型及特殊型的多功能、高性能、超高速和低功耗的半导体自旋电子器件的研制工作，并研究半导体中自旋量子相干过程和探索自旋量子比特；加强理论计算工作，阐述材料磁性微观机理，为现有实验提供理论解释；设计高居里温度的半导体自旋电子材料，为实验做出预测，并提供指导；对自旋流、自旋霍尔效应、自旋转矩、自旋反转动力过程等开展理论与实验研究。

自旋极化的微观表征在国际上近年发展较快，各项技术均有所突破。在我国，由于技术、资金等原因，目前开展得较少，主要是利用磁力显微镜开展一些工作。对于目前最新发展的主流技术，如基于同步辐射技术的光电子显微镜和自旋极化扫描隧道显微技术等还未开展相关研究。上海同步辐射光源的建设给基于同步辐射技术的光电子显微镜提供了一个发展的契机。另外，自旋极化扫描隧道

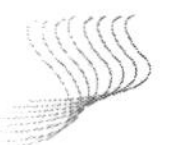

显微技术在国际上仅有少数研究小组掌握，若尽快开展研究，将有可能在较短的时间内走在国际前沿。为此，建议利用国际先进用户性资源（如美国 ALS、APS 的 PEEM 站，柏林 PEEM 站，日本 Spring8 PEEM 站）开展合作性研究，培养用户群；依托上海同步辐射光源，投资建设基于同步辐射技术的光电子显微镜；集中力量，投资建设自旋极化扫描隧道显微镜；在全国逐步建立多个纳米微加工中心，使全国的科研工作者和一些企业都可以利用这些设备进行相关的研究和开发。

## 四、政策性建议

1）从国家发展的重大战略高度，关注和支持我国自旋电子学技术的加速发展，并将自旋电子学作为国家级的科技专项，给予长期、稳定的支持。

2）将磁随机存储器以及其他自旋器件列为国家重大攻关项目。国家牵头，政、产、学、研、金结合，争取在产业化进程中赶超国际先进水平。

3）建议将上述两项内容列入国家“十二五”规划中。

（本文选自 2009 年咨询报告）

### 咨询组成员名单

| | | |
|---|---|---|
| 都有为 | 中国科学院院士 | 南京大学 |
| 褚君浩 | 中国科学院院士 | 中国科学院上海技术物理研究所 |
| 朱　静 | 中国科学院院士 | 清华大学 |
| 王崇愚 | 中国科学院院士 | 清华大学 |
| 王占国 | 中国科学院院士 | 中国科学院半导体研究所 |
| 张　泽 | 中国科学院院士 | 北京工业大学 |
| 张裕恒 | 中国科学院院士 | 中国科学技术大学 |
| 邢定钰 | 中国科学院院士 | 南京大学 |
| 詹文山 | 研究员 | 中国科学院物理研究所 |
| 沈保根 | 研究员 | 中国科学院物理研究所 |
| 翟宏如 | 教　授 | 南京大学 |
| 胡　安 | 教　授 | 南京大学 |
| 成昭华 | 研究员 | 中国科学院物理研究所 |
| 韩秀峰 | 研究员 | 中国科学院物理研究所 |
| 蔡建旺 | 研究员 | 中国科学院物理研究所 |

| | | |
|---|---|---|
| 孙继荣 | 研究员 | 中国科学院物理研究所 |
| 赵建华 | 研究员 | 中国科学院半导体研究所 |
| 梅良模 | 教　授 | 山东大学 |
| 吴义政 | 教　授 | 复旦大学 |
| 吴明卫 | 教　授 | 中国科学技术大学 |
| 张凤鸣 | 教　授 | 南京大学 |
| 熊诗杰 | 教　授 | 南京大学 |
| 章维益 | 教　授 | 南京大学 |
| 吴小山 | 教　授 | 南京大学 |
| 丁海峰 | 教　授 | 南京大学 |
| 吴　镝 | 教　授 | 南京大学 |
| 孙　强 | 教　授 | 北京大学 |

## 项目组秘书

| | | |
|---|---|---|
| 游　彪 | 副教授 | 南京大学 |

# 关于重点发展几类全固态激光器技术的建议

周炳琨　等

以激光器为核心的激光技术，在科学研究、工业制造、国防建设、生物医疗、信息产业、资源环境以及文化娱乐等领域内获得了广泛的应用。在众多激光器中，固体激光器由于具有体积小、重量轻、稳定性和可靠性高等优点一直处于激光科学技术的前沿。激光二极管（laser diode，LD）的出现又给固体激光器提供了新的革命性机遇。以LD激励（或称激励或泵浦）的固体激光器又称全固态激光器（DPSSL），兼具了半导体激光器和固体激光器的优点，与传统灯泵浦固体激光器比较，全固态激光器具有转换效率高、性能可靠、寿命长和输出光束质量好等优点。

## 一、全固态激光器技术是国家的重大需求

激光是20世纪的伟大发明之一。经过40多年的发展，以激光器为核心的激光技术，在科学研究、工业制造、国防建设、生物医疗、信息产业、资源环境和文化娱乐等领域内获得了广泛的应用。在众多激光器中，固体激光器由于具有体积小、重量轻、稳定性和可靠性高等优点一直处于激光科学技术的前沿。激光二极管（laser diode，LD）的出现又给固体激光器提供了新的革命性机遇。以LD泵浦的固体激光器又称全固态激光器（DPSSL），兼具了半导体激光器和固体激光器的优点，与传统灯泵浦固体激光器比较，全固态激光器具有转换效率高、性能可靠、寿命长和输出光束质量好等优点。

在《国家中长期科学和技术发展规划纲要（2006—2020年）》中，激光技术被选为8个前沿技术领域之一，全固态激光器及其应用技术是其中的主要内容。同时，国家“863”计划也把“全固态激光器及其应用技术”列为重点领域。可见，激光技术，特别是全固态激光器及其关键应用技术是国家的重大需求。

全固态激光技术对促进国民经济和社会发展的作用主要有以下几个方面：

1）促进我国制造业及相关产业的发展。通过几十年的发展，激光制造技术已经形成了激光连接、成型、分离、表面、制备和微制造技术等，在汽车、电子、航空航天、铁路、船舶等工业部门获得广泛应用。激光制造具有高效、节能、降耗和短流程等特点，可以有效地克服传统加工制造技术的不足。

2）促进我国科学技术的发展。激光技术已渗透到各个学科领域，形成了新的学科方向和应用技术领域。例如，激光物理、激光化学、激光生物医学、量子光学、激光惯性约束聚变、激光分离同位素和信息光电子技术等，激光可以为多种学科提供特殊的极限物理条件，极大地促进了这些领域的科技进步和前所未有的发展。

3）促进我国医疗技术的进步与发展。激光不仅可以作为微创手术的手术刀减少患者的病痛，还可以通过激光影像技术对人身体进行检查。目前，激光医疗技术已经在眼科、外科、内科、妇科、耳鼻喉科、心血管科、泌尿科和皮肤科等领域得到广泛应用，激光医疗设备已进入县级以上的医院，对医疗技术的进步和提高我国人民健康水平起着重要作用。

4）促进我国国防科技的进步与发展。激光技术在军事上已应用于测距、雷达、指向、制导、通信和战术武器等，为改善武器装备的性能，提高命中率和可靠性起到重要的作用。激光技术在军事领域中取得了许多重要的成果，例如，应用于“嫦娥一号”探月卫星上的激光高度计，可通过地面应用系统数据处理后获得月球表面三维立体成像和地形高度数据。

## 二、我国全固态激光技术发展概况与存在的主要问题

我国激光与光电子技术的研究起步较早，在多项国家级战略性科技计划中，激光技术均受到重视，尤其是在国家“八五”至“十五”计划期间的高技术计划中对激光技术给予了有力的支持，对激光技术的发展起到了重要的推动作用。“863”计划七大领域中有激光技术和光电子技术。1995 年又增列了“惯性约束聚变”主题。在 40 多年的不断发展中，我国已拥有 4 个国家级的激光工程（技术）研究中心，并逐渐形成了华中、环渤海、长三角和珠三角四个激光产业带。激光产业化的发展，已初步形成具有一定规模和实力的骨干企业，其中，年销售额上亿元的企业有 12 家。

虽然我国的激光技术已有了长足的进步，全固态激光技术中的某些研究已达到世界先进水平，但是我们必须清醒地认识到，从总体上看，我国全固态激光技术的发展与美国、日本和欧洲发达国家之间还存在较大的差距。我国全固态激光

技术发展中存在的主要问题包括：

1）缺乏民用全固态激光技术的发展规划。由于全固态激光技术涉及的技术领域较宽，因此对应的研究工作也较为分散，重复研究较多，全国范围内的协调发展不足，缺少总体发展规划。

2）激光关键器件技术提升缓慢。我国激光科研与产业的发展需要大量的元器件和部件，但是国内研究生产的激光基础器件和关键部件，基本无法满足高水平科研和高质量产品生产的要求，导致大量依靠国外进口。

3）产、学、研脱节严重。据不完全统计，世界著名激光杂志上 1/4 的论文出自中国学者之手，而中国激光加工领域总产值仅占全球销售总额的 1%，暴露出产、学、研脱节严重的问题。科研院校的研究缺乏应用牵引，科研成果转化率低下。而企业的研发，由于市场趋利性原则，往往停留在较低水平，缺乏技术创新和前瞻性，导致性能优良、高附加值的激光产品严重匮乏，企业缺乏国际竞争力。大型科研用的整机系统大多依赖进口，花费大量外汇。基础研究成果向高科技产品的转化能力不足，缺乏技术转化的引导性机制。许多具有市场前景的科研成果仍停留在实验室样机阶段。

4）核心工艺研发薄弱。目前科研开发的主要力量分布在高校和科研院所中，对激光技术的突破往往停留在指标的达标上，而不重视核心工艺研发。企业的科研力量相对较弱，对高可靠性、高稳定性的激光产品技术研究缺乏能力，是我国激光产品质量低下的主要原因之一。

研究力量分散，导致激光产业所需的规模化、产业化核心工艺与生产技术没有实质性突破，制约了激光产业整体水平的提高。

5）缺少激光行业标准、安全标准、质量评价体系和技术规范。在我国激光和光电子产业飞速发展的同时，我国还缺少激光行业标准。有关辐射危害的研究也远远落后，激光损伤效应研究资料少、没有中国人激光损伤事故资料库、激光损伤治疗药物和临床救治方案缺乏。此外，随着我国市场的逐渐开放，大量国外产品涌入中国，对产品质量缺乏评价规范，直接导致经济损失，严重影响我国激光行业的发展。

6）缺少军民结合的有效机制。目前，在全固态激光领域，军民两方面的研究还相对比较独立，主要表现在：虽然民口科研机构已开始逐渐承担一些军用科研任务，但主要还停留在基础性研究和预研项目阶段，国防型号研发工作向民口研究机构和企业的开放程度较低。

## 三、建议重点发展几类全固态激光器技术



随着应用上的需求，全固态激光器的研究和开发取得了迅速发展，输出波长

逐步向深紫外和远红外的方向拓展，输出能力向大能量、高脉冲峰值功率的方向发展，输出脉冲宽度向超短脉冲的方向发展，连续单频激光的频率稳定向亚赫兹（Hz）量级发展。

世界激光产业的发展按区域可划分为美国、欧洲、日本和太平洋地区。市场份额美国约占55%，欧洲约占22%，日本和太平洋地区约占23%。500瓦以下的中、小功率激光器以美国占优势，500瓦以上用于材料加工的高功率激光器以德国占优势，而小功率半导体激光器则是日本占优势，占世界市场的70%以上。美国、日本、德国三个国家激光产业的发展代表了当今世界激光产业发展的水平。

为了推出一批具有潜在国际市场竞争力的产品，使我国的全固态激光器发展走在世界的前列，构筑完整的自主知识产权体系，从我国目前社会和经济发展对全固态激光器的需求角度出发，提出重点发展四类全固态激光器技术的建议。加快这四类全固态激光器的研制和产业化具有重要意义，下面分别介绍具体情况。

## （一）全固态连续单频激光器

全固态连续单频激光器是通过采用特殊技术手段使全固态激光器实现连续单频运转。该类激光器具有可长期稳定运转、光束质量接近衍射极限、输出线宽窄、频率可调、相干长度长、噪声低等特点。

正是由于全固态连续单频激光器具有上述特点，在以下几方面有着重大的应用需求：

1）在科学研究领域，是高分辨分子光谱、量子光学、量子信息、原子光学、引力波探测等研究领域所必需的高质量光源。

高分辨分子光谱是研究分子结构的有效方法，可用来研究谱线的精细和超精细分裂、塞曼和斯塔克分裂、光位移、碰撞加宽、碰撞位移等效应，在高分辨分子光谱实验研究中通常要求激光光源具有较高的输出功率、非常窄的线宽、宽光谱调谐范围和较好的频率稳定性。在量子光学及量子信息研究领域，利用全固态连续单频激光器作为光学参量振荡器（OPO）或者光学参量放大器的泵浦源，可以用来产生各种非经典光场；利用全固态连续单频激光器输出激光的低噪声特性可以确保获得较高质量的非经典光场，高质量、实用化的非经典光场是发展量子信息尤其是量子保密通信的基础。在原子光学领域，在偶极俘获冷原子装置中需要10瓦级全固态连续单频红外激光器作为俘获光源。引力波是我们所知的最微弱的力，银河系中心两个恒星级黑洞的碰撞将会使一个1米长的棒状探测器两端发生一万亿分之一毫米的移动，探测如此微弱的引力波信号的大型激光干涉引力波探测仪必须采用窄线宽与高功率、高稳定单频激光系统。

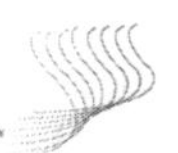

2）在仪器科学领域，是研制可调谐掺钛蓝宝石激光器、产生高功率单频中红外激光输出的光学参量振荡器、激光拉曼光谱仪等科学仪器的泵浦光源。

用于超快过程、原子分子光谱研究的可调谐掺钛蓝宝石激光器的泵浦源已基本用高功率全固态连续单频绿光激光器取代了 Ar 离子激光器，由于国内尚无瓦级全固态单频绿光激光器产品，国内用户均要花大量的外汇从国外进口，到目前为止，美国相干公司已在国内销售 100 多台 Verdi 系列连续单频绿光激光器。高功率全固态连续单频激光器可以作为光学参量振荡器（OPO）的泵浦源，用来产生高功率单频中红外（2 ~5 微米）激光输出，填补了世界上在该谱段没有高功率单频光源的历史，为从事高分辨率中红外光谱的科研人员提供了有力的科研工具。在激光拉曼光谱仪的研制中，利用全固态连续单频激光器作为激发光源，可将探测灵敏度提高一个数量级，目前已在仪器研制过程的实验中得到证实。

3）在精密测量领域，是进行超远距离、超高精度和超高敏感度探测的探测光源。激光的线宽越窄，测量精度越高；尤其在相干探测技术中相干长度可达几十千米的全固态连续单频激光器是最理想的光源。

当把激光器的频率稳定在某一基准上，如把单频激光器的频率稳定在 Hz 量级，就可以进行直接的高精度光学测量。在稳频的同时，要想提高测量精度，也要减小激光器的线宽，线宽越小，测量精度越高。全固态连续单频激光器与半导体单频激光器相比有更窄的线宽，因此可以有更高的测量精度，可以用于位移测量、坐标测量、角度测量和机床校准等领域。利用相干探测技术可进行灵敏度极高和探测距离超远的探测，一般可以探测到百亿分之一微弱的光信号，相干长度可达几十千米的全固态连续单频激光器是相干探测的关键部分。这方面的工作在石油勘探、军事国防、管道监控、激光雷达和海底通信中有着重要的应用前景。基于相干探测技术，超窄线宽的全固态连续单频激光器可用于几百千米的激光目标指示和激光测距，精度高达 1 米甚至 1 米以下，在国土安全和军事领域以及石油勘探、电力工程等领域有着广泛的应用前景。

4）在光学全息、光存储领域是完成高质量光学全息、光存储的必备光源。光源的相干长度越长，波前的相干区越大，就越能有效地实现全息照相。对于相同的相干区域，激光器的相干长度越长，记录的信息越多，全息成像的清晰度越高。

正是由于全固态连续单频激光器具有以上优良的运转特性和重要的应用前景及潜在市场，国内外主要研究机构和厂商都投入巨大的精力和资金用于该类激光器的研制和开发。例如，美国相关公司已研制出 Verdi 系列高功率全固态连续单频绿光激光器，最高输出功率为 18 瓦，频率稳定性优于 5 兆赫兹；德国 ELS 公司已研制出 VersaDisk 系列高功率全固态连续单频激光器，最高输出功率达 50 瓦。在国内，中小功率全固态连续单频激光器研制和开发工作虽有一定进展和基础，但还没有完全达到可供用户使用的仪器化水平，在市场的占有率上还无法与相干公司等国外厂商相抗衡。特别是在高性能、高功率（输出功率在瓦级以上）全固态连续单频激光器方面，国内的用户基本上依靠国外进口，这一方面耗费大量的资金，另一方面由于不掌握核心技术也限制了自主创新能力的提高。国内外现状主要差距反映在如下几方面：

1）基础研究成果向高科技产品的转化能力不足，许多具有市场前景的科研成果仍停留在实验室样机阶段。到目前，既未建立起样机向产品转化的工作平台，也没有足够达到仪器化水平、可供用户使用的器件。

2）在技术上，国外高功率全固态连续单频绿光激光器产品输出功率达 18 瓦、高功率全固态连续单频红外激光器产品输出功率达 50 瓦；国内在中小功率（输出功率小于 1 瓦）全固态连续单频激光器研制方面有一定基础，激光器的输出指标可以达到国外同类产品的指标，但在高功率全固态连续单频激光器研制方面，输出功率还没达到 10 瓦，而且激光器还处在实验室样机水平，重复性和稳定性还有待进一步提高。技术上的差距主要由于国家在高性能全固态连续单频激光器技术创新和产业化方面投入的资金不足，尚未形成规模生产和促进已有产品的更新换代。

3）国内各有关单位有待进一步加强合作，还没能做到强强联合，集中各单位的优势使器件的研发得到突破。

提高自主创新能力，建设创新型国家，是国家发展战略的核心，是提高国家综合国力的关键。科学仪器的自主创新是实现科技原始创新最重要的手段。但我国在科学仪器的研究和制造方面与发达国家相比差距明显。

考虑到国内在全固态连续单频激光器方面已进行了相当一段时间的产品研发工作，积累了经验，培养了一批研发骨干；而且国内优质激光晶体生长有着长期的历史，可提供低价、高品质的各类晶体，蕴涵着提高激光器质量、降低成本的巨大优势；在泵浦源—高功率半导体激光器工作方面也进行了大量的工作。在这些工作基础上，我们建议大力发展能满足各种需求的、可作为仪器使用的高性能的全固态连续单频激光器：采用相关技术手段使激光器可长期稳定运转、光束质量接近衍射极限、压窄输出线宽、实现频率可调、降低噪声等，同时进行工艺设计，使生产工艺能够模块化、程序化，在提高成品率、降低生产成本的基础上，方便用户的使用，以提高产量、扩大用户范围，实现基础研究成果向高科技产品的转化，并进一步实现产业化。改变国内用户在高性能、高功率全固态连续单频激光器使用上完全依靠进口的局面，为提高原始性创新研究工作提供具有自主知识产权的可作为仪器使用的高性能全固态连续单频激光器。

## （二）红、绿、蓝激光器

红、绿、蓝激光器包括以全固态绿光、红光、蓝光激光器为主的各种波长激光器。

全固态激光器具有高输出功率、高光束质量、高效率、高稳定性和可靠性，将其与非线性光学频率变换技术相结合，可以获得高功率、高效率、高光束质量的红、绿、蓝激光的输出，在信息、医疗、科研、文化娱乐等领域中均有重要的应用。归结起来，有以下几方面突出的应用。

### 1. 激光全色显示技术

全固态红、绿、蓝激光光源由于具有高效率、结构紧凑、可靠性高、色彩鲜艳、亮度高等优点成为全色显示技术中的优势光源。激光全色显示技术不仅具有大屏幕、高分辨率等特点，还能够突破现有显示技术的一系列瓶颈。与液晶、等离子相比，激光显示的色度提高了 100 多倍，色域提高了 3 倍。超大屏幕的激光全色显示系统可以应用在大型游乐场所、家庭影院、数码影院、超大屏幕投影、展览会馆、中心城市和大型广场晚会等方面。目前国外已经有红、绿、蓝三基色总功率超过 10 瓦的激光全色系统产品。

### 2. 相关科研领域

全固态激光器具有优秀的输出特性，是实现其他波长激光的良好泵浦源。高功率的绿光激光器已经被广泛应用于泵浦钛宝石激光器，以实现可调谐激光输出或实现飞秒激光。绿光也是诱发受控核聚变的良好光源。蓝光激光器常被用于倍频获得紫外激光。同时，蓝色激光可用于捕获和阻尼铯原子的热振动，消除因热振动而引起的多普勒加宽，为光谱线的精确计量提供保证。

### 3. 激光医疗技术

在激光医疗方面，红光对人体组织的穿透能力强，能够达到组织深处，可以对慢性炎症、内分泌失调、神经功能障碍等疾病进行治疗；在光动力疗法中，运用红光照射 HpD（血卟啉醋硫酸盐），可以产生一系列光动力学作用，产生单态氧等氧化力极强的细胞毒性物质而杀死癌细胞，是治疗早期癌症的理想光源。蓝光激光器已经被广泛地应用于血红细胞和癌症的监测和测量。全固态绿光激光器可应用于前列腺治疗、清洗文身等方面的治疗过程中。

### 4. 激光水下通信技术

由于蓝绿光处于海水的弱吸收窗口之中，吸收损耗很小，可以在远距离的水下通信和探测灯方面发挥巨大的作用，是目前较好的一种水下通信手段。

国内关于全固态红、绿、蓝激光的研究具有一定的基础，紧跟国际研究的步伐。但与国外相关领域的研究和商业现状相比较，依然还存在一定的差距，主要反映在如下几方面：

1）三色激光的输出性能还有待进一步提高。在半导体激光器件方面，日本利用 GaN 半导体材料已经能够实现功率超过 1 瓦的蓝光输出，而国内的研究才刚刚开始，输出的性能还有待提高。1995 年，SDL 公司已可以通过红光半导体线阵获得 500 瓦的准连续红光输出。目前，国际上很多公司都已经能够提供光纤输出的高功率红光半导体激光器。在国内，由于受到半导体生长工艺的限制，目前输出功率较低。在半导体泵浦的全固态激光器方面，激光输出的功率、光束质量、稳定性和线宽特性与国外的研究相比也存在一定的差距。

2）相关市场开发不充分。目前，在国内市场中，三色激光主要应用在文化娱乐和绿光的内雕技术方面，而在一些尖端应用技术领域，如科学研究、激光医疗、水下通信等领域的市场，均被国外的产品占领。这主要是由于国内产品的可靠性、输出性能与国外产品有一定差距，同时国内高新技术的产业化水平较低也是一个主要原因。

3）研究工作重复，资源配置不合理。国内相关领域的研究单位较多，但彼此之间的合作相对较少，科研过程比较独立。这不利于发挥各单位的优势互补，也不利于重大科研成果的推进和推广，从某种意义上说，是对科研资源的一种浪费。

## （三）高平均功率短脉冲全固态激光器

高平均功率短脉冲全固态激光技术是指平均功率为几十瓦至百瓦量级、脉冲宽度为亚纳秒至飞秒的全固态激光技术，包括激光器技术和应用技术两个技术层面。

高功率的全固态激光器是全固态激光器发展过程中的热点，而且是一个国家激光技术水平的象征。在全固态激光器向更高输出功率迈进的过程中曾发生过两个最引人注目的技术突破，被认为具有“里程碑”意义。一是美国 LLNL 国家实验室于 1992 年研制成功的千瓦级全固态 Nd: YAG 激光器，其体积仅有葡萄柚般

大小；二是1994年美国能源部宣布批准实施“国家点火设施”（National Ignition Facility，NIF）计划，并在LLNL国家实验室建成的单束元装置上全面考核了NIF将使用的关键技术和元器件性能。在这20多年间，科研人员对全固态激光器输出功率的提高进行了大量的研究，使其输出功率和光-光转换效率不断提高。1999年，日本东芝公司将连续运转的全固态Nd:YAG激光器的输出功率提高到3.3千瓦。2000年，Honea等使用半导体泵浦双Yb:YAG棒，并在谐振腔内插入90°旋光片补偿热致双折射，获得了1080瓦（连续）和532瓦（脉冲）的激光输出。2001年，Akiyama等将三个半导体侧面泵浦的Nd:YAG激光棒串接，获得了5.4千瓦连续激光输出。2002年，Lu等使用半导体阵列侧面泵浦Nd:YAG陶瓷棒，也获得了1.46千瓦的连续激光输出。同年，东芝公司在高功率全固态激光器领域又取得了重大突破，他们报道了世界最高输出功率为11.3千瓦的全固态激光器，电光转换效率高达22%。而且，2005年，端面泵浦的全固态激光器的输出功率也突破了400瓦。另外，Fraunhofer研究所也获得光束衍射倍率因子为75、功率高达6.6千瓦的全固态激光输出。Rofin-sinar公司的全固态激光器输出功率也达到了4.4千瓦，并且推出了相关的产品。

2000年，全固态光纤激光器的输出功率已经达到110瓦。随着大模面积光纤的普遍应用，全固态光纤激光器的输出功率不断得到提高，现在单根光纤的最大输出功率已经突破2.5千瓦。IPG Photonic公司已经实现输出功率大于30千瓦的全固态连续输出光纤激光器产品，这是目前全固态光纤激光器的最大输出功率。

以调Q技术和锁模技术为基础发展起来的超快激光，由于极短的脉冲宽度和极高的瞬时功率，无疑是最前沿的研究内容之一，特别是基于超快激光技术发展起来的超快激光器件不仅在基础科学研究、未知领域探索等方面是当今不可或缺的重要手段，而且在疾病的早期诊断和高效治疗、大容量光通信、精密微加工、彩色投影显示及国防等领域比连续波或长脉冲激光有着更加理想的应用效果，是激光器件中当之无愧的高端产品。正因为如此，国际上一直将超快激光作为具有战略意义的发展内容，在推动激光技术的进步中往往起着先导性的作用。

高功率超短脉冲激光在超高能量密度物理、激光等离子体物理、强场物理、等离子体加速器和X射线激光等研究领域，有着极其广泛而重要的应用。除此之外，超高功率、超高强度激光装置还是开展“快点火”激光聚变、探索极端条件下物质行为等重大科学研究的基本手段。为此，世界各国相继建立了大型超高功率激光系统。

中高功率的脉冲激光器广泛应用于民用制造工业，如激光打标、切割、测距等。目前，调Q技术和锁模技术是获得高平均功率短脉冲的两种主要方法。



应当看到，高平均功率短脉冲激光的发展已不再是一个激光领域的发展，它已经成为一个极大的产业链，不仅关系到下一步我国基础科学的研究，而且大大影响我国先进制造业、信息产业和生命科学等重大支柱产业在世界上的地位，同时也关系我国国防事业的发展，干系国家安全。

综上所述，高平均功率短脉冲全固态激光器由于具有高峰值功率、高能量、高光束质量以及器件全固化和高稳定性等优势，这种全固态激光器已经渗透到各种应用领域，对国民经济、军事国防等方面均产生巨大的影响，具体在以下几个方面有着重要的应用前景。

## 1. 先进制造领域应用

全固体化激光技术的发展，使短脉冲激光用于材料加工有了可能。脉冲宽度只有几千万亿分之一秒的飞秒激光脉冲则拥有独特的材料加工特性，如加工孔径的熔融区很小或者没有；可以实现多种材料，如金属、半导体、透明材料内部甚至生物组织等的微机械加工、雕刻；加工区域可以小于聚焦尺寸，突破衍射极限等。飞秒激光加工技术是一种以多光子吸收为基础，能够实现无热影响精密加工的新型激光加工技术。短脉冲激光在低脉冲能量下可得到很高的功率密度，由于能量集中，作用时间短，用于加工时与长脉冲或连续激光对材料的作用机理是不同的。因此，随着短脉冲激光加工技术日益成熟，已成为集光、机、电、计算机和材料等多个学科技术于一体的先进制造方法。并且由于激光加工是一种非接触的加工方法，高效、清洁、热影响区小、不受电磁场干扰，可以解决许多传统加工方法难以完成的问题，对企业改造传统加工工艺、提高产品质量起到重要的作用，因此在先进制造技术中占有重要地位，应受到极大的关注，如微纳米尺度材料加工、电路板的光刻技术、材料处理、激光焊接与切割、材料的无损探伤、光微机电系统（MEMS）制造等。

## 2. 生物医学领域应用

高平均功率短脉冲激光在生物医学领域的应用体现在激光外科手术、牙科手术、生物组织再造、生物组织的无创或微创检测、生物医学研究、激光美容等方面。在生命科学领域，超短脉冲激光可以用于矫正视力、检测和精确切除癌症、脑外科手术、治疗动脉瘤、心脏手术、美容、治疗烧伤等。

## 3. 科研应用

激光是目前人类观察发现微观世界，揭示超快运动过程的重要手段。高功率

超短脉冲激光系统输出的激光，其脉宽达到几飞秒，峰值功率达到太瓦甚至拍瓦量级，聚焦功率密度为千瓦/平方厘米量级，相应的电场比原子内库仑场强得多。这样的脉宽和功率密度带来了实验室前所未有的高时间分辨率以及强电场、强磁场、高压强和高温度的极端物理条件，给传统学科带来了巨大的冲击和发展契机，引发了基础科学和技术科学的一场广泛而深刻的变革，开创了一系列新兴相关学科及交叉学科。在飞秒科学方面，开创了如飞秒材料、飞秒等离子体物理、超快相干 X 射线的产生、X 射线激光器、基于激光的粒子加速器、飞秒光电子学、飞秒半导体物理、飞秒光谱全息学等；在强场物理方面，开创了如“快速点火”惯性约束核聚变、高能量密度物理、高强度 X 射线辐射源、产生激光高次谐波、超快软和硬 X 射线的产生、超快化学反应动力学和天体物理等。

国内关于高平均功率短脉冲全固态激光器的研究，经过国家的长期投入和广大科研工作者的努力，能紧跟国际研究的步伐并不断创新，已具有较强的基础研究和工业产品基础。但与国外相关领域的研究和商业现状相比较，依然还存在较大的差距，主要反映在以下几方面：

1）基础研究中关键元器件依靠进口器件。我国大型高平均功率激光器系统和工业产品中都有部分关键元器件依靠国外进口，这大大限制了我国自主激光器和激光系统的发展。

2）缺少高质量高端产品。虽然在 40 多年激光产业化的发展中，已初步形成具有一定规模和实力的骨干企业，年销售额上亿元的企业有 12 家。但产品功能比较单一，可靠性和寿命远远低于国际水平，高平均功率（>200 瓦）产品的水平和占有量很低。我国缺少高质量的高端产品。

3）新技术转化为产品的周期过长。国内的科研院所和高校注重创新和新技术的研究，缺少产品级激光器和系统研究；而公司和企业过多追求利润最大化，缺乏应用新技术的热情。这些大大延长了新技术转化为产品的周期。目前基础研究成果向高科技产品的转化能力不足，缺乏技术转化的引导性机制。

基于快速发展高平均功率短脉冲全固态激光技术的迫切要求和目前我国在这方面的研究现状，建议国家继续加大投资力度，加强基础研究和关键技术研究工作，促进我国高平均功率全固态脉冲激光器及其关键元器件、工艺的发展，提高我国高平均功率全固态脉冲激光器发展水平，同时提高我国相关基础工业的制造水平。建议提高中高功率脉冲激光产品的整体性能。我国中高功率激光器产品综合性能并不尽如人意，这些性能主要包括：器件的脉冲稳定性、激光的指向性等，这些问题来源于激光器组成的各个环节，关系到相关关键元器件水平和我国基础制造工业水平。建议加强我国全固体脉冲激光产业链建设，实现成果的转化。

## （四）全固态激光器泵浦源与激光材料

激光器是由泵源、激光工作物质和腔镜等组成。为了获得高峰值功率的激光，在激光腔增加一些主动或被动调 Q 或锁模器件；为了拓展激光器的输出波长范围，在激光腔内或腔外增加一些非线性光学晶体，这些都是组成激光器的基本元件。

对于全固态激光器而言，重要的两个部件就是泵源（即半导体激光器）和激光工作物质。

半导体激光器也称二极管激光器，随着异质结激光器的研究发展，再加之由于分子束外延（molecular beam epitaxy，MBE）、金属有机化学气相沉积（metal-organic chemical vapour deposition，MOCVD）等技术的发展成就，导致了量子阱半导体激光器的出现。量子阱半导体激光器具有阈值电流低、输出功率高、频率响应好、光谱线窄、温度稳定性好、电光转换效率高等许多优点，量子阱激光器单个输出功率现已大于 20 瓦。为了得到更大的输出功率，通常可以把许多单个半导体激光器组合在一起形成半导体激光器列阵。因此，量子阱激光器当采用阵列式集成结构时，输出功率则可达到 100 瓦以上。

大功率半导体激光器在工业上有广泛的应用，如数字光通信、激光打印及印刷、医疗机器、条码阅读、材料加工、激光准直等多个市场方面。随着半导体激光技术的发展，出现了直接应用大功率半导体激光器来进行材料加工。该类型激光器是目前所有激光器中效率最高的，目前其电光转换效率可达到 60% 以上。但是该激光器的光束质量比较差，目前主要应用于激光表面热处理、激光熔覆和激光钎焊中。但是最近两年，大功率半导体激光器的光束质量得到了较大的提高。未来大功率半导体激光器有可能成为激光表面处理和激光焊接的主流激光器。

世界各国也积极进行半导体激光器在武器上的应用，主要应用如半导体激光制导跟踪、半导体激光雷达、半导体激光引信、半导体激光测距、半导体激光夜视仪和激光夜视监测仪、半导体激光通信光源、半导体激光武器模拟、半导体激光瞄准和告警、军用光纤陀螺等。

半导体大功率激光器阵列的发展越来越快。其峰值功率不断上升，连续状态的激光器产品，线阵列的输出功率也已达到了 50 瓦，国外已出现有连续工作线阵列输出功率达到 198 瓦的报道。工作于准连续状态的激光器产品，占空比 2% 的线阵列输出功率达 100 瓦，最高的研究报道已达到 1500 瓦；占空比已做到 20%，其输出功率可以做到 70 瓦。在转换效率上，已经有了电光转换效率达到 60% 以上、工作寿命达到 20 000 小时的报道。并且，器件可以在更高的温度下

工作，而功率、波长等参数不发生严重的变化。作为泵浦用的大功率半导体激光器在近些年得到了快速发展。

目前，波长范围从蓝色覆盖到紫外波段的 GaN 系列激光器正处在应用的初级阶段。其阵列集成结构也是解决未来图像显示的有力的技术支撑。在照明方面，半导体激光器的电光转换效率达到 50% 以上，远远高于传统的照明光源，是实现白光照明的理想技术。

在现有热模型的指导下，各国相继提出了多种新型的材料、芯片版图结构、载体的材料、几何尺寸和制冷器以及激光器阵列封装的新颖技术。并且，对各工艺过程中的每一个步骤精确控制，尤其是金属化、焊料的选择和烧结工艺，力求激光器阵列有更高的量子效率，低的阈值电流、热阻，解决大功率激光器阵列的热问题，这些研究的核心就是提高半导体激光器的效率。同时，专家们也在致力于大功率激光器的光学灾变（COD）问题的研究。

大功率激光器的发展趋势主要表现在以下几个方面：

1）效率和激光光束质量是激光器的生命和核心问题，对激光器的所有研究都是围绕提高激光器的效率和光束质量来进行的。

2）芯片材料多样化：被命名为“能带工程”的超晶格材料的研究与生长，正以“全新的革命者”身份改变着半导体行业的发展。超晶格匹配的应变量子阱材料如 InGaAs-AlGaAs、AlInGaAs-AlGaAs，长波长材料如 GaInAsP-InP，可见光材料 InP-AlGaIn 以及现在很受欢迎的无铝半导体材料都已渐渐为人们所看好。

3）激射波长覆盖范围增大：从主要用于固体激光器泵浦的红外光 780~980 纳米延伸到了可见光范围 630~680 纳米。这样，大功率激光器有望广泛用于通信、医疗、信息处理。

4）用于 DPSSL 系统中的激光器向着更高的功率、占空比发展，工作寿命更长，可靠性更高。在转换效率、工作寿命和工作温度上有大幅度提高。

5）工艺制作过程更加成熟、高效，芯片质量越来越高；激光器阵列的封装技术向标准化和经济化方向发展，以适合型号众多、应用广泛的各种大功率激光器。同时，各种新颖高效的制冷散热设备迅速发展。

国内半导体激光器生产企业和国外的差距是：输出功率小、不稳定，电光转换效率低，这样不仅降低了激光器的效率，产生不必要的废热；并且，为了消除这些废热，又必须进行制冷，增加了设备的体积，不利于激光器的小型化。

激光工作物质是产生高性能激光的基础，人们经过近 50 年的研究探索，寻求了大量的材料，经过多年的验证，下列材料被广泛应用。

## 1. YAG 晶体



分子式为 $Y_3Al_5O_{12}$。从 1964 年起，YAG 晶体成为研究最完善、应用最广泛的固体激光材料。

由于 Nd: YAG 晶体的发射线宽比较窄，限制了 Nd: YAG 在超快激光方面的应用，使获得小于 10 皮秒的脉冲激光比较困难。目前报道的 Nd: YAG 激光器最短脉冲为 6. 8 皮秒。如今几十皮秒量级的 Nd: YAG 也已经商业化。

用 LD 泵浦 Nd: YAG 晶体还可以实现 1. 06 微米、1. 319 微米和 946 纳米激光输出以及倍频激光输出。

Yb: YAG 材料面世已有几十年，该晶体唯一的吸收带在 942 纳米附近。随着发射波长为 942 纳米的高功率 InGaAs 激光二极管的发现，人们开始意识到 Yb: YAG 激光器的潜力。近几年，由于发现 $Yb^{3+}$ 相对于 $Nd^{3+}$ 有很多的优势，广大研究人员将目标聚集在 Yb: YAG 固体激光器上，其输出功率很快就赶上了在固体激光器领域一直占垄断地位的 Nd: YAG，从最初的毫瓦量级增加到现在的千瓦量级。在国外，从 20 世纪 90 年代初，许多国际著名研究机构纷纷开展了 Yb: YAG 激光器件的研究，将其视为发展高功率激光的一个主要途径。

## 2. 具有锆英石结构的钒酸盐晶体

这类晶体包括 $YVO_4$、$GdVO_4$、$LuVO_4$ 等晶体。Nd: $YVO_4$ 晶体具有优良的力学、热学、物理和化学等方面的性质，成为小功率激光晶体中研究最广泛的实用晶体。Nd: $YVO_4$ 和 KTP 晶体一起成为产生中小功率绿光激光的最优材料，已经实现商品化。当前人们又把研究方向转向了用高功率 LD 泵浦 Nd: $YVO_4$ 晶体，希望拓宽 Nd: $YVO_4$ 晶体的应用功率范围，并取得了一些研究成果：初步的光谱与激光性能研究表明，Nd: $GdVO_4$ 晶体是一种激光性能更加优良的 LD 泵浦的激光晶体，是潜在的高功率 LD 泵浦的激光材料。

## 3. Re: $YLiF_4$（Re = Nd/Yb）晶体材料

由于 Nd: YLF 晶体在 1053 纳米波长的发射与 Nd 掺杂的磷酸盐玻璃的峰值匹配较好，已经成为惯性约束核聚变中常用的调 Q 工作振荡器的工作物质，提供高稳定、高光束质量的纳秒脉冲种子光源。Nd: YLF 具有较长的荧光寿命，大约是 Nd: YAG 的两倍，其能够提供的存储能量也是 Nd: YAG 的两倍，这一特点有利于其在调 Q 激光中的应用。Nd: YLF 还具有一个明显的特点，就是具有负的热光系数，可以大大减弱高功率泵浦下热透镜效应，但是其热导率较低，又限制了其在高功率下的应用。

## 4. 具有磷灰石结构的晶体

磷灰石晶体可以掺 $Nd^{3+}$、$Yb^{3+}$、$Ho^{3+}$ 等激活离子，并成为 LD 泵浦的理想激光工作物质。掺钕的氟磷酸锶（Nd: SFAP）和氟钒酸锶（Nd: SVAP）两种晶体，具有高的发射截面，有重要的应用前景。磷灰石晶体可以生长大尺寸 Yb: SFAP晶体，使用该晶体，可以获得高功率激光输出，是美国“水星”激光系统中的首选材料。

## 5. Nd: YAG 陶瓷

和单晶制备相比，陶瓷材料原理上易于制备出高掺杂浓度和大尺寸样品；制造周期短，可大规模生产，造价低；没有复杂和昂贵的设备要求；陶瓷由微晶组成，具有易于通过不同的组分实现多功能陶瓷激光材料的特点。

陶瓷由亚微米到几十个微米大小、方向随机分布的微晶组成。由于大多数陶瓷中存在气孔，通常它们是不透明的。减少陶瓷中的气孔，控制陶瓷的微结构是得到透明陶瓷的最重要的进展。目前 Nd: YAG 陶瓷的质量已经达到了和晶体相比拟的水平。在热容激光运转方面，陶瓷的优越性已经得到验证。

## 6. 光纤激光器

与传统的固体激光器相比，光纤激光器具有以下特点：激光介质本身就是导波介质，耦合效率高；光纤芯很细，纤内易形成高功率密度；可方便地与目前的光纤传输系统高效连接；由于光纤具有很高的“表面积/体积”比，散热效果好，因此这种光纤激光器具有很高的转换效率，很低的激光阈值，能在不加强制冷却的情况下连续工作；光纤具有极好的柔绕性，激光器可以设计得相当小巧灵活，有利于在光纤通信和医学上的应用；同时，可借助光纤方向耦合器构成各种柔性谐振腔，使激光器的结构更加紧凑、稳定；光纤还具有相当多的可调参数和选择性，能获得相当宽的调谐范围及相当好的单色性和稳定性。

未来光纤激光器将会朝着下列方向发展：进一步提高光纤激光器的性能，如继续提高输出功率、改善光束质量；扩展新的激光波段，拓宽激光器的可调谐范围；压窄激光谱宽；开发极高峰值的超短脉冲高亮度激光器；以及进行整机小型化、实用化、智能化的研究。而近几年的热点将仍以高功率光纤激光器、超短脉冲光纤激光器和窄线宽可调谐光纤激光器为主。



另外，对输出激光波长进行变换的非线性光学晶体，也是全固态激光器十分重要的组成部分。我国在非线性光学晶体的研究上取得了举世瞩目的成果，如KTP、BBO、LBO等晶体，我国为这些晶体的主要出口国。

总之，我国激光器的研制几乎与国际同步进行，在激光工作物质的研制方面，小功率激光输出的激光晶体的研制水平差距不大。但是总体水平与国外相比较，依然还存在较大的差距，主要反映在以下几个方面：

1）大尺寸、高质量的激光材料与国外先进水平差距较大。我们国家的激光材料经过多年的发展，已初步形成具有一定规模和实力的骨干企业与科研单位。但是用于产生高平均功率输出的激光材料我国与国外研究差距较大，限制了高平均功率激光的发展。

2）新兴激光物质探索方面，如陶瓷和光纤材料的研制，有巨大的差距。

3）对于用于高端和特殊应用的一些非线性光学晶体来说，很多晶体还达不到要求，如高电阻率的KTP晶体。我国在周期极化KTP、$LiNbO_3$和$LiTaO_3$晶体的批量制备方面也与国外有较大的差距。

总之，我国在激光工作物质的研制方面，小功率激光输出的激光晶体的研制水平与国外的研制水平差距不大，但是在大尺寸、高质量的高功率激光输出激光晶体的研制方面差距比较大；在新型激光工作物质的研究探索方面，如陶瓷和光纤材料的研制存在巨大的差距。目前国际上半导体激光器的发展趋势是高功率、高效率和高光束质量，效率和激光光束质量是激光器的生命和核心问题，对激光器的所有研究都是围绕提高激光器的效率和光束质量来进行的。提高泵浦源的效率，可以大大提高全固态激光器的效率，不仅使泵浦功率降低，还可以减少由于泵浦源效率低而进行的冷却。使用性能优良的激光工作物质，也可以提高激光输出的效率，减少废热对激光器的影响。提高半导体激光器光束质量是未来激光材料加工的关键。我国的半导体激光器激光二极管的产业化刚刚起步，与国外差距较大。

近年来，由于激光二极管的使用与国防密切相关，美国等国家又对我国进行高效半导体激光器禁运，严重地制约了我国全固态激光器的研制水平。在这种形势下，国家有必要大力扶持，迎头赶上，缩小差距。

根据以上情况，为了提高我国全固态激光器的研制水平，建议国家组织专门的科技攻关项目（包括大学、研究所、军工单位和企业），加大投入，提高高功率半导体激光器的电光转换效率，从目前低于50%的水平，提高到70%以上水平。必要时，可以依托有关的企业，组建国家高效半导体激光器工程技术中心，攻克制约半导体激光器转换效率提高的瓶颈。建议继续加大投入，推动激光陶瓷和光纤激光的研究。建议鼓励有关国家重点实验室，研究单位和企业进行联合攻关，解决困扰我国高端激光产品用配件问题，如高电阻率的KTP晶体和周期极化KTP、$LiNbO_3$和$LiTaO_3$晶体的批量制备方面等，以提高我国全固态激光器的

研制水平。

## 四、有关政策建议

针对上述问题，根据我国的基本国情，提出以下几点发展对策和建议。

### 1. 全面制订和完善全固态激光技术总体发展计划

建议科技部和有关部门，召集全固态激光技术领域有关院校、企业和专家，认真分析我国全固态激光领域的需求和差距，根据《国家中长期科学和技术发展规划纲要（2006—2020 年）》的要求，制订我国全固态激光技术具体发展计划。计划内容应明确 5 年和 10 年的全固态激光发展目标，确立优先重点发展的项目和中长期发展投入预算，发掘和开拓全固态激光领域的重大应用和巨大产值项目，部署相应的重大科研项目攻关。

### 2. 理顺全固态激光发展的组织协调关系，成立相关的工作协调小组

建议由科技部和有关部门牵头，成立全固态激光器技术咨询协调小组，统筹国家各相关部门的发展计划，合理分配资源，避免重复投资，使我国全固态激光技术有序、高效地发展。

### 3. 加大投资力度，突破关键技术，掌握核心工艺

建议科技部和有关部门设立若干全固态激光方面的重大项目，以此为平台，加强各科研单位之间的协作和交流，达到优势互补、资源优化配置的目的。继续提高已建成的大型科研基地的科研实力，提高科研基地的数量。组织优势科技力量进行攻坚，尽快改变高性能全固态激光器主要依靠进口的局面。

### 4. 制定和国际标准接轨的我国全固态激光产业的标准，健全相关政策、法规和税制

建议尽快制定激光行业的国家标准和企业标准，加紧制定激光产品的质量监督体系。对国家资助的产业化项目，建议制定政府采购优先和优惠的关税政策，不断完善全固态激光发展的软环境。

### 5. 加强国际交流，引进、消化、吸收国外先进技术

对于国内相对落后的关键元器件，应合理地引进国际先进的技术。通过高级人才的引进和跨国间的项目交流，使高新技术做到洋为中用；支持国内企业采取并购、重组等方式，将国外的先进技术消化吸收，为国内服务。

### 6. 加强产研结合，推进成果转化

全固态激光属于新兴的高新技术产业，应在国家发展的大环境下，理顺科技成果转化的知识产权关系，适当放宽政策，鼓励知识产权的转移，促使优秀的科研成果转化为生产力。应建立企业与科研单位之间的合作平台，加强企业与科研单位的横向项目合作，改变论文多、产业小的局面。

### 7. 注重全固态激光技术及其应用方面的宣传

以“嫦娥登月”计划为例，对全固态激光领域中的重大基础项目应给予跟踪报道，应多以科普知识的形式宣传全固态激光的优势和应用，争取各级政府对激光技术及其产业的重视和支持。

全固态激光技术是我国《国家中长期科学和技术发展规划纲要（2006—2020 年）》中的重要前沿技术领域之一，对于国民经济及社会进步和整体科技发展影响巨大。我们应在国家的支持下，使我国全固态激光技术与产业的发展，做到有明确的发展规划、有高效的组织协调、有完善的法规政策、有优秀的科研基地、有竞争力强的龙头企业，取得一批与国际先进水平相当的技术创新成果，构筑完整的自主知识产权体系，推出一批具有潜在国际市场竞争力的产品，使我国的全固态激光技术与产业的发展走在世界的前列。

（本文选自 2009 年咨询报告）

## 咨询组成员名单

| | | |
|---|---|---|
| 周炳琨 | 中国科学院院士 | 清华大学 |
| 彭堃墀 | 中国科学院院士 | 山西大学 |
| 姚建铨 | 中国科学院院士 | 天津大学 |
| 蒋民华 | 中国科学院院士 | 山东大学 |
| 巩马理 | 教　授 | 清华大学 |

| | | |
|---|---|---|
| 张宽收 | 教　授 | 山西大学 |
| 张怀金 | 教　授 | 山东大学 |
| 闫　平 | 教　授 | 清华大学 |
| 左铁钏 | 教　授 | 北京工业大学 |
| 樊仲维 | 总经理 | 北京国科世纪激光技术有限公司 |
| 王慧田 | 教　授 | 南京大学 |

## 项目组秘书

| | | |
|---|---|---|
| 张铁犁 | 博　士 | 天津大学 |

# 采取有力措施加速深海生物及其基因资源研究的建议

林其谁　等

生物技术和生命科学将成为21世纪引发新科技革命的重要推动力量，而支撑生物技术和生命科学发展的基础是新的生物及其基因资源的获取。占地球表面积50%以上的深海中的生物资源总量远远超过陆地，是迄今人类探索最少、生物多样性最丰富的区域，是无可替代的生物基因资源库，是研究生命起源和演化的良好科学素材，也是解决当前人们所关注的资源再生、新能源、温室气体排放和储碳等问题所不可或缺的保障。

《国家中长期科学和技术发展规划纲要（2006—2020年）》指出，生物技术和生命科学将成为21世纪引发新科技革命的重要推动力量，而支撑生物技术和生命科学发展的基础是新的生物及其基因资源的获取。多数深海位于国家管辖海底区域以外的公海，是迄今为止人类探索最少但生物多样性最丰富的区域。深海生物资源的总量远远超过陆地，其中，最有现实利用价值的资源主要是微生物资源。

海洋占据地球71%的面积，其总体积约为13.75亿立方千米。地球上海洋的平均深度为3800米，最深处的马里亚纳海沟的深度则超过11 000米；所谓深海一般是指水深在1000米以上的水域，占地球面积的50%以上。绝大多数深海水域处于常年黑暗、营养贫乏、大型生物活动稀少的状态，但随着整合大洋钻探计划（IODP）的推进和对海洋深部生物圈和洋底等研究的深入，深海微生物在全球物质循环等过程中扮演的重要角色日益凸显。在人类极少涉足的深海环境中蕴涵的丰富生态类群，是无可替代的生物基因资源库，也是研究生命起源和演化的良好科学素材。

基因组测序水平的提高与生物信息学的发展，使得不通过传统微生物分离、培养步骤，而对特定生态环境的所有微生物的基因组集合（元基因组）开展基因测序和生物信息学研究成为可能，从而大大加速了海洋微生物基因资源的发掘速度。有资料表明，2004年Craig Venter一项研究报道的海洋生物新基因数就超过原来国际上基因数据库的总和。人们已经意识到海洋特别是深海

微生物基因资源是人类未来的最大的天然药物和生物催化剂来源，同时也将是解决当前人们所关注的资源再生、新能源、温室气体排放和储碳等问题所不可或缺的保障。

从“十五”开始，通过搭载“大洋一号”矿产资源考察航次，我国科学家进行了国际海底区域的生物资源采样，初步建立了得到国际同行认可的小规模的研究平台，但我国迄今尚不具备海洋研究发达国家在20世纪70年代所拥有的全部技术手段。2004～2008年，美国的一个私人基金（Gordon and Betty Moore）就为53个海洋环境基因组项目总计投入约1.3亿美元，而我国平均每年在深远海生物基因资源领域的直接投资还不到1000万元。我国在深海生物基因资源地采集、研究方向上仍远远落后于发达国家，突出表现在技术手段不全面、资金投入不充足、研究队伍不稳定等方面。

近年来，深海生物及其基因资源的法律属性和相关研究行为的管理已成为国际海洋事务的新热点，我们在国际海底区域生物基因资源方面的研究开发正面临以发达国家为主导的国际社会限制的危险，该类资源的价值和开采的可行性、紧迫性都不输于深海矿产资源。我国应尽快设立针对深海生物及其基因资源研究的国家专项，有步骤、成系统地发掘利用此类位于国家管辖海域以外的具有重要科学意义和巨大经济价值的战略资源，最大限度地维护国家可持续发展权益。

## 一、独特丰富的深海生态系统是地球上待开发的最大生物及基因资源宝库

地球上还没有第二个地方能像深海那样包含如此巨变和多样的独特环境。据估算，位于深海沉积物顶部的10厘米空间约含有4.5亿吨脱氧核糖核酸（DNA），是保留在深海环境中的地球上最大的基因储库。典型的深海生态系统包括热液、冷泉、海山、海沟、冷水珊瑚礁等。

热液生态系统：1977年，美国“阿尔文”号深潜器在太平洋加拉帕戈斯群岛附近2500米的深海热液区发现了完全不依赖于光合作用而独立存在的生命体系。深海热液区不依赖于光合作用的生态系统的发现，丰富了人们对生命体系的认识。在深海热液生态系统中发现的一些极端古菌，不断挑战着人们所认知的生命的理化极限。该区域的高温、厌氧条件类似早期的地球环境，被认为可能是生命起源的摇篮，也是探索外空生命的天然模拟实验室。

冷泉生态系统：冷泉可分为两大类，一类主要富含天然气水合物资源，另一类则是包括石油等长链烷烃的油气丰富区。冷泉系统的形成变化是板块运动的结果，还被认为有可能用来监测地球深部的地震活动。在大陆边缘，富含硫化氢或甲烷的液体从海底裂缝上涌形成冷泉（冷渗口）。冷泉区碳氢化合物常转化形成

硫化物，这主要是δ紫细菌中硫酸盐还原菌作用的结果，一般认为渗口地点的生物群落的多样性反映了渗口的年龄。冷泉区沉积物中广泛存在着大量的古菌，主要是广生古菌中的甲烷营养菌和一类被称为海底B族（也被称为DSAG）和C族的泉生古菌。

海山生态系统：是板块活动或火山活动形成的海底山脉。根据美国国家海洋和大气管理署的估计，高度在1000米及以上的海山数目为1.4万~3万座。海山物种群落与周边深海生物不同，在1000千米内海山物种群落缺乏亲缘关系的现象是引人注目的，这说明海山的物种可能局限于单个海山或海山链。在已调查的171座海山中发现了1971个物种，常常吸引大量的大型捕食动物，海山可能成为海洋中的新生物物种发现的热点。

海沟生态系统：分布在世界各大洋周围的主要海沟有37个。大约有700个深海物种生活在水深6000米以上的海沟中。生活在那里的生物的区域特有性很强，56%只在海沟中发现，95%只生活在某个海沟中。物种多样性随着水深的增加而减少，水深8500米以上更是如此。在10 000米以上的深海沉积物中，微生物的数量仅为$10^4$/毫升，大约不到普通深海沉积物的万分之一，但从超过11 000米水深的马里亚纳海沟仍可分离出多株绝对嗜冷嗜压细菌。有的海沟的有机物丰富，在海底生活的动物数量可以高于周围的深海地区。

深海病毒：海水环境中病毒的数量比细菌和古菌的数量高一个数量级（10倍）。在深海环境中大量存在的病毒可以杀死深海沉积物中80%以上的单细胞生物，从而每年把63亿吨的有机碳以细胞碎片的形式留存在深海环境中，在深海这个巨大的基因资源宝库中病毒介导的水平基因转移也是遗传信息交流的重要途径。

## 二、深海生物及其基因资源的获取是我国经济社会可持续发展的重要保障

绿色化工对新型酶制剂的需求是无止境的。深海存在着温度、水压、还原力、有毒化学物质、pH等极端环境梯度，是筛选极端微生物的良好场所。嗜热的古菌 *Pyrolobus fumarri* 和菌株121保持了高温下生长的纪录（113℃和121℃），这一温度范围被认为是生命的上限。近期发现绝对嗜压菌 *Pyrococcus* sp. CH1能在98℃、1200个大气压①条件下进行繁殖，在1000个大气压下的代时小于5小时。这些超嗜极微生物及它们体内的酶在生物催化等工业领域具有无可比拟的研究价值与应用前景。

栖息在深海的微生物在适应外界极端环境的漫长进化过程中，形成了不同于

① 1大气压 = $1.013\ 25 \times 10^5$ 帕

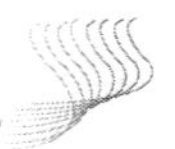

陆生微生物的生长代谢调控机制，较陆源微生物更依赖于化学防御机制。对相关代谢产物的生物合成机制的研究，将为建立新的生物转化途径及组合生物合成提供理论依据。此外，这些微生物所合成的独特代谢产物蕴含着丰富的化学结构多样性，是未来获取新类型天然产物的最大源泉。

深海生物勘探可以获取深海生物种群相关的重要信息，包括其组成、分布、丰度和生态角色等。该部分资源处于国际海底区域，与国际海底管理局协调的矿产资源调查开发密切相关，实际上处于各国凭借技术和资金优势先到先得的状态。

2007 年 3 月 12 日，联合国发表了题为“海洋和海洋法”的秘书长报告，用 2 章共 174 页的篇幅描述了包括深海在内的生物多样性及海洋生物遗传资源的研究、开发及保护的问题。作为全人类共同的自然遗产，海洋特别是国家管辖海域以外深海生物及其基因资源的法律保护问题已经被提上了日程。

2009 年深海热液多金属矿产资源的开放申请工作即将完成，届时将开展对 6 万平方千米左右洋中脊热液区勘探权的划分，不仅将确定深海金属硫化物矿藏的分配，也直接影响到深海热液区生物基因资源的获取。因此，对深海生物及其基因资源的研究在时间和空间上都有高度的紧迫性。

## 三、深海生物及其基因的研究对生命科学和地球科学的发展具有重要的推动作用

美国国家科学研究理事会 2008 年 3 月 12 日公布的一份报告确定了推动地质学和行星科学需要优先解答的 10 个问题，这些问题反映了地球科学在 21 世纪初面临的重要科学挑战，指出了地球科学的现状、如何完成既定目标，以及未来发展的方向等。其中包括问题：生命如何改变地球，地球又是如何改变生命？从生命科学和地球科学交叉、整合的高度来对深海微生物进行研究，不仅对生命科学的发展起到积极的推动作用，而且可能有助于突破地球科学传统的理论框架，提出新的单一学科难以解决的科学问题。通过对深海生物及其基因的研究，有助于从一个全新的生物圈出发，拓展我们对生命起源、发展演化等最重要的环境因素的认识，从而预测人类活动对地球环境的影响。

以洋中脊为代表的深海的高温厌氧环境与地球早期的环境相似，虽然有化石证据表明早期生命出现在大约 35 亿年前，但有理由相信可能在地球有液态海洋之后的 2 亿年，甚至在少于 2000 万年时就出现了最早的细胞。地球化学观察显示在大约 39 亿年前的海洋温度约在 90℃以上，在 35 亿年前后海洋的温度在 70℃左右，因此在早期海洋中的所有生命都是与现代热液生物一样嗜热的。已经检测到的热液喷口温度达到 406℃，这与周围的 2℃海水形成了显著的温度梯度，生活在热液喷口极高温环境下的微生物种群可能保留了进化历史早期的“持家”

基因，成为化石和生物标记物的重要补充。

此外，能量代谢是早期生命，特别是原核细胞的最重要的过程之一。在推测最早的生命采用何种化学物质来进行能量代谢时，一方面可用地球化学方法给出海洋的温度和化学演化规律；另一方面可用比较基因组学等现代生物学方法对热液微生物的能量代谢进行研究，以揭示早期生命在基因水平上的特征。在现代深海环境中至少存有两种不同来源的“古”DNA，一种是在其他环境中已经灭绝的早期生命遗存，如在冷泉区发现了寒武纪以来各种双壳类；另一种是微环境中休眠态微生物和深海病毒。根据基因组测序已证明它们处于“生命树”源头位置。“古”DNA能提供已灭绝生物的独一无二的古代生物遗传学信息，成为联系古代和现代生物的纽带。

地球是迄今发现唯一适合人类生存的星球，生物的进化演化在塑造当今地球表面形态和气候变化中发挥了关键作用。当前只有在深海和深部生物圈才大范围保留类似地球早期的还原环境。深海微生物介导的利用硫酸盐的厌氧甲烷氧化，是深海冷泉区生态系统的主要代谢过程，形成了全球主要的碳储库。冷泉生态系统碳同位素示踪分析显示了甲烷、甲基营养古菌和硫酸盐还原细菌的紧密联系。厌氧甲烷氧化不仅代表了一个全新代谢途径，即$CH_4$的厌氧分解，其重大意义还在于为正确认识温室气体$CH_4/CO_2$的代谢循环及其对全球气候变迁的影响提供了理论依据。深海古菌的发现，则有助于解决氮素循环中的长期科学难题，即哪些微生物类群参与了硝化过程。多数的氮固定都以最还原的形式呈颗粒状沉降到200米水深以下，而积累下来的固定氮则以最氧化的形式长时间存在。作为古菌氨氧化的产物亚硝酸盐并没有在深海中积累，所以这一类古菌一定与亚硝酸盐氧化微生物（可能是硝化细菌）紧密关联。因此，Mincer等认为亚硝酸盐氧化细菌*Nitrospina*与泉古菌在大洋中可能存在共生代谢，从而形成了完整的氮素循环。对深海微生物代谢过程的研究，有助于形成对全球气候变迁的全面认识，从而为制定相关环境政策、更加有效地降低人类活动对环境和气候的影响提供理论依据。

人类能否深入深海，取决于船舶装备水平、采样分析技术以及足够的财政资源支持下的适当的基础设施和拥有受过严格培训的科学技术人员。作为发展中的大国，我国从21世纪开始逐步建立了在国家管辖海域以外深海采样的能力。为确保未来我国国民经济支柱产业之一的生物技术产业的发展，必须充分利用现有条件，尽快从国际海底区域获取更多的生物及其基因材料，有效地加以保藏、研究、利用。这不仅是我国综合国力的体现，而且也会极大地提升我国在新一轮深海生物学研究中的话语权，具有重要意义。

# 四、主要结论和建议

## （一）深海生物及其生物基因研究的重要特点

1）依赖多学科支撑，高技术、高起点是深海生物资源研究开发的主要特点。与普通生物学研究有所不同，深海生物资源研究主要依赖于海洋学、生物地球化学、水化学、海洋地质和生物工艺学等相关学科的发展。从更广泛的角度来说，考察船、载人或非载人取样、深海原位测试都是开展本研究的基础条件，深海生物资源研究开发能力是一个国家综合国力的体现。

2）研究方法与研究体系具有特殊性，需要专业的研究团队。基于上述原因，深海生物技术涉及的上游技术包括物种资源的获取、基因遗传操作系统等，在科学和技术层面都明显不同于传统陆地研究体系。忽视这种差异将导致人力和财力资源的严重浪费，国内外都曾有过这种经验教训。

3）具有广泛的辐射效应，能够带动陆源生物技术的发展。深海生物及其基因资源有着极其重要的潜在社会、经济价值，在节能减排、环保、医药等领域有巨大的成长空间。在突破采样、培养等技术瓶颈以及建立稳定的菌株和基因资源获取体系后，应以现有的海洋微生物技术为基础，充分借鉴成熟的陆地生物技术，根据深海生物遗传代谢途径的特殊性开展后续资源地挖掘工作，促进深海海洋生物技术的发展。

## （二）推动我国深海生物及其基因资源研究的建议

要长时间地保持在深海相关科学研究上的高水准，离不开高质量的航次规划、装备的不断改进和高水平的专业研究团队。深海生物及其基因资源的研究开发必须以国家层面的深海研究专项为依托，才能从源头上确保获取高质量的深海样品，才有可能在后续研究开发中获得自主知识产权。

国家科技部近期制定了国家深海高技术研究发展专项规划，强调发展深海生物资源利用技术和支撑体系，力争实现深海工程产品和研发及产业化突破。但从航次计划、装备与人员的结合来看，还需要强有力的执行机制，才能确保能更好地利用现有装备和航次资源。因此建议：

1）制定深海生物基因资源研究国家专项，资助强度达到与深海矿产资源相当的水平。加强生物海洋学和深海生物学等基础性研究，推动深海特殊技术装备的研制，鼓励国内各优势单位参与深海生物及其基因资源研究。通过持续的项目资助，吸引高水平的研究团队和若干骨干实验室，尤其应注重培育一支“专职”

从事深海生物及基因资源研发队伍。建议以深海生物及基因资源的获取为龙头，充分发挥国家海洋局、大学和中国科学院等单位的积极性，形成各具特色又有机联系的群体。通过明确的学科布局和发展规划，避免各单位在学科建设上陷入小而全模式的低水平重复竞争。

2）通过改造或新建，尽快装备专业的可搭载载人或非载人深潜器的深海考察船，系统开展深海生物及基因资源多样性、化学生态学调查。我们与国际先进国家相比的差距集中表现在现场调查样品采集手段落后，样品采集数量与质量严重不足等方面。获取深海生物及基因资源需要大型的考察船（>40 米，1000 吨），耗费巨大（>20 000 美元/天）。目前国内专业从事国家管辖海域以外深海考察的考察船仅有中国大洋协会管理的“大洋一号”，主要从事深海地质勘探研究，可分配用于生物资源调查的船十分紧张。由于缺乏深海原位采样手段，我国对深海极端环境中生物及基因资源的勘探还达不到 20 世纪 70 年代末发达国家的水平。应通过改进或新建专业的可搭载载人或非载人深潜器的深海考察船，力争用 10 ~15 年时间，在全球范围内的洋中脊、冷泉区等深海典型生态系统和深部生物圈持续采集深海环境、生物资源、基因资源样本，评估生物多样性和资源潜力，为我国深海生物技术产业发展做好必需的战略资源储备。

3）建立专门的深海生物及基因资源研究平台体系。目前国内参与深海生物及基因研究开发上下游工作的研究小组不超过 10 个，而且分属于国家海洋局、中国科学院和大学等不同的系统。由于缺乏一个长期稳定的发展规划，导致能力建设不足，无法形成完整的研究体系。多数研究小组以深海研究为兼项，“专业”从事相关研究的科研骨干极少，创新性基础研究成果少，远远不能满足科研与资源开发的要求。鉴于深海生物及其基因研究的复杂性、特殊性，应在各优势单位现有基础上建立专门的深海生物及基因资源研究平台体系，开放各种样品、生物材料、基因、数据库和各种专业设施，使研究工作能在一个较高平台上起到辐射作用。

4）重视与生命科学及地球科学等相关的基础研究。大力加强深海微生物遗传资源的宏基因组研究与生物信息学研究。在继续加强深海菌株基因资源研究开发平台建设的同时，还应考虑下游若干子系统及其技术体系的建立，如深海极端微生物生命过程、组合生物合成、工业酶研发、先导化合物保藏等。上、中、下游研究与平台的建设、技术共享、相互配合、通力协作才能实现从深海环境样品到可利用生物基因资源的有效转化。

## 附件 1　中国深海及其基因资源的研究状况及成就



从“十五”开始，我国启动深海生物及其基因资源的研究。以“大洋一号”

科学考察船和国家海洋局第三海洋研究所为依托，自主建立和发展了深海保真采样设备、深海环境模拟与微生物培养平台，分离培养出了一系列嗜极微生物，构建了典型深海环境大片段宏基因组文库。以此为基础，中国科学院和教育部系统的一批重点实验室启动了药物先导化合物、极端酶等研究工作。目前通过多个中国大洋航次、中美联合热液航次和国际合作交流获取了6000米水深以内太平洋、大西洋和印度洋样品，取得了一批有一定国际影响的研究成果。

深海环境模拟与微生物培养平台：根据深海极端环境高温、高压和低温、高压的特点，相关研究人员设计建造了一系列微生物高压培养设备。经过实验室测试，这些设备初步满足了目前深海和深部生物圈微生物高压培养需要，也为多种嗜热、嗜压深海微生物的分离及相关研究提供了设备保障，但该系统作为样机在工程化方面还有较大的提升空间。此外，由于长期模拟深海极端环境，该设备的运行损耗大，需要及时保养、维修、升级。

深海极端微生物菌株资源库和大片段宏基因组文库：针对深海微生物的特点，改进了传统的微生物保藏方法，已保藏了2000余株深海来源的微生物菌株，包括大约60个新种，建立了相应的数据库网站；2005年构建了第一个深海沉积物大片段宏基因组文库，现已拥有包括深海热液、冷泉等极端环境在内的宏基因组文库多个，保存的大片段克隆子超过5万。对深海热液环境大片段宏基因组文库进行了全基因组序列分析，取得了大量新基因数据。但目前在菌株、基因资源保藏库的建设方面还面临空间和资金的压力。

药物先导化合物："十五"期间，北京大学和中国海洋大学对上述资源库中的深海微生物进行了活性物质及其结构多样性研究，发现了100多种结构新颖的代谢产物，其中，数种化合物具有显著的抗肿瘤、抗老年痴呆活性。在深海生物的药物先导化合物发现方向上，我国与发达国家的研究水平相差并不大。对该领域的深入研究，将可能产生具有我国自主知识产权的创新药候选物。

工业用极端酶：我国在深海微生物酶学领域的研究还处于起步阶段，已经在低温蛋白酶、几丁质酶、琼胶酶、褐藻胶裂解酶和可降解水不溶胶原蛋白的新酶Deseain等领域取得了一定的进展。随着深海热液样品采集手段的进步，预期未来我国在深海高温酶研究领域还将有更多的发现。

环境修复：首次对三大洋不同类型的深海样品中的多环芳烃进行了含量分析，在持久性有机污染物的深海微生物降解方面已取得重要进展；从深海热液口发现多种重金属抗性菌、金属元素氧化还原菌，证实这类微生物在重金属生物吸附、污染水体的生物修复和生物冶金等多方面有重要研究价值与应用前景。

## 附件2　中国大洋矿产资源研究开发协会简介



中国大洋矿产资源研究开发协会（China Ocean Mineral Resources R & D

Association，简称“中国大洋协会”）于1990年4月9日经国务院批准成立。目前中国大洋协会的常务理事会单位有国家海洋局、外交部（条法司）、财政部（经济建设司）、国家发展和改革委员会（地区经济司）、科技部（高技术司）、国土资源部（地勘司）、中国地质调查局、中国有色金属工业协会、国家自然科学基金委员会（地学部）、中央机构编制委员会办公室、中华人民共和国国务院法制办公室等，其中，国家海洋局为理事长单位。现有理事单位六十多个，分别来自相关部门和中国科学院的研究院所以及大学等。

中国大洋协会的宗旨是：通过国际海底资源研究开发活动，开辟我国新的资源，促进我国深海高新技术产业的形成与发展，维护我国开发国际海底资源的权益，并为人类开发利用国际海底资源做出贡献。

中国大洋协会的成立标志着我国国际海底区域资源的研究开发活动以国家专项的形式拉开了序幕，第一期十五年规划主要围绕多金属结核等海底矿产资源的研究开发展开。1991年3月5日，经联合国批准，中国大洋协会代表中国在国际海底管理局和国际海洋法法庭筹备委员会登记注册为国际海底开发先驱者，在国家管辖范围外的国际海底区域分配到15万平方千米的开辟区。1997年，根据《联合国海洋法公约》成立的国际海底管理局批准了中国大洋协会有关多金属结核资源的15年勘探工作计划。1999年3月5日，在完成开辟区50%区域放弃义务后，中国大洋协会为我国在上述区域获得7.5万平方千米具有专属勘探权和优先商业开采权的金属结核矿区，拓展了我国战略资源的储备总量。2001年5月中国大洋协会和国际海底管理局签订了《多金属结核勘探合同》，使中国大洋协会由国际海底活动的先驱投资者成为国际海底资源勘探的承包者。

大洋协会拥有的“大洋一号”是目前国际一流、国内最先进的远洋科学调查船。自成立以来，已组织开展了20个以大洋资源调查为主兼顾科学考察的航次，其中，2005年的环球科学调查航次开创了中国海洋科学进军三大洋的历史新篇。在已经开展的大洋航次中，多次搭载进行了针对深海生物基因资源的采集活动。针对国际海底管理局可能出台的生物多样性保护公约，大洋协会也在深海硫化物、结壳和多金属结合勘探工作非常紧张的情况下，安排了一系列针对深海生物与环境的基线调查。2008年进行的大洋第二十航次，第一次安排了专门的生物基因航段，在西南印度洋洋脊我国新发现的热液区获取了包括热液烟囱在内的环境样本，并现场进行了厌氧、高压保存培养。

# 附件3　国际上著名深海研究机构与深海生物及基因研究计划简介

日本海洋研究开发机构（Japan Agency for Marine-Earth Science and

Technology，JAMSTEC)，成立于2004年4月1日，由1971年成立的日本海洋科技中心改组而来，现有正式职员329人，2007年总预算748亿日元，主要来自国家财政拨款和民间赞助。主要方向：①全球环境变化监测；②全球变化预报；③地球深部圈动力学研究；④海洋生态系统与极端生命的研究；⑤海洋技术的研究；⑥仿真研究及发展。

海洋生态系统与极端生命的研究（research on marine ecosystems and extremophiles）包括海洋生态系统的研究、深部生物圈的研究和极端生物研究与开发三个主要内容。该计划认为：我们这个星球的绝大部分生境位于大洋和地下深部，这些区域绝大部分尚未得到探索，栖息的微生物多数还未知。JAMSTEC研究深海及地下深部的生物主要针对极端生命：在这些极端环境中存在哪些类群的极端生命？它们不同于其他生物的主要特征是什么？如何利用它们服务于我们人类个体和工业应用？研究目标包括：活细胞如何适应极端环境；探索生命起源；通过发现并提供新的生命体发展新的生物技术。在海洋生物和生态研究中，JAMSTEC致力于研究海洋生态系统的生物过程、群体结构、中层水体和海底生物的多样性，也研究海洋生物尤其是动物－微生物共生体的进化。

法国海洋开发研究院（French Research Institute for Exploitation of the Sea)，由国家海洋开发中心和海洋渔业科技研究所于1984年6月5日合并而成，是在科研部、渔业与农业部、交通运输与建设部、环境部共同领导下的国立机构，现拥有1700名员工，2006年总预算2.265 14亿欧元，较2005年增长7.98%，主要来自国家资助计划、公共服务基金、合同资金及其他收入。主要任务包括：①海洋公共服务，包括海洋船只、装置的建立、提供与优化；②海洋相关数据库的建立；③近海海洋监督与管理；④水产业的监测与提高养殖产量；⑤海洋渔业的管理及可持续发展；⑥海底生物资源及多样性的发掘与探索；⑦海洋循环、生态系统、机制及趋势预测。

海底生物资源及多样性的发掘与探索（exploration，exploitation of ocean floor and their biodiversity)：其目标是利用最先进的技术去探索未知的海底，以了解其地球物理、地球化学和生命过程及其相互联系。这项工作致力于有效控制开发活动或利用生物、矿物和能源资源，以保护面临人类开发活动的深海独特生态系统。本项工作包括三个主要内容：①极端环境中流体、矿物与生态系统的相互作用——多学科手段研究大陆边缘生态系统（Gulf of Guinea，Mediterranean Sea…）和洋中脊生态系统（the Azores，the Northern Pacific…）；②矿物、能源、沉积物过程对生态系统的影响——进行沉积过程、堆积结构和稳定性分析，以鉴定矿物和能源资源，发展相关的工业技术，如离岸采油技术；③生物资源的持续利用——其目标是丰富海底来源微生物资源库并通过分子生物学手段实现工业化利用。

美国斯克里普斯海洋研究所（Scripps Institute of Oceanography）目前是世界上规模最大的海洋研究所，位于加利福尼亚州拉霍亚。1903 年由 W. E. 里特教授创建，从事海洋生物研究。研究所下设海洋地质、海洋生物和大洋 3 个研究部。其生物学研究分为生物海洋学和海洋生物，研究范围拓展到绝大多数海洋环境，包括珊瑚礁、深海、极地、近岸和海岸带等。1979 年斯克里普斯海洋研究所 Yayanos 教授首次报道了深海嗜压微生物的分离，目前该所的微生物学家和生物化学家已经发现了一系列的海洋生物来源的化合物作为抗癌和其他疾病的药物。Fenical 等发现一种 1100 米深海放线菌产生的 Salinosporamide A 是一种蛋白酶体抑制剂，对多发性骨髓瘤具有显著疗效，今年进入I期临床。Kwon 等从新的放线菌种中发现一系列具有选择性的抗肿瘤活性罕见的大环内酯 Marinomycins。

美国伍兹霍尔海洋研究所（Woods Hole Oceanographic Institution）位于马萨诸塞州伍兹霍尔，其前身是 1888 年在伍兹霍尔建立的海洋生物研究所。1927 年由美国科学院海洋学委员会开始筹建海洋研究所，1930 年成立，该所设有海洋生物学、海洋化学、海洋地质学和地球物理学、物理海洋学以及海洋工程 5 个研究室。拥有 4 个大型实验室、4 艘研究船、“阿尔文”号潜水器、电子显微镜中心和计算中心等。在海洋生物研究，北大西洋洋流、墨西哥湾流与西部边界流以及大涡旋的研究、深海大环流模拟等方面取得了重大成果。伍兹霍尔的深海生态学家正在监测海底食物链，以跟踪大洋的健康状况，伍兹霍尔海洋研究所也是洋中脊热液区研究的主要发起者和组织者。

（本文选自 2009 年咨询报告）

## 咨询组成员名单

| | | |
|---|---|---|
| 林其谁 | 中国科学院院士 | 中国科学院上海生命科学研究院生物化学与细胞生物学研究所 |
| 徐　洵 | 中国科学院院士 | 国家海洋局第三海洋研究所 |
| 汪品先 | 中国科学院院士 | 同济大学 |
| 陈凯先 | 中国科学院院士 | 中国科学院上海生命科学研究院药物科学研究所、上海中医药大学 |
| 邓子新 | 中国科学院院士 | 上海交通大学 |
| 丁　健 | 研究员 | 中国科学院上海生命科学研究院药物科学研究所 |
| 黄　力 | 研究员 | 中国科学院微生物研究所 |
| 高　福 | 研究员 | 中国科学院微生物研究所 |

| | | |
|---|---|---|
| 郝小江 | 研究员 | 中国科学院昆明植物研究所 |
| 林文翰 | 教　授 | 北京大学医学部 |
| 肖　湘 | 研究员 | 国家海洋局第三海洋研究所 |
| | 教　授 | 上海交通大学 |
| 耿美玉 | 研究员 | 中国科学院上海生命科学研究院药物科学研究所 |
| 邵宗泽 | 研究员 | 国家海洋局第三海洋研究所 |
| 徐　俊 | 研究员 | 国家海洋局第三海洋研究所 |
| | 教　授 | 上海交通大学 |
| 由德林 | 教　授 | 上海交通大学 |
| 周　宁 | 高级工程师 | 中国大洋协会 |

# 关于重视发展现代建筑技术科学的建议

吴硕贤　等

近年来，作为国民经济支柱产业之一的建筑业迅猛发展，呈现规模大、速度快、粗犷型的建设发展模式。在城市化发展进程中，提供科技支撑的建筑技术科学未能得到相应的发展，造成目前我国大量建筑物功能质量差、能源和资源浪费严重、大量标志性重点工程不得不请国外公司设计和咨询的局面。因此，重视发展现代建筑技术科学将不仅积极体现了我国社会发展的战略要求，而且对我国建筑产业本身的全面和可持续发展具有重要的现实意义。

## 一、意义与重要性

### （一）发展建筑技术科学学科的意义

建筑业落实科学发展观与可持续发展战略主要是通过推广绿色建筑和建设生态城市来逐步推进的。绿色建筑以“四节一环保”（节能、节地、节水、节材与保护环境）为特征。建筑技术科学为实现上述目标提供重要的科学和技术支撑。

建筑技术科学是建筑学的二级学科，其核心是建筑物理学（建筑热工学、建筑声学和建筑光学），其他研究方向包括：计算机及数字技术在建筑设计与规划中的应用、建筑构造学和建筑设备等。建筑技术科学研究如何通过城市规划与建筑设计等措施来使城市与建筑具有舒适、健康、适用、安全的环境，对于提高建筑内在品质、满足功能要求、节约能源和资源以及保护环境等均具有重要意义。

## （二）建筑技术科学的重要性

### 1. 建筑业的重要性

建筑业是国民经济四大支柱产业之一。随着我国城镇化进程的加速，在今后相当长一段时间内，我国新建建筑每年将达 15 亿 ~20 亿立方米的建成面积。建筑业事关国计民生，在老百姓衣食住行中，住、行直接与建筑业相关，衣、食也与建筑业间接相关。

建筑业占用土地面积巨大，消耗资源和能源的数量巨大。人类从自然界获取资源的 50% 系用于建筑物，产生的固体废弃物的 50% 也来自建筑物。

建筑业使用能耗惊人，已占我国总能耗的 28%，若加上原材料的生产、运输和损耗等，建筑业总能耗将高达 46. 7%。

建筑业耗资巨大。仅举一些大型公共建筑的投资为例：广州白云国际会议中心，投资 40 亿元；国家大剧院，投资 36 亿元；中央电视台新大楼，投资 50 亿元；广州歌剧院，投资 14 亿元等，都相当或超过“嫦娥一号”绕月 14 亿元的工程耗资。由此可见，发展建筑技术科学和提高建筑物功能与质量有多么重要！

另外，建筑物还是百姓购买的最昂贵的商品之一。老百姓购买一套住房，往往需耗费毕生的积蓄。因此，如何保证住房的内在性能与质量，是事关民生的重大问题。

### 2. 建筑技术科学的重要性

建筑技术科学对建筑业落实可持续发展战略的核心作用体现在以下三个方面：

（1）建筑技术科学在建设节能、省地和环保型建筑中起重要支撑作用

我国既有的近 400 亿平方米建筑中，95% 以上为高耗能建筑。新建建筑 80% 以上为高耗能建筑。单位建筑面积采暖能耗为同等气候发达国家的 3 倍以上。在建筑使用能耗中，空调与采暖能耗占重要部分，其中，仅夏季制冷的用电量已达总用电量的 1/3；其次是照明能耗，约占 12%。一幢热工性能优良、能适应当地气候的建筑物，对采暖空调的需求可以大大降低，从而从根本上减少采暖和空调系统的能耗。此外，发展绿色照明技术，可大大节约照明能耗。

（2）建筑技术科学对营造舒适健康的人居环境具有关键作用

人具有眼、耳、鼻、舌、身，分别具有视、听、嗅、味、热、湿等感觉机能。建筑物是供人们居住、工作等活动的空间和场所，可以看成是生活的容器。

与汽车有高档车、低档车一样，建筑物的品质与性能也有高低优劣之分。要提高建筑物的质量，同样要解决一系列科学技术问题。例如，提供舒适的采光照明以满足视觉的要求；提供良好的声环境和音质，来满足听觉的需要；提供适当的温度、湿度和通风环境，来满足身体的舒适和健康要求，也有益于工作效率的提高。建筑技术科学的重要性，还在于要依赖它来创造健康的人居环境。由于建筑室内空气品质不佳，不少人患有病态建筑综合征；由于室内环境污染导致中毒和患病的比率呈逐年上升趋势；由于城市与建筑声环境不佳，大量城市居民饱受噪声与振动干扰，噪声污染投诉已居各地环境投诉案件的首位。因此，欲改善人居环境，保障居民健康，就必须大力发展建筑技术科学。

(3) 建筑技术科学对实现不同建筑的不同功能具有不可替代的作用

对于音乐厅、歌剧院等厅堂建筑，对音质要求很高。音质不好是对经费、资源的很大浪费。例如，1962 年建成的美国林肯表演艺术中心音乐厅，由于音质不佳，结果拆掉重建。新加坡滨海艺术中心音乐厅，总投资 3 亿多美元，为了打造国际一流音质，光用于声学设计和研究的费用就达 1000 万美元。此外，民用住宅的隔声和降噪，都要依赖建筑声学研究来解决。

对于博物馆、美术馆等展示类建筑，在照明采光方面有高标准要求；城市夜景照明如何科学地规划设计，既避免光污染和节约电能，又为城市增光添彩，均需依赖建筑光学的研究工作来解决。

## 二、背景、现状及差距

### （一）我国建筑技术科学发展简况

新中国成立初期，一些留学归国的专家，开拓了我国建筑技术科学的研究方向。例如，马大猷院士，担任我国早期建筑物理学术委员会主任委员，开辟了建筑声学研究方向；钱伟长院士也参与培养了我国第一代建筑物理的研究生。当时我国建筑学科主要向苏联学习，对建筑技术科学较为重视，建立了由原建设部主管的中国建筑科学研究院和各地建筑科学研究院所。中国建筑科学研究院建筑物理所曾经聚集了 100 多位研究人员，拥有一些实验室和比较先进的仪器设备。各大学也相继建设了建筑物理教研室和实验室，培养了一批人才，奠定了我国建筑技术科学基础。尤其是 1959 年，配合首都十大建筑建设和国家大剧院立项，在清华大学、同济大学、华南工学院等八大建筑院系中，都进一步发展了建筑物理学，增建了若干实验室。同济大学和重庆建筑工程学院还曾培养过几届建筑物理的本科生，迎来了我国建筑技术科学发展的兴旺时期。

改革开放以来，我国建筑业蓬勃发展，城市化进程加速，各地兴建了大量建

筑物，出现了一些具有标志性的建筑精品，包括结构与施工在内的建筑科学技术在总体上有了很大提升。然而也必须看到，我国建筑学界在引进西方建筑理论思潮时，未注意信息的平衡，未注意介绍发达国家重视建筑技术科学的一面，过于强调建筑的形式功能而忽视了建筑的内在性能，在学术上表现为偏艺术、轻技术。加上建筑技术科学长期缺乏本科生的培养，人才青黄不接，在社会上的声音和影响较弱，科学普及工作严重不足，造成建筑领域有关行业的许多管理者和社会公众对建筑技术科学相当陌生。同时科研体制改革的不完善，政府停止或减少拨款，致使过去主要依靠政府拨款支持的建筑科学研究院、建筑科学研究所的不少建筑技术科学的基础研究停滞。由于建筑设计市场巨大，一些原先从事建筑技术科学的研究者、大学教育者也转为从事建筑设计，使我国建筑物理队伍分化，更缺少后备力量的补充。从2000年起，中国建筑科学研究院转归国务院国有资产监督管理委员会管辖，院下属的建筑物理所的主要任务也发生了很大改变。从面向市场提供直接的技术服务，为国有资产保值增值的角度看，盈利能力大幅增强，但是基础研究工作的开展却非常困难。科技对建筑业的贡献率低于科技对农业的贡献率。这使得在城市化急速发展、建设大潮迅速展开时，我国的建筑技术科学却未能相应发展和提供足够的技术支撑，从而造成目前我国大量建筑物功能质量差、科技含量低、能源和资源浪费严重、寿命短等现象，因而目前我国许多标志性重点工程也只得请外国公司来设计和咨询。

## （二）存在问题与差距

我国建筑技术科学存在的问题以及与国际上的差距主要表现在以下几个方面。

### 1. 对学科重要性认识不足，学科体系建设长期缺失

改革开放以来，我国建筑业迅猛发展，但也存在规模大、速度快和粗放型的建设发展模式，加之建筑业存在垄断倾向，使得建筑业对建筑技术科学的需求意愿不强。我国建筑设计与施工在精细化和重视科学技术方面与发达国家相比差距甚大，这也导致我国科技界在课题立项、重点实验室建设、经费投入和成果评奖等方面，长期忽视建筑技术科学内涵。直至2007年，才在华南理工大学立项建设我国首个建筑科学国家重点实验室，而教育部的科学技术委员会中，至今仍未有建筑技术科学领域的委员。

社会上也普遍缺乏重视建筑技术科学的意识。以建筑声学为例，作为美国物理学会的支柱学会之一的美国声学学会，即以建筑声学和噪声控制为其主要研究

方向。美国的耶鲁大学、哈佛大学、麻省理工学院均有不少物理学家和建筑学家从事建筑声学研究。德国哥廷根大学第三物理系，也以音乐厅声学作为其主攻方向。而我国的物理学界和建筑学界，均鲜有人研究建筑声学。国际上凡是1500个座位以上的音乐厅、剧场，都要进行声学缩尺模型试验。而且剧场等建筑，一旦立项就要由建筑师、声学顾问和剧场顾问组成设计组共同设计，以确保建筑的音质和使用功能。但是，我国许多重要的厅堂建筑，也未曾进行声学研究与设计，虽然在投资上与国际相当，但在功能、品质和科技含量上，却与国际一流水平有较大差距。

在建筑热工学方面，现行的《民用建筑热工设计规范》已经在很多方面不能满足现代建筑的要求，亟待修订。但修订这样一本基础性规范，需要长期的基础研究和实验数据的积累，而这些工作却鲜有人去做。在2005年《公共建筑节能设计标准》颁布之前，我国的公共建筑基本没有开展建筑节能设计和审查。在标准颁布之后，仍存在对现行建筑节能标准贯彻实施不力，建筑节能模拟优化设计技术的研究和推广普及不够，建筑节能构造的标准化工作落后，缺乏节能构造图集和操作规程，节能建筑材料与构件产业化、市场化程度不高，缺乏对节能建筑材料与构件产品的认证标识制度等问题。

## 2. 专业人才严重不足，在建设项目立项论证、方案评审等关键环节，建筑技术科学专家参与不够

国外建筑学教育的主流，是实行两阶段的培养：前三年的建筑科学学士阶段，毕业后再分流，部分人再读两年建筑设计，成为建筑师；其余人则攻读包括建筑技术科学在内的执照（diploma）学位。这种体制为培养大量社会上急需的建筑技术科学人才奠定了基础。例如，美国至少有15所建筑院校设有建筑光学专业，还有专门的技术学校教授建筑照明的实用课程。国外的建筑学博士论文选题至少有1/4为建筑技术科学的内容，而且许多建筑院系是以建筑技术科学作为其建筑教育的特色。而我国几乎所有建筑学院系均以建筑师和城市规划师为培养目标。建筑技术科学人才仅靠少数院系通过研究生教育来培养，造成人才缺口很大。以建筑声学人才为例，英国从事建筑声学与环境声学的顾问公司和研究单位多达289个，而我国则仅有少数几个单位有这方面的专家。再以建筑光学专业为例，我国各地仅城市照明管理机构所需专业人才的缺口就达5000人左右。早在20世纪50～70年代，我国就已确立建筑物理在建筑领域的专业地位。在工程设计中，建筑物理与建筑、结构、给排水、暖通、电气并列，是必须会签的专业之一。但目前普遍的情况是，在建设项目立项论证和工程设计与评审等环节，建筑技术科学专业的参与变得可有可无。这是我国建筑业与先进国家建筑业的主要差

别之一。

### 3. 实验室设施严重匮乏

建筑技术科学的研究基础是实验研究。因此，发达国家很重视建筑科学实验室的建设。日本筑波大学拥有 98 位研究人员规模的建筑科学实验室，从事建筑热工学、建筑节能、建筑防灾和绿色建筑等方面的研究。德国弗劳恩・霍夫建筑物理研究所拥有 100 多位科研人员，从事建筑热工学和建筑声学的应用基础研究，为德国的建筑节能和建筑噪声控制等相关标准规范的编制提供科学依据。我国这方面的实验室严重不足，以至无法进行符合 ISO 标准要求的重复性验证工作。另外，由于缺乏研究和实验支持，为制定标准和规范所需的许多重要参数也无从获得，致使我国这方面的标准规范常常只能以套用 ISO 标准为主，缺乏自主研究和科学验证，因此在实践中造成的损失难以估量。

近来这种情况略有改观。国家科技部已在华南理工大学建立了我国首个建筑科学国家重点实验室—亚热带建筑科学国家重点实验室。国家教育部也在重庆大学建立了首个山地城镇建设及新技术重点实验室。清华大学也建立了建筑节能中心以及由科技部与意大利环境与资源部共同建设的中意清华环保节能楼。但对于占全球建筑量近一半的中国而言，这一领域的实验室和研究单位仍偏少，与发达国家差距相当大。

### 4. 建筑技术科学从业人员的管理体系缺失

近年来，由于建筑技术科学专业人才严重不足，而社会上对这方面人才的需求又看涨，于是许多未经严格训练的人员也参与到建筑技术科学的从业队伍中，承担这方面的咨询、设计与施工技术工作。由于我国目前尚缺乏对建筑技术科学专业人员及机构的考核和资格认证，致使不少未具资格的人士参与了许多重点工程的建设，从而导致不少建筑工程的资金浪费和功能品质不佳。

## 三、建议与措施

### 1. 急需确立建筑技术科学专业在建设领域的行业法律地位，在建设项目立项论证、规划设计评审及施工、管理等环节增加建筑技术科学专业内容



近年来，随着人们对建筑性能与品质的关注度日渐提升，对绿色建筑的需求

日渐扩大，社会上与建筑技术科学专业相关的咨询、设计服务和产业规模也逐步形成与扩大，相关的绿色建筑材料与产品的研制和生产已粗具规模，急需住房和城乡建设部立项开展对建筑技术科学学科体系建设与行业管理模式的研究，出台适合国情和社会发展需要及行业特点的管理法规，以规范和指导行业的科学发展。建议出台鼓励节能环保的绿色建筑材料和构件产品的研发、生产和推广措施。建议今后在建设项目立项论证、规划、设计、评审及施工管理等环节，规定增加建筑技术科学专业内容，邀请建筑技术科学专家参与；同时建议增加对与建筑技术科学有关的标准规范的强制性条文的数量，增加建筑工程验收与检测中与建筑技术科学专业有关的指标和内容。这些措施可促进各建设、设计单位与专业咨询公司和研究机构的合作，有利于提高规划、设计与施工各环节的科技含量，促进建筑艺术与科技的完美结合，同时还可促使各建设和设计单位重视建筑技术科学专业人才的引进和培养。

### 2. 改革建筑学教育，促进建筑技术科学人才的培养

建筑学教育应改变当前过于注重视觉、注重建筑艺术而忽视建筑技术科学的倾向，切实按照建筑学教育评估标准来从事建筑教育。建筑界应回归到“坚固、适用、经济、美观”的基本方针来，鼓励不同建筑院系发展有特色的建筑学教育；鼓励一部分建筑院系以突出建筑技术科学作为其办学和人才培养的特色。建议国家教育部与住房和城乡建设部认真研究和改革建筑学教育的学制，探讨学习国外3 +2 年制的分流培养模式，或者设置建筑技术科学本科专业，以增加建筑技术科学人才的培养数量，提高培养质量，改变我国这方面人才奇缺的状况。

### 3. 加强对建筑技术科学基础研究的支持力度，加大对建筑技术科学实验室的建设力度

目前国际上的科技发展总体上可分为两大部分。一部分是新兴的引领未来的高科技和基础研究，对此，我国一直都比较重视，投入也较多；另一部分是与民生密切相关的科学技术的发展，着重解决现实问题，注重使科技成果惠及民众。相对而言，我国对后一部分的科技发展重视不够。应当提倡这两方面协调发展。建筑技术科学主要解决与民生密切相关的科技问题，量大面广，也含有基础研究和高新科技的成分，理应获得更多的关注以及更大的支持力度。尤其建筑物理学是建筑业的一门基础性学科，其价值和重要性在于开展系统性与适度超前的理论和实验研究并积累科学数据，产生并检验新的理论和技术措施，为建筑业新技术的推广提供科学依据。既然是一门基础性学科，国家对它的支持就应当体现“定

点、定向、长期、稳定”的方针，使一部分研究人员能专心致志地从事基础研究、应用基础研究和社会公益性研究。对其考核应以成果为主，而不是以直接的经济效益为目标。

政府部门应当增加对建筑技术科学实验室的建设和投入。建议科技部和其他有关部委在若干个重要的区域城市以及建筑院校，建设若干个建筑技术科学重点实验室，并将建筑科学实验室列入国家实验室建设计划之中，增拨经费予以支持。建议国家自然科学基金委更加重视这一领域课题的立项，加大经费支持力度。

### 4. 注重科技成果评价方式的多样性，吸引更多相关专业科技人员，共同促进建筑技术科学的发展

目前我国的科技评价体系过于注重论文的发表以及影响因子、引用率等指标，许多科技成果停留在从文献到文献的封闭圈内。许多科技人员未能更多地关注现实民生科技问题的解决。科技界应当向体育界学习，像奥运会一样对不同项目设置不同评价标准，鼓励交叉学科的发展，鼓励相关领域的科技人员关注与推动建筑技术科学的发展。虽然研究与解决实践中提出来的科学技术问题具有很大难度，但是其中往往蕴藏着巨大的自主创新机遇，是原始创新的源头活水。

### 5. 加强科普工作，使广大民众了解和重视建筑技术科学的作用和重要性

关于建筑物的性能和品质，国际和国内已制定了许多标准来加以评定。但未做好宣传普及，执行也不力，致使大众对此知之甚少，使得建筑物这一最昂贵的产品，却没有像许多其他产品（如汽车、家电）一样向消费者出示明确的定量指标。因此，应当进一步普及建筑技术科学知识，使得政府官员、建设项目的主管、企业家、建筑师和广大民众都具有这方面的知识，共同促进我国建筑业走向科学、良性发展的道路。当前，应当着重广泛宣传建筑节能知识，研究和推广建筑节能的措施，对既有建筑物进行节能改造。美国奥巴马总统已公布的经济振兴计划中，将对联邦政府办公设施实施大规模节能改造，其他项目如大规模地升级学校硬件设施，安装节能系统，创造21世纪示范学校以及改进医院设施等，均与建筑技术科学紧密相关，足见美国政府对建筑技术科学的高度重视，值得我们认真借鉴和反思。我国需做节能改造的建筑面积高达400亿平方米，建筑节能将是一个高达数万亿元的大产业；节能改造还应当与推广绿色照明技术，改善建筑声环境相结合。因此，应当大力支持建筑技术科学的发展，鼓励建筑师和科技人员研究节能、节地、节水和节材的建筑设计与规划理论，努力朝着建设生态城市

和绿色建筑的目标前进。

## 6. 设立建筑技术科学从业人员及专业咨询机构的资质认证制度

建议住房和城乡建设部研究并出台鼓励建筑技术科学咨询、设计顾问公司的设立和发展的政策；建立对建筑技术科学从业人员及专业公司的资格认证制度；制订有关建筑节能、热工设计、采光照明设计和音质设计与噪声控制的收费标准。

我们相信，通过上述建议措施的落实，我国的建筑技术科学将会得到较大的发展。这对于落实科学发展观、建设资源节约型和环境友好型社会、促使科技成果惠及人民群众等，都将会起到重要的作用。

（本文选自2009年咨询报告）

## 咨询组成员名单

| | | |
|---|---|---|
| 吴硕贤 | 中国科学院院士 | 华南理工大学 |
| 江　亿 | 中国工程院院士 | 清华大学 |
| 郑时龄 | 中国科学院院士 | 同济大学 |
| 何镜堂 | 中国工程院院士 | 华南理工大学 |
| 林海燕 | 研究员 | 中国建筑科学研究院 |
| 陈仲林 | 教　授 | 重庆大学 |
| 严永红 | 教　授 | 重庆大学 |
| 叶　青 | 一级注册建筑师 | 深圳市建筑科学研究院 |
| 孟庆林 | 教　授 | 华南理工大学 |
| 赵立华 | 教　授 | 华南理工大学 |
| 赵越喆 | 教　授 | 华南理工大学 |
| 王红卫 | 博　士 | 华南理工大学 |

## 项目组秘书

| | | |
|---|---|---|
| 赵越喆 | 教　授 | 华南理工大学 |

# 关于重视技术科学对建设创新型国家的作用的建议

程耿东　等

增强自主创新能力和提高劳动者素质是促进我国国民经济可持续全面发展的关键环节，是在当前日益激烈的国际科技竞争态势和不确定的国际经济环境下保持我国经济社会和谐稳定发展的战略选择，而要增强自主创新能力，需要大力发展和依靠以吸收基础研究理论成果为工程技术提供共性基础为特点的技术科学。普遍掌握和广泛应用技术科学对提高我国在原始创新、集成创新、引进消化吸收再创新等方面的自主创新能力，以及提高科技对国民经济的贡献和建设创新型国家等都具有重大的战略意义。

## 一、背景与意义

1957 年钱学森同志在《科学通报》上发表“论技术科学”，指出技术科学是人类知识的一个新部门，“它是从自然科学和工程技术的互相结合中所产生出来的，是为工程技术服务的一门学问”。中国科学院老领导张劲夫同志将其肯定为“技术科学的强国之道”。

中国科学院学部自成立以来就设立技术科学部（自 2004 年开始分设信息技术科学部）。1959 年，依据学部委员张光斗等科学家的建议，由中国科学院技术科学部严济慈主任主持制定了《技术科学远景发展规划》，得到了国务院批准，并作为《十二年科学技术发展远景规划》的一部分。20 世纪 60 年代，《1956～1967 年技术科学发展远景规划》曾进行两次修订。1978 年，在国家科学技术委员会领导下，张光斗院士等组织再制定《1978～1985 年全国技术科学发展规划纲要（草案）》，但执行两年就中止。2001 年，庄逢甘、郑哲敏院士主编的《钱学森技术科学思想与力学》（国防工业出版社，北京）和钱令希院士的《钱学森先生与计算力学》，分别以自己从事工程力学和计算力学研究与应用实践的亲身经历，进一步阐发了钱学森的技术科学思想。2002 年，由王大中、杨叔子院士主编，中国科学院技术科学部组织编写了《技术科学发展与展望——院士论技术科学》一书。该书重新刊登了钱学森先生的“论技术科学”、“现代科学技术的特点和体系结构”，王大中、杨叔子院士对钱学森的思想做了精辟介绍，王大珩、师昌绪、张光斗、罗沛霖和郑哲敏等院士论述了技术科学及其发展展望。特别是郑哲敏先生的“论技术科学和技术科学发展战略”一文，从技术科学发展的历程、范畴，对社会进步、国防建设、国民经济建设的作用，我国技术科学发展的经验与教训、面临的机遇与挑战、发展战略的初步设想，技术科学工作者的素质等问题都做了相当系统的论述。

当前，国际形势继续发生深刻而复杂的变化。机遇和挑战并存的情况，不仅表现在经济、政治、文化等领域，也突出地表现在科学技术领域。我国也已经到了必须更多依靠增强自主创新能力和提高劳动者素质等来推动经济发展的历史阶段。要增强自主创新能力，需要发展和依靠以吸收基础研究理论成果、又为工程技术提供共性基础的技术科学。技术科学是提升自主创新能力的重要载体，在引进重大技术的同时，要实现我们自主创新能力的提高，必须依靠技术科学。技术科学帮助工程技术人员不仅知其然，还知其所以然，从而为再创新提供基础。技术科学是培养和造就高水平的科技队伍与创新大军的重要基础，它的基础性使得掌握技术科学知识的人适应面宽且创新活力大，它的应用性使得学习掌握技术科学知识的人实事求是且富有责任感，而且工程实践所依据的规范往往是基于技术科学研究而制定的。

胡锦涛总书记在2006年两院院士大会上指出，“要高度重视技术科学的发展和工程实践能力的培养，提高把科技成果转化为工程应用的能力”。这是继1957年毛泽东同志关于领导干部要学习马克思主义、学习技术科学、学习自然科学的号召之后，中央领导再次把“技术科学”放在了突出的位置。我们必须从建设创新型国家的战略远景着眼，高度重视技术科学的发展。国家着力发展技术科学，是健全国家创新体系、提升自主创新能力的需要，是合理布局科学技术结构、完善研究开发体系的需要，也是造就科技领军人才、提高工程技术队伍素质的需要。在国家发展规划中，根据技术科学的特点，给予技术科学在基础研究、高技术研究和基础产业现代化研究各领域以足够的重视和发展空间，并分别制定相应的政策，意义十分重大。

## 二、技术科学的基本特征

钱学森于20世纪中期提出了系统完整的“技术科学”概念，明确提出“自然科学、技术科学和工程技术”三层次观点。我国“两弹一星”的研制成功，国际学术界“新巴斯德象限”理论的提出，促使我们重温钱学森的技术科学思想，进一步概括技术科学的特点，揭示其基本性质和学科地位。

技术科学的中介性与独立性。钱学森明确指出，技术科学是介于自然科学与工程技术之间的一门独立的门类，也可称之为桥梁，它是从自然科学和工程技术的互相结合中产生出来的，是为工程技术服务的一门学问。正是技术科学的中介性导致三层次学科在互动中各自相对独立地发展。由于技术科学的独立性，技术科学具有不同于自然科学和工程技术的评价标准。

技术科学的基础性与应用性。技术科学是关于人工自然过程的一般机制和原理的学科，它以基础科学理论为指导，研究多门工程技术中具有共性的理论问题，技术科学研究的成果往往可以应用于多个工程技术领域，从而成为工程技术的科学基础。工程技术问题的解决往往需要综合多门技术科学的研究成果。

技术科学的纵深性与广谱性。由于技术科学的中介过渡特征，自然科学的发展和工程技术的进步都推动技术科学的内涵不断深化，外延不断扩展，出现新兴、前沿和交叉的技术科学领域。

技术科学的研究对象、研究方法、成果形式和评价系统既不同于基础理论，也不同于工程技术。因此，如何用科学发展观指导科技领域的全面协调和可持续发展，是我们工作的重要出发点。而二层次观点抹杀了技术科学的特点，基于二层次观点的科技发展战略和评价系统，严重影响技术科学的发展，最终也影响基础理论和工程技术的发展。

## 三、技术科学对建设创新型国家的作用

技术科学的基本特征决定了技术科学不仅具有一般科学的广泛社会功能，而且具有引领前沿技术、促进自主创新、支撑工程教育和推动生产力发展的独特战略功能，另外对于实施科教兴国战略、人才强国战略，以及建设创新型国家都有着不可估量的作用。

### 1. 技术科学引领前沿技术发展的功能

技术科学的首要战略功能在于它的研究成果揭示了多门工程技术共性的规律与原理，其研究前沿能够引领前沿技术的发展。我们结合《国家中长期科学和技术发展规划纲要（2006—2020 年）》，选择人们普遍关注的三个重要技术科学领域：电子信息技术、纳米科学技术和环境科学技术，运用科学知识图谱的理论和方法进行计量分析，得出三点共同的结论：一是技术科学具有引领前沿技术发展的强大功能，技术科学既是前沿技术的生长点，也是前沿技术研发的基础，只有重视技术科学研究，才能进入前沿技术领域并取得重大进展；二是这些前沿技术热点与《国家中长期科学和技术发展规划纲要（2006—2020 年）》中有关前沿

技术的战略布局一致或相近，这论证了我国依靠同行专家做出前沿技术总体规划与战略布局的正确性；三是必须充分发挥技术科学引领前沿技术的功能，培育和支持大批活跃在前沿技术各个领域的技术科学研究团队，在技术科学基础上实现前沿技术的突破与创新。

## 2. 技术科学促进自主创新的功能

基础科学与基础研究并不能直接导致技术创新，而仅仅在工程技术或产业技术的经验层次上又难以实现技术的自主创新。唯有在技术科学领域以及作为工程技术知识形态的工程科学领域，一方面通过技术科学前沿研究获得前沿技术的新成果；另一方面借助一系列技术科学的协同作用，才可能实现前沿技术的自主创新。

1）技术科学的原始创新功能。在技术科学前沿领域，把理论导向的应用研究和应用导向的基础研究结合起来，一方面可以在充分利用国内外现有基础研究成果的基础上，进行既有理论背景又面向国家需求的研究，占领前沿技术的制高点；另一方面可以针对工程技术的共同理论基础开展研究，从而在把握技术科学原理的基础上取得前沿技术的重大突破和原创性发明，并进而实现前沿技术的原始创新。

2）技术科学的集成创新功能。技术科学的研究方法在采用还原论的同时重视整体论，一门技术科学覆盖了多门专业工程技术。以技术科学理论和研究方法为基础，有助于实现关键技术和相关技术的集成创新。在此基础上，由一系列技术的集成创新引发以关键技术为核心的技术创新集群，带动基于创新集群的替代产业和新兴产业的集群式发展。

3）技术科学的二次创新功能。只有从技术科学层面上全面剖析引进技术，才能揭示和把握引进技术及产品设备的结构与功能、设计与工艺、材料与加工的原理与方法等，最终在工程科学层次上实现引进技术的二次创新，走上自主创新的道路，而不陷入“引进—落后—再引进—再落后”的怪圈。

4）技术科学的潜在创新功能。技术科学的创新功能不仅表现在上述显性的现实功能上，而且还表现出某些难以直接显示的潜在创新功能，一方面通过技术科学理论的技术预见，展望前沿技术的发展态势与潜在创新的可能前景；另一方面特别体现为以技术科学反哺基础科学而存在的战略技术储备功能。

## 3. 技术科学支撑工程教育的功能



我国理工科大学，尤其是研究型大学，是造就科学技术人才和培养科技领军

人才的教育基地。其中，技术科学在理工科大学的学科建设与科学研究中具有支柱地位，它支持工程学科领域的教学和知识更新，也是改革和发展我国工程教育、提高我国工程教育质量的重要支撑。技术科学基础的加强必然扩大培养口径，有助于培养和造就基础好、应用能力强的科技领军人才，对我国建设创新型国家起到战略支撑作用。

国际工程教育研究前沿的知识图谱分析彰显了国际工程教育领域重视全面素质教育、注重社会技术科学教育、强调工程教育本身改革与工程实践教育、加强技术科学教育等方面的发展趋势。通过比较中美两国几个典型的高等学校机械工程类专业课程设置，也发现中美两国在高等工程教育制度上的差异。美国更加重视基础性的教育，特别重视技术科学基础教育，而我国更注重专业化教育，对技术科学重视不够，只能培养从事特定一门工程技术的“专才”，这不得不引起我们的重视。

## 四、技术科学强国战略对策

所谓技术科学强国战略，就是高度重视技术科学的发展，充分发挥技术科学对我国增强自主创新能力、建设创新型国家、科技强国和经济强国的战略作用。为此，依据技术科学的基本特征和战略功能，提出实施技术科学强国战略的如下几项政策性建议。

### 1. 明确确立技术科学的战略地位，制定和实施技术科学发展战略

理论和经验都表明技术科学是具有重要地位的独立门类。研究技术科学需要各级政府及其职能部门摈弃简单化的“自然科学和工程技术”的二层次观点，对技术科学的战略地位取得共识，形成稳定持续的政策支持技术科学的发展。我们建议国家有关部门重新确立技术科学在发展科学技术和提升自主创新能力中的战略地位，赋予技术科学作为一个独立门类所应有的战略规划和资金投入计划等。在此基础上，适时重新制定“技术科学发展战略”，确定技术科学发展的重点学科、前沿领域和实施办法，并纳入国家科技规划和各项科技计划中加以落实。

### 2. 适时制定国家技术科学发展规划，加大对技术科学的稳定投入

当前，我国政府设立了国家自然科学基金支持广大科技人员的科学研究。此外，还设立了多项科技计划，包括国家重大基础研究计划（“973”计划）、高技

术研究发展计划（“863”计划）、科技支撑计划、重大专项等，这些计划所支持的项目已经覆盖了技术科学相当多的研究领域。我们建议适时制定国家技术科学发展规划，并通过多种途径加大对技术科学的稳定投入：适时调整现有的科技计划，确保能更全面恰当地覆盖应该得到国家支持的技术科学重要领域，形成技术科学均衡发展的局面；扩大国家自然科学基金会对技术科学重要领域的支持；中央财政、地方财政和企业联合筹措资金，针对特定技术科学重要领域，设立行业联合研究基金，支持行业内企业联合开展技术科学项目攻关，解决行业或企业的技术科学共性关键问题，为面向行业的规范标准规程的制订和完善开展基础研究。

多渠道多元化的投入有利于稳定科技政策，确保不同层次不同领域的科技投入，确保对不同类别的科学研究实施不同的评价体系，有利于形成百花齐放的局面。

## 3. 健全技术科学研发体系，加强自主创新基础能力建设

建立健全技术科学的研发体系，是加强自主创新基础能力建设的重要内容。建议在国家自主创新支撑体系的科学布局中，根据国家重大战略需求，在新兴、前沿、交叉领域及我国特色与优势领域中，依托具有较强研究开发和技术辐射能力的转制科研机构或大企业，集成高等院校、科研院所等相关力量，加强建设和增加一批属技术科学范畴的国家研究机构［国家研究所、重点实验室和(或)国家实验室］，形成国家技术科学研发体系。各产业部门，应以行业的共性技术和核心技术为重点，建立自己的行业技术科学研发中心；在重点产业领域建设大企业集团技术科学研发中心；鼓励科研院所、高等院校、大型企业集团与海外研究开发机构联合建立国际技术科学研发中心，大力推进国际交流与合作。

## 4. 改进科学技术成果评价体系，正确合理评价技术科学成果

实践证明，科技成果评价和奖励制度直接影响科技和科研人员的发展。摈弃简单化的“自然科学和工程技术”的二层次观点，明确“自然科学、技术科学和工程技术”三层次观点，要在科技成果评价体系上得到落实。正确认识和把握技术科学的创新特点，建立一套适应技术科学发展的成果评价体系。针对技术科学特点，设立既不同于基础科学，又不同于工程技术的评价体系，按照技术科学的性质侧重工程技术共性规律、原理与学术价值、应用前景与潜在经济价值进行评价。合理的评价标准必然会激励广大技术科技工作者，极大地推动基础性、公益性的技术科学研究，以及引进技术的消化、吸收、再创新等工作的开展。

## 5. 加强技术科学教育，培养基础扎实、适应能力强的工程技术人才

建议高等教育管理部门明确确立技术科学在理工科教育中的地位，改革高等工程教育，完善技术科学课程体系，加速培养技术科学人才。目前，我国从全面素质培养的角度，对高等工程教育与工程专业课程体系进行改革，确实在加强基础理论、扩大专业面、强化创新实践和文化素质教育等方面取得很大进展。然而，在我国工程教育的改革过程中，技术科学课程面临被削弱的危险，社会技术课欠缺，实验与实践环节尤为缺失，这些都严重妨碍了培养出基础扎实、适应能力强的工程技术人才等教育目标的实现。

（本文选自 2009 年咨询报告）

## 咨询组成员名单

| | | |
|---|---|---|
| 程耿东 | 中国科学院院士 | 大连理工大学 |
| 郭　雷 | 中国科学院院士 | 中国科学院数学与系统科学研究院 |
| 戴汝为 | 中国科学院院士 | 中国科学院自动化研究所 |
| 杨叔子 | 中国科学院院士 | 华中科技大学 |
| 刘则渊 | 教　授 | 大连理工大学 |
| 陈　悦 | 副教授 | 大连理工大学 |
| 侯海燕 | 讲　师 | 大连理工大学 |

## 工作组成员名单

| | |
|---|---|
| 杨中楷 | 大连理工大学 21 世纪发展研究中心 |
| 栾春娟 | 大连理工大学 21 世纪发展研究中心 |
| 尹丽春 | 大连理工大学 21 世纪发展研究中心 |
| 陈立新 | 大连理工大学 21 世纪发展研究中心 |
| 梁永霞 | 大连理工大学 21 世纪发展研究中心 |
| 姜春林 | 大连理工大学 21 世纪发展研究中心 |
| 赵玉鹏 | 大连理工大学 21 世纪发展研究中心 |
| 许振亮 | 大连理工大学 21 世纪发展研究中心 |
| 侯建华 | 大连理工大学 21 世纪发展研究中心 |
| 郭涵宁 | 大连理工大学 21 世纪发展研究中心 |
| 王贤文 | 大连理工大学 21 世纪发展研究中心 |

# 中国基础教育改革存在的问题及建议

李大潜　等

基础教育是科教兴国战略的奠基工程，对提高国民素质、培养各级各类人才具有重要作用。实施素质教育，促进学生德、智、体、美、劳等各方面的基本素质全面发展，是21世纪对基础教育提出的必然要求，历来受到党中央和国务院的高度重视，也引起了社会各界的广泛关注。

但是，长期以来，应试教育愈演愈烈，使我国的基础教育陷入了片面追求升学率的怪圈。为调查了解我国实施素质教育的状况，中国科学院数学物理学部于2006年底组织开展了有关“中小学基础教育问题研究”的咨询。

实施素质教育是提高国民素质、培养跨世纪人才的战略举措，其作为既定国策，得到了中央和国务院的大力倡导，受到各地政府和社会各界的关注，给广大教师和学生带来了期盼。

为调查了解素质教育的实施状况，中国科学院数学物理学部于2006年底组织开展了有关“中小学基础教育问题研究”的咨询。从2007年5月开始，咨询组围绕当前教育改革中出现的问题，从教育行政管理、教师教学、学生学习、新课程标准的实施、高考方案和教材改革等多方面重点对江苏省和上海市10多所中学（主要是高中）进行了实地考察调研，与部分学校的校长、老师和学生进行座谈。同时，还在江苏和北京进行了问卷调查。在此基础上，经过认真研究和充分讨论，咨询组完成了此咨询报告。

## 一、实施素质教育和开展基础教育的现状以及存在的主要问题

从调研的结果看，近年来素质教育状况很不理想，不少地方的现实状况与素质教育宗旨背道而驰。应试教育的局面不仅没有得到改观，反而有变本加厉之趋势。总之，目前中学的教育形势相当严峻，实在令人担忧。

## （一）口口声声讲素质教育，扎扎实实搞应试教育

很多教育改革，虽然口号都是素质教育，但在实施过程中，绝大部分中学实行的却是应试教育，而且有愈演愈烈之势。应试教育是以升学考试为本、一切手段都为应付升学服务的教育，其主要表现为：

1）教育上的一切安排都围绕高考指挥棒转。

2）高中三年课程压在一年半甚至一年内上完，然后进行为了应付高考的多轮复习。

3）双休日及节假日基本上被用来补课。

为了应付高考，从课程的安排到教学与考试的内容、方式，无不以高考为中心，教学就是为了高考成绩。把原本系统的知识学习和全面发展的素质教育，变成了高考考什么，课堂就讲什么，学习就是为了高考，忽视了学生的系统知识掌握和素质提高。只要高考成绩好就行，不问其他，并把高考成绩与教育业绩挂钩，作为考核和评价教师、学校、教育部门乃至地方政府业绩的重要指标。

为了能腾出时间进行高考复习，不少学校往往把正常的教学和课程安排打乱，将高中三年的课程，压缩到一年半甚至一年讲完。将挤出来的一年半至两年的时间进行应付高考的反复操练，以求练得“滚瓜烂熟”。同时，不断加班加点，除了正常上课外，还在晚上甚至休息日、寒暑假进行大量补课。普遍的反映是：现在的应试教育就像是在流水线上作业，老师机械地教，学生机械地学，整天就是出题、做题、考试；中学老师基本没有教育思想，也很难对学生有创新性的启迪。

这样做的结果，不仅使学生的学习压力加大，异常辛苦，而且更严重的是，更使学生失去了对学习的兴趣。在高考升学率的压力下，老师和校长也疲于奔命，一切为了高考成绩，失去了教育的创造性和自主性。

这样的环境，怎么能培养出创新人才？有的校长甚至说：“我们不是在培养人才，而是在摧残人才！”

五年前，南京是全国素质教育开展较好的地区之一，但在应试教育的重压下，现在除了极少数学校外，已普遍采用苏北的县中模式——应试教育模式，教育行政部门也明确要求学校在休息时间和节假日补课，这种现象被称为“南京现象”。究其原因，是南京在江苏高考中的排名落后，而苏北相当一部分在高考中取得高的升学率的中学采取一个月只放假一天，其余时间均在学校，节假日大量补课和题海训练的方法。在当前用升学率来评价学校和老师的大环境下，学校迫于压力不得不进行应试教育。这一情况在新的课改和新的高考方案下越来越严重。

这样的成绩是拼命补课、反复操练、死记硬背、尽量延长学习时间搞出来的。只要成绩好，什么都好。为了片面追求升学指标而拼命应试，大量重复的题海战术，导致学生只是机械式地学习，没时间去消化课堂里所学的知识，学生课堂感悟时间少，课后反思时间少，作业多，能力差。在这方面，初中的应试教育更加严重，初中三年时间基本都是针对中考进行应试学习。

## 1. 应试教育对学生的影响

压力大，负担重，学习时间长，普遍缺乏对学习的兴趣等，主要表现为：

1）在校时间长，学习负担重（包括过多的练习册和模拟考试）。

2）面对频繁的考试和反复的操练，学生缺少自主的思考和理解，逐渐失去了学习兴趣，甚至视学习为畏途。自主学习能力较过去有明显降低，加剧了高分低能现象，严重影响了学生今后的持续发展和创新人才的培养。

3）文体活动和课外时间被挤占，学生体质明显下降，近视眼增多，学生缺乏朝气和活力，心理健康存在很大隐患。

4）不少人参加各种课外竞赛活动并非出于兴趣和自愿，而是为了获取升学的资本，这进一步加剧了学生的学习负担。

5）考试辅导材料泛滥，学生不胜重负。

学生心理压力过大。对江苏省参加2007年数学夏令营的学生调查表明：66.6%的学生认为学习负担重。在北京市，对同样是优秀学生的抽样调查中，只有15%的学生认为学习负担不重。

江苏省大部分学校的学生晚上在学校补课，周末自己在校外补课。现在期中、期末都考9门，每天要上8至9节课。学生自己支配的时间很少，感觉很痛苦。有些学生甚至根据不同学校进行应试教育采取的强制措施程度，将学校分别比喻为炼狱、地狱或监狱。

学生的压力主要源于升学考试的压力：表现为学校的压力、老师的压力、家长的压力、同学之间的压力，也有自身的压力等。

目前，高考不仅对毕业班有压力，甚至已经影响到高一。例如，在江苏省，生物原来在高二学，现在放到了高一，学完后就要参加考试，其成绩与高考录取相关。有些地区，学生一个学期竟被要求买60多本书，很多学生根本没时间看，有些书也根本没什么用，反而增加了学生的经济负担。为了出成绩，高中各科几乎每周一考，造成天天考的情况，而学生疲于应付，苦不堪言。

显然，目前的教育体制很难将学生培养成合格的劳动者，更谈不上创新型人才。

学习时间过长，主要表现为：

南京的中学一般上午 7：00 到校，11：55 放学。下午 13：30 上课，16：55 结束一天的课程。17：50 到 21：10 上晚自习。22：30 睡觉。周六上“小高考”考试课。一天 8～9 节课。有的学生学到凌晨 2 点。有的在校生在 22：30 熄灯后，在被窝里偷着看书，甚至有的在校生半夜起来看书。

根据调查问卷统计，北京的中学生平均 6：05 起床，7：00 到校，晚上 22：40 睡觉，平均每天学习时间为 10.74 小时。平均每天学习时间在 11～13 小时的占 31.2%，14 小时以上的占 13.2%。江苏的中学生平均每天学习 11～13 小时的占 35.6%，14 小时以上的占 18.9%。

学习课时多：

北京的学生平均每周 41.5 节课，50 节课以上的占 5.2%，已经明显偏多。而江苏每周 50 节课以上的竟达 41.1%，远高于北京。

体育锻炼得不到保证，学生体质状况不容乐观。江苏要求中学生每天体育活动 1 小时，实际上很难达到，平均每天只有 20 分钟的活动量。政府下拨的体育器材被放在了仓库里，并不使用。农村中学的情况更差。由于中考有体育成绩，因此初中的体育成绩虽好，但训练也只是为了考试，并未达到锻炼身体的目的。由于学习任务重，很多学生不愿意参加体育活动，感觉参加体育活动浪费时间。北京经常参加体育活动的占 55.2%，偶尔参加的占 39.6%。

视力下降状况尤为严重：在北京视力好的占 18.1%，差的占 64.8%。在江苏好的占 25.6%，差的占 74.4%。

本应是朝气蓬勃的中学生，现已成为我们国家最辛苦的群体之一。这不利于他们的身心健康和全面发展，也使他们缺乏责任心、同情心，缺乏学习欲望，而且心理不健康的学生也会增加。很多学生是通过背题、做题模仿训练出来的，对新的知识很麻木，往往老师要讲几遍才能接受，造成了很多高分低能的学生。这样怎么能培养出符合国家需要的创新型人才呢？怎么能培养出社会主义建设所需要的合格劳动者呢？

## 2. 应试教育对教师的影响

1）为了应试，很多教师早出晚归，超负荷工作，有的甚至说：“起得比公鸡早，睡得比夜莺迟。”绝大多数教师无法照顾自己的家庭和小孩，很多优秀的学生不愿意报考师范类院校。

2）没有时间和精力提高自己的教学水平和质量，严重影响了教师队伍素质的提高。

3）教师体质下降，有些甚至英年早逝。



现在的教师思想压力大，工作时间长，尤其是女教师的负担更重。据了解，上海的高中教师在校工作时间一般是：6：30～18：30，江苏的高中教师更达到：6：30～21：30，严重违反了《中华人民共和国劳动合同法》。

有的女教师早上6：10离开家，在去学校的车上用电话叫自己的孩子起床，叫孩子热早饭，自己去学校上学。等晚上10：30回到家里，孩子已经睡觉了，几乎没有时间照顾自己的孩子。这种现象并不是个例，而是有着一定的普遍性。

教师工作辛苦，待遇偏低，使得现在很多人不愿意做教师。许多教师反映，如果让他们重新选择职业，他们不会再选择做教师。许多优秀学生不愿意报考师范院校，这必将会影响到未来教师队伍的素质。例如，泰州市2007年中考总分为810分，重点中学的录取线为720分，普通高中录取线为620分，而师范学校录取线只有543分。如此的师范学生就是将来的小学教师，的确令人担忧。这样下去，必然会形成恶性循环，未来的教育就会更成问题了。

教师教学任务重，几乎没有进修的可能，也没有精力和时间钻研教材和教学方法。一方面，教师要给学生补课，占用了大量的课外时间和休息日；频繁的考试，也要花费教师大量的精力。另一方面，机械的题海教学方式，不仅影响了学生能力的培养和素质的提高，而且使很多教师不得不花很多时间千方百计地搜罗所有的题目类型给学生反复操练，也导致教师缺乏创造性教学的思想和动力，对提高教学水平和质量以及教师队伍的素质极为不利。不少的所谓教学名师，实际上不过是应试名师而已。

### 3. 不合理的评价体系为应试教育推波助澜

在应试教育的大环境下，当地政府、教育主管部门乃至社会主要用升学率特别是录取到重点高校的学生数来评价学校和教师，这又反过来强化了应试教育，使应试教育愈演愈烈。

应试教育也给中学校长带来极大压力。他们中的不少人虽然有自己的教育思想，对应试教育的这套做法十分反感，但在当地政府和社会的双重压力下，不得不使劲抓应试教育。他们说，“我不这样做，马上就会下台”。所以校长只能压教师，教师再压学生（不这样做，教师就要下岗!），最终把压力全部都加到学生头上。

### 4. 各种课余竞赛与高考挂钩，背离了竞赛本身的教育功能

课余竞赛本来可以作为素质教育的载体，但由于将各种竞赛与升学挂钩，却被一些人视为升学的捷径和敲门砖，功利化越来越突出，这进一步助长了应试教育。

## （二）课标的制定和教材的编写存在严重问题

课标制定与教材编写的科学性、逻辑性不强，打乱了知识的完整性与系统性，其中，包括不同学科之间、初中与高中之间的知识不相衔接。高中教材中需要的知识初中教材中没有，而高中阶段很难补上。教师难教，学生难学。编写新教材时口口声声要减负，但反而加重了学生的负担。

关于课标的问题：

1）教学过程不仅是知识的传授，更重要的是能力的培养和素质的提高，而新课标的内容恰恰背离了这一根本指导思想。新课标把每一学科的知识变成了一些支离破碎的知识点和模块，涉及的内容多且杂，深度无法把握，严重违背知识学习的系统性，不符合青少年的认识规律。

2）初高中的要求脱节，初中要求太低，而高中要求突然升高，学生的知识和能力达不到，因而很多学校必须编写衔接教材来过渡，这一情况尤其以数学和化学最为严重。

3）多学科之间不磨合，高一必修课中的物理、化学要补充数学知识，生物要补充化学知识，而生物教师讲的化学知识（如“氢键”）本来就是化学的难点，造成学生一知半解，反而影响学生对化学知识的掌握。

关于教材的问题：

1）教材编写队伍水平下降，教材质量出现良莠不齐的状况。教材编者对课标的理解不一，造成多套教材难度不一致。新教材把很多优秀的东西抛弃了，而加进了许多莫名其妙的东西。高中新教材支离破碎，像百科全书。

2）新教材应该是在一个轮回完整的教学实验之后，才能进行普遍试行，而不应该在功利的驱动下，边编写、边出版、边推行，把整个教育当做试验品，也不应该让地方部门或出版社去组织编写教材，以一纲多本的名义让商业介入。

3）初高中教材知识明显脱节。高中教材中要用的知识初中教材中没有，且高中阶段又难于补上，造成了教与学双方的困难，影响学生知识的掌握和能力的提高，加重了学生的学习负担。

4）各课程之间缺少协调。例如，高一物理教材中，力学要用的数学知识，数学当时还没有学到，教学受到很大影响，使物理教学无法按照教材编写的章节顺序进行，只能跳着章节讲。生物和数学某些章节也只能跳着讲。高中数学讲课的顺序只能是第一册、第四册、第五册、第二册、第三册。

# 二、对策与建议



1）要真正实施素质教育，认真总结以往教学改革的经验教训，对不符合教育规律的做法必须坚决予以纠正。

2）现行的高考方案和内容是应试教育愈演愈烈、学生负担越来越重的根源和指挥棒，要按素质教育的要求彻底进行改革。

3）中学阶段取消文理分班，为人才的全面成长创造有利环境。

4）将各种课余竞赛与升学完全脱钩。

5）以科学发展观为指导，改进和完善教育评价体系，纠正主要以升学率为评价标准的种种错误做法。

6）加大对教育的投入，提高学校整体办学水平；提高中学教师待遇，减轻中学教师负担，重视培养和提高教师素质。

7）重新审视和认真修订现有课标及教材，为素质教育的实施奠定基础。

8）基础教育的改革要防止过多的行政干预，应主要依靠在第一线的中学教师及关心、了解中学教育并在相关学科方面有较高造诣的大学教授。

（本文选自2009年咨询报告）

## 咨询组成员名单

| | | |
|---|---|---|
| 李大潜 | 中国科学院院士 | 复旦大学 |
| 孙义燧 | 中国科学院院士 | 南京大学 |
| 方　成 | 中国科学院院士 | 南京大学 |
| 曾　容 | 特级教师 | 复旦大学附属中学 |
| 顾鸿达 | 教　授 | 上海黄浦区教师进修学院 |
| 陈二才 | 教　授 | 南京师范大学 |
| 苏维宜 | 教　授 | 南京大学 |
| 赵世荣 | 研究员 | 中国科学院院士工作局数理化学办公室 |
| 林宏侠 | 副主任 | 中国科学院院士工作局数理化学办公室 |
| 杨建春 | 特级教师 | 南京市教育局教研室 |

# 中国计算科学的发展与对策建议

贺贤土　等

当前，计算科学已经成为科学技术发展和重大工程设计中具有战略意义的研究手段，并与传统的理论研究和实验室实验一起，成为促进重大科学发现和科技发展的战略支撑技术，是提高国家自主创新能力和核心竞争力的关键技术因素之一。美国等西方国家一直将计算科学作为国家战略给予高度重视，并在国家层面予以组织实施。

因此，加速发展我国的计算科学，对于提升我国科技自主创新能力、建设创新型国家、实现《国家中长期科学和技术发展规划纲要（2006—2020年）》目标、增强国家竞争力、保障国家安全、促进国家经济建设，具有十分重要的战略意义。

计算科学（computational science）是应用高性能计算能力预言和了解实际世界物质运动或复杂现象演化规律的科学，它包括研究对象的数值模拟（或工程仿真），以及模拟所必需的高效计算机系统（包含处理器性能高、访存快、高带宽、低延迟、I/O 快、内存大的高效计算机，以及配套的网络、存储、可视化等）和应用软件（包括物理建模、物理参数、计算方法和先进算法、软件实现等）。如果说计算机是躯体，那么应用软件就是心脏，数值模拟应是灵魂。

今天，计算科学已经成为科学技术发展和重大工程设计中具有战略意义的研究手段，与传统的理论研究和实验室实验一起，成为促进重大科学发现和科技发展的战略支撑技术，是提高国家自主创新能力和核心竞争力的关键技术因素之一。

美国等西方国家一直将计算科学视为关系国家命脉的国家战略，并给予高度重视。美国在国家层面，通过在 1983 年实施“战略计算机（SCP）计划”、1993 年实施“高性能计算和通信（HPCC）计划”和 1996 年实施“加速战略计算创新（ASCI）计划”及随后的“先进模拟与计算（ASC）计划”，在核武器库存与型号设计、激光聚变、能源、地球环境、气候和天气预报、飞行器设计、材料设计、药物设计、催化作用、燃料燃烧、臭氧消耗、空气污染、蛋白质结构分析、天体物理、工业制造等领域，获得了一系列重大科技成就，促进了高科技与国民经济的持续发展和国防高科技武器的出现，并且获得了基础科学研究的强大创新能力。同时，直接推动了高效计算机运算速度从每秒十亿次提升到每秒千万亿次，为今天的高技术霸主地位奠定了重要基础。在美国总统信息技术咨询委员会（PITAC）2005 年 6 月提交的《计算科学：确保美国的竞争力》报告中，再次将计算科学提升到国家核心科技竞争力的高度。

2006 年 2 月，我国发布的《国家中长期科学和技术发展规划纲要(2006—2020 年)》(以下简称《纲要》）提出在未来 15 年，应对挑战，超前部署重大专项、前沿技术和基础研究等内容，全面提升我国的科技自主创新能力，以期把我国在 2020 年前建设成为一个创新型国家。加速发展我国计算科学，对实现《纲要》目标，促进我国国防建设，保障国家安全，提高我国经济建设、国家重大工程、基础科学研究等尖端科技领域的核心支撑能力，具有十分重要的战略意义。

## 一、计算科学是国家科技创新的战略支撑手段，发展面临巨大挑战

经过几十年的不懈努力，我国计算机研制已获得很大发展，“神威”、“银河”和“曙光”相继取得突破。我国继美国、日本、欧盟之后，成为具备百万亿次以上计算机研制能力的国家。

借助于数百万亿次乃至千万亿次量级以上规模的高效计算机和应用软件，我国将有可能对复杂系统在各种实际条件下的状态和行为进行比较精确的模拟和预测，使得这些复杂系统的原理突破和实际设计可以达到美国等发达国家的先进水平，大幅度提高我国的自主创新和核心竞争力，缩短国际差距。这样的复杂系统广泛存在于国防建设、国家经济建设、国家重大工程、前沿基础科学研究等重要科技领域，尤其是在《纲要》的重大专项和重大研究计划中。

在我国核武器理论设计中，计算科学一直是不可或缺的研究手段，在国家重大项目惯性约束聚变（ICF）以及高能量密度物理等研究中，计算科学正在发挥不可替代的作用。“十二五”期间，在我国核武器和 ICF 研究领域，几乎所有关键的科学原理突破和优化设计均需要数百万亿次以上高效计算机的计算。

在地球环境科学和气象科学研究中，计算科学使我国发展了独具特色的四代地球气候系统模式，其可以模拟人类活动对全球变化的可能影响和未来气候的可能演变趋势；通过同化各种观察资料能对全球范围作 3 ~10 天的中期天气预报，在全国范围对剧烈天气事件如暴雨、台风、沙尘等作 24 ~48 小时短期预报；可以模拟江河湖泊的污染扩散和污染危害。但是，对于提升国际核心竞争能力的全球气候变化研究与预报、极端事件的预测预防具有极其重要作用的高分辨率耦合

地球系统模式框架（包括大气环流、大洋环流、陆面过程、海冰、大气化学、海洋生物、动态植被以及碳、氮循环过程等），对于全球和区域嵌套耦合的高分辨率数值气候预报，如全球气候变化、温室效应等，没有数百万亿次量级以上规模的高效计算机和相关应用软件是无法进行的。

在航空航天领域，《纲要》明确的重大力学问题、高超声速科技工程、大型飞机工程中，计算科学对复杂空气流动力学原理的精细认识、飞行器布局设计、机翼等关键部件的参数设计和性能优化、气动声学和气动光学、返回舱黑障区电磁耦合、流固耦合、发动机内流、多学科设计优化等方面，具有极其重要的支撑作用。在美国和欧盟大量采用高性能数值模拟提升飞行器设计能力的今天，体现我国核心竞争力的关键技术和优化设计也必须依赖计算科学。

在生物医药和生命科学领域，计算科学可以完全融入新药的研发过程，通过虚拟筛选从实验数据中发现新的活性化合物，从活性化合物出发寻找靶标并进行验证和确认，通过复杂生物大分子的分子动力学模拟研究新药靶标的构象空间与作用机理；计算科学可以有效地促进生命科学探索，包括“蛋白质－蛋白质”和“蛋白质－核酸”的识别和组装、蛋白质折叠和构象变化、基因识别和缺陷修复、量子生物化学和 DNA 链等，大大缩短研制周期，节省研制经费。

在重大工程与装备研究中，计算科学可以大幅度提升结构力学的分析能力，促进新材料的研制和过程设备的优化设计，可以通过燃料燃烧的化学反应和复杂流动的精细模拟来优化设备，降低成本，提升竞争力。

在前沿科学研究领域，计算科学已经成为新型超导与磁性材料、纳米材料、半导体材料等研制中的必要手段，是研究材料老化、脆裂、疲劳和灾难性失效以及理解和把握材料物性的关键技术；已经成为宇宙起源、暗物质与暗能量的分布、恒星爆炸、黑洞现象以及基于量子场论的物质基本结构等方面必需的研究手段。在美国和欧盟，前沿科学探索的创新成果大量借助于计算科学。

因此，计算科学在我国重大科技创新及《纲要》关注的国防建设、国民经济建设、前沿高技术和基础科学问题中，尤其在核武器、能源、地球环境科学和气象科学、航空航天、药物研制与生命科学、重大工程与装备、若干前沿科学等研究领域中，具有广泛的迫切需求，是国家科技创新的主要研究手段之一。美国启动的国家层面的四次研究计划就足以说明这一点。

但是，与西方先进国家相比，我国在计算科学领域还存在巨大的差距。要使计算科学在实际应用中真正成为科技创新的主要研究手段，我国面临巨大挑战。

1）在国家战略层面，缺少对计算科学的宣传、引导和鼓励，对计算科学战略地位，计算科学的整体水平、深度和广度缺乏足够的认识，计算科学的多学科交叉人才严重短缺。实际上，除了少数几个国防建设和国民经济建设的重要单位拥有各自的高运算速度的计算机资源并从计算科学中得到科技创新能力之外，高等院校和科研院所的大量研究人员对计算科学的使用完全处于自发行为，使用个人计算机或小规模机群来开展研究，偏重于学术论文的发表，无法真正意识到计算科学对提升创新研究水平和核心竞争能力的重要作用，很难得到创新研究成果。在此影响下，科研评价体制非常不利于计算科学的多学科交叉型人才的培养，实际应用领域已经出现了该类人才的严重短缺。长此以往，在美国和欧盟等发达国家越来越依赖计算科学开展创新研究的同时，我国与发达国家的差距将进一步拉大，从而大大制约决定国家核心竞争力的科技创新，后果是极其严重的。

2）没有从国家战略层面对计算科学统一规划，甚至片面地以高性能计算机的发展规划替代计算科学的发展规划。计算科学是多个领域交叉融合的大学科，必须同时拥有高效计算机系统和应用软件，涉及面广。也正是由于这个特点，计算科学才可以成为国家科技创新的战略支撑手段。对于这样的大科学，没有国家战略层面的协调发展，单靠高效计算机的发展显然是无法完成的。如果没有应用软件，高效计算机再好，也只能是一个摆设，难以在国家科技创新中发挥作用。

3）体现国家创新能力、高水平自主知识产权的计算科学应用软件严重短缺，软件的发展长期落后于计算机硬件的发展，无法承载计算科学提升国家科技创新能力的任务。计算科学应用软件是在高效计算机上实施数值模拟或工程仿真的工具，没有自主创新的高水平应用软件，就没有我国自主创新的高性能计算。

计算科学应用软件作为国家战略科技创新的基本工具，直接服务于国家重大科技项目，专业性和多学科交叉性非常强，需要国家的战略规划和长期稳定的经费资助，这完全不同于市场运作的商业软件。例如，流体力学计算科学应用软件就必须由流体力学专业人员提供物理模型、物理参数和计算方法，通过与软件人员通力合作、不断地验证与确认才能成功研制。而市场运作的商业软件通常可以由商业方式运行操作。我国在市场型商业软件方面投入巨大，但是忽略了高性能计算应用软件，甚至将其等同于市场商业软件，完全采用市场评价机制加以统一衡量。于是，我国自主创新的应用软件由于缺少国家层面的统筹安排和经费投入，从而长期处于自发状态，甚至彻底放弃，专业人才极其短缺。

与我国形成鲜明对比，美国通过国家战略发展规划，统筹研制计算科学应用软件，并强调该类专业软件去密、删减和包装向商业软件转换，并通过商业软件的输出，控制其他国家的软件研制能力和科技创新水平，抢占国际创新技术的制高点。在此背景下，有人认为，通过引进国外的商业软件就可以在高效计算机上满足我国的计算科学需求，从而进一步将计算科学等同于计算机发展。这种认识是极其片面甚至非常有害的。我国花大量经费从国外购买的大量应用软件是不可能获得源代码的，普遍存在着版本低、精度低、无源代码等缺点，且价格昂贵，关键应用受到限制。事实上，西方向我们推销的应用软件往往是他们的低端产

品，真正发挥核心作用的那些“IN HOUSE”程序都严格保密，我们是绝对买不到的。这些引进的洋程序不可能模拟我国自主创新所必须突破的基础原理和核心技术，也很难对应用软件进行改进和发展。在当前我国应用软件发展极其不利并无法直接满足实际需求的国情下，如果投入巨资购买商业应用软件，不重视国家层面的统筹规划和大力发展自主知识产权的计算科学应用软件，在不久的将来，我国必定会成为计算科学应用软件的沙漠，拱手将计算科学的应用领域的科技创新能力送给美国等发达国家，这必将严重阻碍我国创新型国家的建设。

4）国产计算机系统缺少国家层面的统筹规划，片面地追求理论峰值速度，在国家层面还没有和实际应用形成良性循环。我国百万亿次量级的计算机设计没有与实际应用密切磨合，只能跟踪并仿制美国同类产品，难以原始创新并抢占国际制高点，难以在实际应用中实现高效率和高稳定。目前，国际 TOP 500 排名超过百万亿次的计算机均是在国家层面统一规划、密切结合实际应用而研制的大规模并行处理（MPP）计算机，它们在效率、通信、内存和 I/O 等多个方面普遍优于机群系统（cluster），并引领国际高效计算机的发展趋势，促进应用领域的原始创新。但是，我国国产计算机在国家层面还缺少面向解决对国家有重要意义、最具挑战性问题能力的计算机整体发展规划，缺少面向实际应用的科学评价机制来替代当前的理论峰值或 LINPACK 的 TOP 500 排名机制，缺少和实际应用的捆绑式发展，这是非常不利的。

在以上四个问题中，国家层面的整体战略规划至关重要。我国如不加以重视并迅速实施，在面临美国、日本和欧盟均将其视为国家发展战略而统一规划的形势压力下，我国计算科学将难以在各个领域实现整体协调发展，必将日益拉大差距，进一步削弱我国在国防建设、国民经济建设、国家重大工程和基础科学研究等领域的自主创新能力，直接影响我国创新型国家的建设。

## 二、制定我国计算科学的国家发展战略

为了加速发展我国计算科学，提升国家自主创新能力和核心竞争力，针对我国计算科学当前面临的诸多问题，借鉴美国等发达国家的成功经验，我们建议：

在科技部建立由部级领导负责的国家领导管理机构，设立计算科学专家委员会，统一领导、组织和管理我国计算科学的发展问题：

1）提出我国计算科学的整体发展战略和目标，制定中、长期发展规划。根据国际计算科学发展趋势及我国计算科学的发展现状和存在的问题，密切结合国防建设和国家安全、国民经济建设、国家重大工程、前沿科学研究的实际需求，充分征求不同领域专家的意见，提出我国计算科学的整体发展战略和目标，制定

中、长期发展规划，由相应的国家机构组织实施。

2）加大力度开发、研制自主创新计算科学应用软件。美国等发达国家的成功实践表明，在高度并行且拥有成千上万个处理器核的计算机系统以及多学科的实际应用中，高置信度应用软件直接关系到计算科学能否在科研与工程设计中发挥作用。但是，由于物理建模、物理参数、计算方法和算法、软件实现等方面的高复杂度，它们的研制周期通常长于硬件（平均五年更新一代），且需要长期、稳定的国家经费支持。其实，在美国的 ASC 计划中，计算科学应用软件的投入是整个计划最主要的经费开支。因此，我国应该尽快改变目前投入严重不足、应用研发力量薄弱分散、跨学科综合人才缺乏、研发单位少和学术交流渠道少的局面，瞄准国防建设和国家安全、国民经济建设、国家重大工程和前沿基础科学等方面具有的重大挑战性问题，制定规划，确保计算科学应用软件和国产高效计算机的协调、平衡发展。

3）大力加强研制致力于解决对国家有重要意义且最具挑战性项目（如核武器、能源、航空航天、气候模拟、天体物理、纳米技术和前沿基础研究等）能力的高效计算机系统。这些挑战性项目需要处理器性能高、访存快、高带宽、低延迟、I/O 快、内存大这种能力很强的高效计算机系统，因此，必须以实际应用为牵引，长期规划，集中力量研究和研制高性能微处理器、体系结构和互联技术、操作和编译系统、编程环境，以研制这种解决最具挑战性问题能力的计算机作为我国计算机的发展方向，而不是集群计算机。只有这样，才能实现计算科学所需的高效计算机系统技术的全面提升，这也将有助于推动大众型计算机（如集群系统）技术的提高。

4）建立几个国家和部委共管的国家级超级计算中心，通过提供高性能计算资源，宣传、引导和鼓励科研院校运用计算科学推动科技创新。在计算科学应用需求集中的某些地区，面向地区或行业建立超级计算中心，提供高效计算的公共服务，可以防止用户单位单独购买而造成的资源分散、技术支持薄弱和应用效率低等弊病。超级计算中心作为高效计算机研制者和实际应用用户之间的桥梁，在提供计算资源的同时，加大研发力度，研制高性能数值模拟支持软件框架、平台和工具箱，使得应用软件更好地发挥计算机的潜在性能，促进实际应用和高效计算机之间的良性循环发展。这是计算科学推广、发展的好模式，国家应该给予持续投资和长期支持。

5）大力培养计算科学的多学科交叉型人才。计算科学涉及应用科学、科学与工程计算和计算机科学等多个学科。高等教育应该建立相关学科，建立合理的评价机制，加大经费支持，鼓励和提高研究人员从事计算科学的积极性。

（本文选自 2009 年咨询报告）

## 咨询组成员名单

| | | |
|---|---|---|
| 贺贤土 | 中国科学院院士 | 北京应用物理与计算数学研究所 |
| 钟万勰 | 中国科学院院士 | 大连理工大学工程力学系 |
| 张涵信 | 中国科学院院士 | 国家计算流体力学实验室 |
| 崔尔杰 | 中国科学院院士 | 中国航天空气动力技术研究院 |
| 袁国兴 | 研究员 | 北京应用物理与计算数学研究所 |
| 莫则尧 | 研究员 | 北京应用物理与计算数学研究所 |
| 叶友达 | 研究员 | 国家计算流体力学实验室 |
| 迟学斌 | 研究员 | 中国科学院计算机网络信息中心超级计算中心 |
| 赵世荣 | 研究员 | 中国科学院院士工作局数理化学办公室 |
| 林宏侠 | 副主任 | 中国科学院院士工作局数理化学办公室 |

# 看准方向，坚定信心，大力促进中国大规模非水可再生能源发电

严陆光*

近年来，各方面对于我国应大力发展非水可再生能源，积极构建能源可持续发展体系已取得了一定共识，积极性也在增强，但对于在21世纪上半叶能否达到上亿吨标煤的年供应量以及大规模发展上亿千瓦装机容量尚有不少疑虑。各方面进行了大量的分析研讨，举行了多种会议，出版了一些著作。在这些工作基础上，我将所形成的认识与见解进行了简要的综述，供有关同志与部门决策参考。

## 一、我国能源与电力可持续发展的状况与展望

21世纪上半叶，我国能源发展已进入减小化石能源份额，增大可再生能源份额，逐步建立可持续发展体系的新时期。

据测算：

1）2050年全国能源总耗量约70亿吨标煤，人均约4.5吨标煤/年。与2007年能源总耗量27亿吨标煤，人均2吨标煤/年相比，分别增长2.6倍和2.3倍。

2）与此相对应，能源结构将发生明显变化：煤的比重将由70%降至40%，石油保持20%，天然气将由3%增至10%，水电、核电将由7%增至15%，从而非水可再生商品能源最少将达15%以上，达到年提供10亿吨标煤以上的一次能源。

3）大规模发展非水可再生能源已提上日程，并成为国家能源发展的一个重大战略。

表1中列出了有关数据。

**表1　我国一次商品能源耗量与构成的发展与展望**

| 年份 | 总人口/亿 | 占世界 | | | 能源结构 | | | |
|---|---|---|---|---|---|---|---|---|
| | | 总能耗/亿 tce | 总能耗的比例/% | 化石能源合计/% | 煤/% | 石油/% | 天然气/% | 水电+核电/% |
| 1950 | 5.44 | 0.32 | — | 97.6 | 96.3 | 0.7 | — | 3.0 |
| 1960 | 6.95 | 3.02 | — | 98.5 | 93.9 | 4.11 | 0.45 | 1.54 |



* 严陆光，中国科学院院士，中国科学院电工研究所

续表

| 年份 | 总人口/亿 | 占世界 | | | 能源结构 | | | |
|---|---|---|---|---|---|---|---|---|
| | | 总能耗/亿 tce | 总能耗的比例/% | 化石能源合计/% | 煤/% | 石油/% | 天然气/% | 水电+核电/% |
| 1970 | 8.25 | 2.93 | 4.0 | 96.5 | 80.9 | 14.7 | 0.92 | 3.53 |
| 1980 | 9.9 | 6.03 | 6.0 | 96.0 | 72.2 | 20.7 | 3.1 | 4.0 |
| 1990 | 11.3 | 9.87 | 7.9 | 94.9 | 76.2 | 16.6 | 2.1 | 5.1 |
| 1995 | 12.2 | 13.1 | 10.0 | 93.9 | 74.6 | 17.5 | 1.8 | 6.1 |
| 2000 | 12.7 | 13.86 | 9.8 | 93.2 | 67.8 | 23.2 | 2.4 | 6.7 |
| 2001 | 12.8 | 14.32 | 10.7 | 92.2 | 66.7 | 22.9 | 2.6 | 7.9 |
| 2002 | 12.8 | 15.18 | 11.2 | 92.3 | 66.3 | 23.4 | 2.6 | 7.7 |
| 2003 | 12.9 | 17.5 | 12.5 | 93.2 | 68.4 | 22.2 | 2.6 | 6.8 |
| 2004 | 13.0 | 20.32 | 13.8 | 92.9 | 68.0 | 22.3 | 2.6 | 7.1 |
| 2005 | 13.1 | 22.47 | 14.9 | 93.0 | 69.1 | 21.2 | 2.8 | 7.1 |
| 2006 | 13.1 | 24.63 | — | 92.8 | 69.4 | 20.4 | 3.0 | 7.2 |
| 2007 | 13.2 | 26.65 | — | — | — | — | — | — |
| 2050 年展望 | 16.0 | 70.0 | — | 70.0* | 40.0 | 20.0 | 10.0 | 15.0 |

* 另有 15 % 非水可再生能源

提供电力是非水可再生能源发展的主要方面，表 2 列出了我国电力的发展与展望。

**表 2　我国电力的发展与展望**

| 年份 | 年总发电量/(亿 kW·h) | 总装机容量/亿 kW，/% | 煤电容量/亿 kW，/% | 水电容量/亿 kW，/% | 核电容量/亿 kW，/% |
|---|---|---|---|---|---|
| 1950 | 46 | 0.019 / 100 | 0.017 / 90.9 | 0.0017 / 9.1 | — |
| 1960 | 594 | 0.12 / 100 | 0.10 / 83.7 | 0.019 / 16.3 | — |
| 1970 | 1 159 | 0.24 / 100 | 0.175 / 73.8 | 0.0623 / 26.2 | — |
| 1980 | 3 006 | 0.66 / 100 | 0.456 / 69.2 | 0.204 / 30.8 | — |
| 1990 | 6 230 | 1.38 / 100 | 1.02 / 73.9 | 0.36 / 26.1 | — |
| 1995 | 10 023 | 2.17 / 100 | 1.63 / 75.0 | 0.52 / 24.1 | 0.021 / 0.9 |
| 2000 | 13 472 | 3.19 / 100 | 2.37 / 74.3 | 0.794 / 25.0 | 0.021 / 0.6 |
| 2001 | 14 838 | 3.38 / 100 | 2.53 / 74.9 | 0.83 / 24.6 | 0.021 / 0.6 |
| 2002 | 16 542 | 3.57 / 100 | 2.66 / 74.5 | 0.86 / 24.1 | 0.046 / 1.29 |
| 2003 | 19 032 | 3.91 / 100 | 2.90 / 74.0 | 0.95 / 24.2 | 0.064 / 1.68 |
| 2004 | 21 972 | 4.42 / 100 | 3.30 / 74.5 | 1.05 / 23.8 | 0.07 / 1.59 |

续表

| 年份 | 年总发电量 /(亿 kW·h) | 总装机容量 /亿 kW，/% | 煤电容量 /亿 kW，/% | 水电容量 /亿 kW，/% | 核电容量 /亿 kW，/% |
|---|---|---|---|---|---|
| 2005 | 24 940 | 5.17 / 100 | 3.91 / 75.7 | 1.27 / 22.7 | 0.074 / 1.86 |
| 2006 | 28 588 | 6.22 / 100 | 4.84 / 77.8 | 1.29 / 20.7 | 0.071 / 1.18 |
| 2007 | 32 589 | 7.13 / 100 | 5.54 / 77.7 | 1.45 / 20.3 | 0.089 / 1.2 |
| 2050 年展望 | 120 000 | 24.0 / 100* | 9.6 / 40 | 3.6 / 15 | 2.6 / 11 |

*其中近 30 % 为非水可再生能源发电

由以上数据可以看出，现有发电方式仅能满足 2050 年总装机容量的 66%，气电发展可能不会超过 5%，因此尚有近 30%（约 7 亿千瓦）的装机容量需要依靠非水可再生能源发电。

2050 年，我国将有约 15%（10 亿吨标煤/年）的一次能源缺口、约 30%（约 7 亿千瓦）的发电能力缺口依靠发展非水可再生能源填补。虽然近年来风能、生物质能与太阳能得到了可喜的进展，关注程度也日益增强，但离 2050 年的大规模发展需求相距甚远，其增长速度对能源结构调整的影响最大。要想大规模、稳定、快速地发展，就必须采取有力措施。

我们认为，21 世纪上半叶，风力发电、光伏发电与太阳热发电发展前景广阔，可能提供亿吨标煤（亿千瓦装机）能源。这里着重分析可能存在的困难，并提出一些想法。

## 二、风力发电

风能利用以发电为主。风力发电是当今新能源发电中技术最成熟、经济性较好、最具有大规模开发条件和商业化前景的发电方式，应成为近期发展的重点。我国陆地 10 米高度的风能经济可开发量为 2.53 亿千瓦，离地面 50 米，估计可能增大一倍。近海资源估计比陆地上大 3 倍，10 米高经济可开发量约 7.5 亿千瓦，50 米高经济可开发量约 15 亿千瓦。风能资源量与水能资源量相当，完全可期望在 2050 年达到数亿千瓦装机容量，成为水力发电后第二个大规模可再生能源发电方式。

自 20 世纪 80 年代起，边远地区农牧渔民等居民用电领域已形成世界最大的小风电机的产业与市场。至 2007 年已推广使用了 100 瓦至 10 千瓦的风电机 35 万台，共约 7 万千瓦，约有 30 万台在运行。2007 年共生产 5.4 万台，出口 1.9 万台，有生产企业 25 家，形成了良好的经济与社会效益。

自 1986 年我国第一个并网风电场（山东省荣成市）建成发电以来，2000 年全国风电场装机已达 34.4 万千瓦，成为风电发展的主力。

2007年达到累计装机590万千瓦，当年新增330万千瓦，其中，国内内资厂家产品份额累计达44.8%，当年达55.9%。

表3列出了2000年以来世界与中国风力发电的进展。

**表3　2000年以来世界与中国风力发电的进展**

| 年　份 | 全球 | | 中国 | | | |
|---|---|---|---|---|---|---|
| | 累计装机/百万kW | 当年新增/百万kW | 累计装机/百万kW | 当年新增/百万kW | 内资产品份额 | |
| | | | | | 累计/% | 当年/% |
| 2000 | | | 0.344 | 0.076 | | |
| 2001 | 24.5 | | 0.400 | 0.056 | | |
| 2002 | 31.5 | 7.0 | 0.468 | 0.068 | | |
| 2003 | 40.0 | 8.5 | 0.567 | 0.099 | | |
| 2004 | 48.0 | 8.0 | 0.764 | 0.197 | 18 | 25 |
| 2005 | 60.0 | 12.0 | 1.266 | 0.502 | 25 | 29.4 |
| 2006 | 75.0 | 15.0 | 2.599 | 1.333 | 31 | 41.1 |
| 2007 | 94.12 | 20.0 | 5.906 | 3.307 | 44.8 | 55.90 |

近年来，各方面对发展风电有很高积极性，一批新建项目正在实施。若按当前年增容量约500万千瓦计，2010年可望达2000万千瓦。若2010~2020年年增容量上升至600万~800万千瓦，则2020年将达总装机8000万~1亿千瓦。由此可知，2050年达数亿千瓦是可能的。

我国风力发电发展的主要特点与问题是：

1）风电领域相关产业成长迅速，目前已有整机制造企业40多家，能提供一半以上的新增装机容量，单机最大容量达1.5兆瓦，为规模化发展奠定了良好基础。但整个产业建立在引进消化国外技术基础上，还必须在提高质量、保证运行可靠性、加强关键零部件配套方面狠下工夫，积极开展5兆瓦、10兆瓦大型机组的研制。

2）我国当前的风电场投资约为8000元/千瓦，电能成本为0.5~0.7元/千瓦时，达到了国际同等水平，但相对于煤电4000元/千瓦与0.2~0.3元/千瓦时的经济性能仍有差距。近期规模化发展尚有赖于实施《中华人民共和国可再生能源法》的优惠条件，千方百计降低造价与电能成本，逐步达到经济上优越，这是风电大规模发展的重要前提条件。

3）由于风电具有不连续性与变化大等特点，因此进入电网后会给电力系统稳定运行带来一些问题。我国风电场已开始进入大型化阶段，筹划建立百万千瓦、千万千瓦级风电场已提上日程。因此必须和其他发电方式合理协调，加强系统调控能力，才能确保供电安全可靠。风电发展要与整个电力系统发展统一协调进行。

4）风电场选址对于大规模风电发展至关重要。我国已建风电场的平均年等效负荷小时数最高为3552小时，最低为978小时，平均小于2000小时。只有开展全国风能资源详查，长期实地测风，才能为选址提供科学而可靠的基础，因此有关工作必须尽早进行。

5）我国近海风能资源为陆地上的3倍，但其利用遇到了台风多发、需抗台风的问题，有关前期工作也应认真着手进行。

我国风力发电已有良好基础。只要我们认真解决上述问题，到2050年，发展装机上亿千瓦，提供亿吨标煤一次能源，成为我国能源可持续发展体系的重要组成部分是比较有把握的。

## 三、光伏发电

太阳能是最主要的能源资源，太阳能发电应是未来提供大规模电力的主力，是大规模发展的主要方向。利用光伏电池将光能直接转化为电能的光伏发电具有不需燃料、环境友好、无转动部件、维护简单、由模块组成、功率可大可小等突出优点，获得了广泛应用，形成了相应产业。自20世纪90年代后期以来，光伏发电进入了快速发展时期。表4列出全球与我国的进展概况。2007年全球光伏电源累计装机总容量达1264万千瓦，年产量400万千瓦，近年年增长率达50%左右。由于近年来国际市场需求旺盛，我国产量连年翻番，2007年产量达108.8万千瓦，成为世界第三大光伏电池生产国，产品主要出口，而国内累计装机仅为10万千瓦。

**表4　1998年以来世界与中国光伏发电的进展**

| 年份 | 全球 | | | 中国（内地） | | |
|---|---|---|---|---|---|---|
| | 年产量/百万kW | 年生产增长率/% | 累计装机/百万kW | 年产量/百万kW | 年生产增长率/% | 累计装机/百万kW |
| 1998 | 0.155 | 23.1 | 0.946 | 0.0021 | | 0.0133 |
| 1999 | 0.201 | 29.6 | 1.147 | 0.0025 | 19.0 | 0.016 |
| 2000 | 0.288 | 43.3 | 1.434 | 0.003 | 20.0 | 0.019 |
| 2001 | 0.374 | 30.1 | 1.825 | 0.0045 | 50.0 | 0.023 |
| 2002 | 0.537 | 43.5 | 2.386 | 0.006 | 33.3 | 0.045 |
| 2003 | 0.747 | 39.2 | 3.130 | 0.012 | 100.00 | 0.055 |
| 2004 | 1.2 | 60.8 | 4.330 | 0.050 | 317.0 | 0.065 |
| 2005 | 1.79 | 49.3 | 6.09 | 0.147 | 194.0 | 0.070 |
| 2006 | 2.55 | 42.9 | 8.65 | 0.438 | 198.0 | 0.080 |
| 2007 | 4.0 | 56.2 | 12.64 | 1.088 | 148.0 | 0.100 |

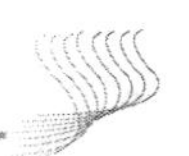

我国光伏发电发展的主要特点与问题是：

1）光伏电池是光伏发电的基础。在21世纪国际光伏电源迅速发展的带动下，为满足国际市场需求，在引进与消化技术和自筹资金基础上，我国大陆新兴的光伏电池产业得到了惊人的发展，其总年产量由2004年的5万千瓦增至2007年的108.8万千瓦，占世界总产量的27%，光伏组件产量达172万千瓦，生产企业达到50多家，2010年计划总生产能力可能达400万千瓦。产品质量与价格已达国际市场上可以接受的水平。当产品更多地被用于国内电力发展时，2050年达到装机亿千瓦已有比较可靠的保证。

2）我国光伏产业发展有着原料与市场两头在外的特点。为解决硅原材料依赖进口的发展瓶颈，2005年以来多晶硅产业发展迅速。2005年全国产能400吨，产量80吨；2007年产能4310吨，产量1130吨，近50家公司正在建设、扩建和筹建生产线；2010年产能可能达44 700吨，按光电池每瓦用7克硅计算，可供生产640万千瓦，完全解决了原料在外的问题，使产业发展有了可靠的基础。

3）市场在外仍是我国光伏产业发展的主要“瓶颈”，其主要原因在于在国内市场，其经济性能尚难形成规模应用。虽然光伏电池价格已有明显下降，但当今每千瓦光伏电源总投资仍需约5万元，电能成本达5元/千瓦时，较煤电仍高一个多数量级，这使得我国光电应用总装机容量仅为10万千瓦，主要为农村与边远地区。通信与照明的小型电源，仅有几座1000千瓦的联网电站在示范运行。

4）千方百计降低光伏电源的投资与电能成本，努力开拓规模化应用是光伏产业发展的核心。光伏应用包括边远无电地区的小型离网电源、与分布式电网和城市建筑结合的中小型并网电源及大型集中式荒漠电站三个方面，它们都有着规模化发展的广阔空间，均应积极推进。超大规模光伏电站的研发与示范更需要国家尽早进行分阶段部署。

5）当前已形成规模化产业的主要是硅光伏电池，其光电转换效率达到16%，大幅度降低成本的空间有限。近年来，还发展了一些新型光伏电池，有着更高的转化效率和可能更低的成本，对于它们的研发与应用也应给予充分关注，对于一些重大成果要不失时机地向产业化努力推进。

由于对光伏电源经济性能改善速率估计不同，对其可能的近期发展有不同的估计。如到2020年全国总装机容量为200万～1000万千瓦，但到2050年达到亿千瓦规模是完全可能的。

## 四、太阳能热发电



太阳能热发电是将太阳辐射能聚集起来加热工质，再由工质经锅炉、汽轮机到发电机发电，其原理与已有热发电工艺相同。作为太阳能大规模发电的重要方式，它具有一系列显著优点，诸如：①化石能源热发电是当前主要的发电方式，其主要装备锅炉、汽轮机、发电机、输变电设备等已形成了成熟产业，使太阳能热发电易于迅速实现大规模产业化。②中间被加热工质同时起到一定储能作用，可以缓解太阳辐射强度变化带来的不利因素，加之锅炉还可用其他能源（煤、油、气）燃烧供热，能持续发电，克服太阳能不连续的缺点。③其发展方向也是要努力提高工质温度以提高热电转换效率，增大单机容量以改善经济性能，而多年发展的热电站经验可以借鉴。

国际上已进行了认真的研发工作，美国在20世纪八九十年代，建成了槽式、塔式与盘式三种系统的示范电站，槽式达35.4万千瓦，单机最大达8万千瓦，总发电效率为13%～16%；塔式单机达1万千瓦，产生了520℃/100大气压的过热蒸汽；盘式实现了多台几十千瓦的示范项目。近年来，美国、西班牙、澳大利亚、韩国仍在积极进行有关研发与示范工作。由于太阳能热发电原则上需要规模比较大，当今燃煤发电已达到600℃高温、60万～100万千瓦的单机容量，而太阳能热发电单机容量的增大和参数的提高进展不显著，加上煤与天然气耗竭不如原先预期那么快，至今尚未形成产业，进入实用阶段。

我国在太阳能热发电方面做过一些基础工作，建成过小型盘式发电机与70千瓦塔式发电系统，但直到对太阳能发电在我国能源发展中的重要性有较明确认识后，才作为重点项目列入了国家“十一五”、“863”计划，并计划在2010年建成1000千瓦实验电站和研究基地以证实技术可行性，2015年建1万～10万千瓦示范电站，然后在2020年建成荒漠地区10万～100万千瓦的商业实用电站。如整个计划得以顺利实现，则2020年后可开始规模化建设，到2050年达到亿千瓦的总容量规模也是可能的。

我国已经有风电产业和光电产业，而太阳能热发电刚刚起步，还存在一些特殊困难，因此需要国家给予特别扶持。目前完全靠市场来推动，为时尚早。具体选择塔式还是槽式，目前应该做多方面地探索。国家需要部署一些太阳能热发电的示范项目，以取得技术上的重大突破。

## 五、综合能源基地建设

大规模可再生能源发电的发展包括大量与用户结合的小、中型离网与并网电源及集中的大型电站两方面。作为电力系统重要组成部分的大型电站的份额和重要性正在日益增强，风电场已较普遍达到了几十万、百万千瓦规模；当前全世界已有540座光伏电站大于1000千瓦，30座大于1万千瓦，最大6万千瓦，总容量近170万千瓦，百万千瓦级电站也正在筹划中；太阳热发电也在筹建几十万千

瓦级的电站，单个电站的装机容量正在迅速提高。

从大型集中电站的发展看，风电与太阳能发电有着特殊的困难。第一，风能与太阳能的能量与功率密度低，电站占地面积大。当前每平方千米风电场装机约2万千瓦，太阳能发电约10万千瓦，使得大型电站只能建在资源丰富、土地没有利用的荒漠地区。第二，风能与太阳能有着明显的间断性与不稳定性，它们的发电容量首先决定于资源状态，而不是用户需求，从而难于单独给用户供电，必须和其他发电方式协调完成供电任务，从而成为综合能源基地的重要组成部分。

为了充分合理地开发利用资源和保证满足全国的需求，20世纪50年代我国决定建立山西煤炭基地，60年代决定建立大庆石油基地，90年代决定建立三峡水电基地，对我国能源发展发挥了重大作用。当前，我国面临建立能源可持续发展体系的重大任务，建设以可再生能源为主体的综合能源基地已提上日程，应该积极进行规划与部署。

我国广阔的荒漠地区集中在西部与北部，那里有大片的未利用的土地、丰富的太阳能与风能资源，还有着丰富的待开发化石能源资源，是未来建设综合能源基地的首选对象。新疆、内蒙古、甘肃和青海四省（自治区）面积占全国40%，人口占全国的6%，经济欠发达，这些地区发展起来的能源和电力为全国服务，能有效地输送给东部、南部发达地区。为此，要解决大规模、长距离的输电与运输通道问题。这些省（自治区）有着很高的发展成为全国综合能源基地的积极性，应该根据实际情况，积极做出部署。例如，新疆已成为国家石油与天然气的重要能源基地，在此基础上还要大力加强煤和煤层气开发利用，与之相应协调发展风力与太阳能发电，最终成为全国最重要的综合能源基地。青海应利用已有水力发电的优势，积极建设大型光伏发电基地，两者协调配合，为全国服务。电站、电网与运输通道建设要由全国统一进行规划与部署。

## 六、结 束 语

综上所述，我国风力与太阳能发电已有良好基础，有可能在21世纪上半叶发展成装机容量上亿千瓦的大规模电源系统，满足我国构建可持续能源体系的需求。当然，在发展进程中还有很多困难。要创新技术、提高经济性能、壮大产业、开拓市场，需要大家看准方向、坚定信心、大力促进，希望相关部门均能为此做出应有的努力。

（本文选自2009年院士建议）

# 关于发展中国可再生能源体系的再思考

戴立信　等

鉴于全球能源状况特别是我国的能源安全问题，戴立信曾和佟振合、李灿两位院士写了一份院士建议《关于发展我国可再生能源体系的思考》（［2008］第18期），刊出后很快就看到了石元春先生（［2008］第21期）和何祚庥先生（［2008］第22期）的两份参与讨论的院士建议，足见能源安全的确是目前大家非常关心的问题。在此，我们对此问题再提出一些补充意见。

## 一、解决能源问题也要注重多样性、多途径

不论是在后化石能源时代还是当前（近期、中期），各种能源都应是互给互补而不是互相排斥，用石元春先生的话说是以“共襄替代盛举”解我国的“燃眉之急”。

## 二、担当主角的应该是太阳能和聚变能

从中、远期来看，特别是后化石能源时代，担当主角的能源应该是聚变能和太阳能。当然，生物质能和其他可再生能源也要发挥一定作用。在〔2008〕第18期院士建议中，我们关心的重点是如何加速利用太阳能的发展，这样我们才能在进入后化石能源时代之前及早做好可靠的能源保障。当然也希望聚变能尽早起到实际效用。我们强调了太阳能制氢，氢再将二氧化碳还原为甲醇/二甲醚。醇、醚既可作为燃料，又可转化为多种基本的化工原料进入物质性生产。这里醇、醚作为太阳能的载体，也具有可再生性。二氧化碳就以这种方式从温室气体转化为宝贵的碳资源了。由太阳能制氢有多种途径，光热发电、光伏发电再进行水的电解，也可利用太阳能直接光解水制氢或是太阳能直接发电还原二氧化碳为醇、醚。当然也可利用风电或其他可再生能源得到的电能来电解水。清华大学倪维斗院士认为风电波动太大，进入电网颇费周折，若不必进网，电解水可能更为适宜。太阳能光热发电、光伏发电都需要开展更多工作，创立自主的技术，使之

尽快进入实用化。至于光解水制氢，目前还处于实验室阶段，更有待大力支持加以发展。

## 三、甲醇/二甲醚的方案是现实可行的

对于当前，即近、中期如何保障国家能源安全的措施，则有不同意见。从立足于国内资源、生产技术的现实可行性，以及对环境的友好等角度，我们提出了甲醇/二甲醚的方案。

院士建议［2008］第21期和［2008］第22期则持有不同的看法，其反对的主要理由是：

1）醇/醚燃料有“低能效、高排放、高耗水、高投资”等缺点。

2）中国是个实实在在的煤炭小国。

3）甲醇的安全性问题。

这些意见都有道理，我们根据了解的情况做如下补充说明。

说明1：通常的甲醇生产的确是高排放。只是［2008］第21期中估计的二氧化碳排放量有些偏高。在能效、排放方面，上海华谊集团在煤的多联产转化方面做了一些工作。他们得到的数据是多联产工艺中每吨甲醇排放二氧化碳1.9吨，但如果在甲醇生产中补入焦炉气则可降至1.7吨，如果再和盐化工结合补入氢气可降至1.2吨。最近他们在甲醇生产中补入天然气使碳的利用率提高至96.7%，二氧化碳的排放则极低，小于0.1吨。又据清华大学倪维斗院士在第三次国际二甲醚会议上的《更加绿色的二甲醚生产》的报告，可以将风能发电和甲醇生产集成在一个系统。风电极不稳定，使得上网成为难题，将风电的一个独立体系和二甲醚结合是一个很好的组合。这样风电不必为上网添加复杂的控制系统，也能降低风电成本。风电用于水的电解得到氧气和氢气。氧气用于煤的气化，省却了耗能很高的空气分离装置，氢气则用于改善通常合成气中的一氧化碳和氢气的比例。这样的集成可使原设计为50万吨的甲醇生产能力提高至102万吨（耗煤67万吨），并使$CO_2$排放由原来的2.8吨降至0.3吨，从而使二氧化碳的捕集与分离装置大为简化。水的消耗则由原来的5吨降为4吨。这里的计算是将年产50万吨甲醇和50万千瓦风力发电集成。倪维斗院士认为，在我国风力资源丰富、煤炭资源丰富而又有适当水资源的地方，采用这个集成方法，在经济上是极为有利的，如新疆、内蒙古的某些地区。他还做了技术经济分析，认为把二者结合也可节省很多投资。分开的两个技术都是成熟的，它们的集成还有待进一步实践验证。总之，节能减排总是各方面不断努力的目标。水消耗方面，真正消耗掉的化学用水是不多的，大多应是可循环使用的。



说明2：过去认为我国贫油富煤的观点确实不准确，只能说煤的资源还能缓

冲几十年。我国现状如此，资源就是这些，只能在煤上做文章。当然还有生物质、风能、核能等。煤的利用要考虑综合性、环保性和经济性。日前，新闻报道吐鲁番盆地又发现230亿吨特大煤田，质量好、煤层厚且靠近交通线。这是不小的数字，也是好消息。

说明3：关于毒性，这也是不能不重视的问题。2008年6月中国工程院29位院士建议我国的战略石油储备中部分的以储存甲醇为替代，理由是：

1）甲醇可以转化为多种燃料，本身可以多种比例与汽油混合；甲醇可以转化为二甲醚；甲醇可以与植物油进行酯交换生产生物柴油等，所以储存甲醇等于储存了石油的功能。

2）储存甲醇的安全性（指燃烧、爆炸）远远好于石油，出现事故也较石油易于处理。甲醇的战略储备可放于内陆很多地方，而石油储备多在沿海。

3）甲醇生产技术成熟可行，原料来源多样，焦炉气、煤田气和天然气等都可用，我国现在已有6000万吨的产能。我们认为这是一个在能源安全方面很重要的建议。但是6000万吨的产能也提醒我们，千万要防止不科学地“大干快上”。因此，有关领导应在科学发展观的指导下，从环境要求、排放标准和经济效益等方面慎重考虑，稳妥建设。

4）甲醇虽有毒性，但易于控制和处理，上面提到的29位中国工程院院士的建议中对此做了详尽的分析。

但无论如何，二甲醚都是安全可靠的。有人担心二甲醚是否会和乙醚一样，在储存中产生过氧化物。对此已有长时间的实验，表明二者性质不同，二甲醚是安全的。二甲醚的好处是高十六烷值更易于用为柴油发动机燃料。由于柴油发动机能效比汽油发动机能效高25%，因此欧洲的小汽车中约50%是使用柴油发动机的。柴油发动机噪声大、冒黑油，在我国不被看好。二甲醚用于柴油发动机则全无这些缺点，颗粒排放物远低于各国标准。我们要强调的是节能25%是个了不起的数字。如果汽车发展上倾向柴油机，使用二甲醚则将在节能上大有作为。据上海市中国工程院院士咨询与学术活动中心2009年1月的关于二甲醚汽车发展的调研报告称：专为二甲醚设计的发动机功率显著大于柴油发动机，在同样排放标准的发动机制造成本中是最低的。

## 四、关于生物质能

石元春先生是我们敬重的农学家、土壤学家，在提倡生物质能上提出过很多很好的建议。我们在生物质能上非常赞成沼气推广，这是分散的原料，适度规模地集中利用，也是农村十分需要的。我们赞成由生物质或农林废弃物提供一些化工原料，规模进一步集中可达到几千吨至几万吨，而且产值高，更有利于“三

农”。同时，我们认为，在半干旱、盐碱丘陵等土地种一些能源植物（如高粱、菊芋等）也是很好的建议。但是作为替代石油的燃料主选品种，应慎重部署，积极讨论。慎重部署是指不要蜂拥而上，我们总感觉压在中国的土地上的负担实在太重了，这使得每年不得不进口3000万吨大豆和大量的油料、纸浆、饲料、药材等原材料和物资。积极讨论是指对不同地区应选取何种路线做出科学决策，尽快推动实施。

## 五、电动汽车或电油混合动力车是将来的发展方向

电动汽车或电油混合动力车只要在经济上可行，不单是将来的发展方向，也是解决当前问题急需的一种途径。何祚庥先生在太阳能、风能利用上的诸多建议也是素为我们所敬佩的。目前看来，风能的成本比较接近实用化。

## 六、建　　议

1）考虑到我国能源安全问题，在近、中期应选择甲醇/二甲醚作为替代进口石油的主选品种。甲醇/二甲醚的生产应有所控制，采用各种方法提高能效、减少排放，如多联产及与风电、太阳能电、核电的集成等。近年我国柴油常出现短缺情况，在确定二甲醚作为柴油替代品后，应大力发展柴油发动机的车辆或是专用二甲醚的车辆。

2）中国工程院关于储备甲醇作为部分替代能源储备的建议是很有道理的。

3）从长远看更应重视太阳能的利用，加强基础和应用研究，使太阳能的应用早日进入实用化。在光热发电、光伏发电方面部署更多的力量来发展自主创新技术。在太阳能光解水制氢上也要加强基础研究和应用基础研究，为进入“太阳能时代”做好准备。

（本文选自2009年院士建议）

### 专家名单


| | | |
|---|---|---|
| 戴立信 | 中国科学院院士 | 中国科学院上海有机化学研究所 |
| 佟振合 | 中国科学院院士 | 中国科学院理化技术研究所 |
| 丁奎岭 | 研究员 | 中国科学院上海有机化学研究所 |
| 胡金波 | 研究员 | 中国科学院上海有机化学研究所 |

# 应对北方冬麦区的干旱问题要有长期的战略准备

符淙斌　等

华北地区秋冬连旱，北京城区连续110天没有有效降水，大面积土地干旱，给今年我国国民经济特别是农业生产带来严重影响。这样的状况未来还会继续吗？我们应该采取什么对策？中国科学院主持的“北方干旱化与人类适应”、“973”项目组的研究结果表明，当前北方干旱问题是该地区长期干旱化趋势的继续，是近期少雨以及冬小麦区长期以来存在的需水较多而供水较少矛盾加剧的结果。

根据已有的预测结果，北方干旱缺水的状况短期内不可能得到根本性改善，应对干旱有长期的战略准备。

1）大气海洋环流异常是本次北方严重干旱的主要气象条件。在北极涛动、北太平洋涛动和南方涛动等多种时间尺度过程的共同作用下，副热带高压西伸北抬不明显，来自海洋的暖湿气流向北的输送远少于正常年份，导致该地区秋冬连续少雨。

2）本次干旱的发生有其长期气候背景。近50年来北方大部分地区的少雨和增温加剧了干旱化的发展，干旱范围迅速扩展。其中，华北和西北东部干旱化趋势最为显著，半干旱区向东南方向扩展。1990年以来，这一问题日益突出。

3）未来10~20年北方地区的干旱化趋势将继续维持，局部地区甚至可能加重。基于历史演变规律、物理因子和数值模拟的集成预测结果，2020年以前，东北和华北地区干旱化趋势仍将持续，黄河上中游和下游的实测年径流量将分别减少10%和20%。未来10~40年，北方地区大旱/大涝年份出现的频率加大，其中，华北北部和华北南部大旱出现频率将分别可能增加10%和20%。考虑到全球气候变暖和人类活动加剧的影响，尽管上述部分地区在某些时段降水量可能比现在有所增加，但仍不足以改变干旱化的总体格局。

4）本次冬小麦产区的特大干旱除了由于降水持续减少以外，土地利用变化引起的水土流失（即水分的损失）增加是另外一个原因。

由于过去几十年来有机肥使用量的减少、粗放化的农地管理和落后的农田水利基本建设等原因，农田的保水能力和持水能力持续降低，结果导致降水期间的

水分迅速以径流或蒸发的形式流失。

根据以上分析，我们建议对北方冬麦区干旱问题要有长期的战略准备。要根据干旱化的长期变化规律和发展趋势，做好应对干旱化的战略规划：

1）建议调整冬小麦产区的作物种植结构，适当减少耕地中冬小麦的种植面积，改播其他生长季与雨季同期的作物。

2）通过土地利用结构调整，减少冬小麦产区耕地的总体面积，增加林地和草地面积，增加土地整体的水源涵养和保水能力。

3）加强农田基本建设，包括防渗漏管网系统工程，增加对农地的投入，改善土壤的物理化学性质，增加农田的保水能力，加强耐旱作物品种的培育和推广工作以及节水灌溉技术，适应日益严重的供水、用水矛盾。

4）推动海冰淡水资源化的实用化研究。根据目前的研究结果，渤海湾的海冰资源年可开采量达400亿立方米，相当于南水北调中线工程调水量的近3倍，水量非常可观。在解决海冰的采集、运输和水处理问题后，可望大规模使用。

5）加快南水北调中线工程进度，特别是加紧对西线甚至大西线调水的勘测调查研究。

（本文选自2009年院士建议）

## 专家名单

| | | |
|---|---|---|
| 符淙斌 | 中国科学院院士 | 中国科学院大气物理研究所 |
| 邱国玉 | 教　授 | 北京师范大学 |
| 延晓冬 | 研究员 | 中国科学院大气物理研究所 |
| 马柱国 | 研究员 | 中国科学院大气物理研究所 |
| 严中伟 | 研究员 | 中国科学院大气物理研究所 |
| 戴新刚 | 研究员 | 中国科学院大气物理研究所 |
| 郭维栋 | 研究员 | 中国科学院大气物理研究所 |
| 封国林 | 研究员 | 中国气象局国家气候中心 |

# 北京具备建成为大型国际性金融中心的优越条件

陆大道*

在全球化和新的信息技术支撑下，世界经济的“地点空间”（space of place）正在被“流的空间”（space of flow）所代替。世界经济体系的空间结构是建立在“流”、连接、网络和节点的逻辑基础之上的。一方面，这些“流”在运动路径上依赖于现有的全球城市等级体系；另一方面，其也在变革着后者。一个重要结果就是塑造了对于世界经济发展至关重要的“门户城市”（gateway city），即各种“流”的汇集地、连接区域和世界的节点、经济体系的控制中心。这是当今世界上最具竞争力的经济核心。这种核心（城市）成为国家或大区域的金融中心、交通通信枢纽、人才聚集地和进入国际市场最便捷的通道，即资金流、信息流、物流、技术流的交汇点。土地需求强度较高的制造业和仓储等行业则扩散或聚集在核心区的周围，形成庞大的都市经济区。核心区与周围地区存在极为密切的垂直产业联系。

核心城市的作用突出地表现为生产服务业功能（如金融、中介、保险、产品设计与包装、市场营销、广告、财会服务、物流配送、技术服务、信息服务、人才培育等），而周围地区则体现为制造业基地的功能。在以外资驱动为主的地区，核心区还是跨国公司地区性总部的首选地。具有上述垂直产业分工和空间结构的都市经济区是当今世界上最具竞争力的经济核心区域。东京、首尔（原汉城）、曼谷、新加坡、雅加达等城市地区被认为是典型的都市经济区。在我国，以北京、天津为主体的京津冀都市区，以香港、广州为中心的珠江三角洲都市区，以上海为中心的长江三角洲都市区正在成为这样的大都市经济区。

30 年前，我国改革开放从东南沿海地区开始。20 世纪 90 年代初期，国家决定在上海浦东实行特殊政策并进行大规模的以金融商贸中心为主的发展。自此以后，人们就期待着我国北方地区或者环渤海地区也出现类似浦东开发那样的“国家行为”的“国家政策高地”。

实际上，北京长期以来就是这样的“政策高地”，近 30 年来更是如此。改

* 陆大道，中国科学院院士，中国科学院地理科学与资源研究所

革开放以来30年间，京津冀已经逐步成长为中国三个大都市经济区之一。随着国家经济实力的迅速强盛，北京作为国家的首都已经成为金融、商贸、高技术以及大规模研发、中介等高级服务业的基地。北京早就是我们国家的“政策高地”了。这种局面不是像东南沿海和浦东开发那样通过党和政府的最高文件和政策纲领规定的，而是由首都的功能决定的，有些也是长期发展态势的自然延伸。30年来，总部设在北京的金融机构占据了中国金融资源的半壁江山。其中，对金融市场发展有重要影响的决策和监督机构：中国人民银行、中国证券监督管理委员会、中国银行业监督管理委员会、中国保险监督管理委员会，实力雄厚的四大国有商业银行总行，11家保险公司总部。特别值得一提的是，逐步发展壮大起来的中国工商银行、中国石油化工集团公司、中国移动通信集团公司等占据国内前10家最大规模资产的企业，它们每一家的资产都有几千亿元乃至万亿元以上。它们的总部均在首都北京，就自然会产生庞大的总部经济。这种情况并不奇怪。许多发达国家的首都也都是由于这种功能而发展成为国际大都市和大型国际性金融中心的，如东京、巴黎、伦敦等。

我国正在成长为全球性经济大国，在经济全球化过程中的地位越来越重要。因此，也必然会成为一个金融大国，成为世界金融中心大版图中的重要一极。作为金融大国，需要建设1~3个具有国际意义的金融中心城市，并与若干个次级金融中心组成布局合理的金融中心体系，成为规模合理的金融中心框架。

北京建成为大型国际性的金融中心的基础条件正在形成。北京，作为中国的政治中心和决策中心，具有成为国际意义的金融中心的重要优势；不仅可以建成为国家金融决策中心、金融监管中心、金融信息中心和金融服务中心，而且也应该发展金融营运和金融交易。北京应该成为具有重大国际影响力的世界金融中心之一。

（本文选自2009年院士建议）

# 警惕借各类“新区”建设规划实施大规模“造城”

陆大道　等*

在我国应对国际金融危机、实施十大产业振兴规划、全面进行经济结构转型和稳步推进城镇化进程的过程中，全国大约已经有20多个省（自治区、直辖市）以及众多的地市正在紧锣密鼓地组织编制各种区域性规划（有的称做“空间规划”），包括城乡一体化和城乡统筹的新区规划、产业集聚新区（地带）规划、新城规划和大都市区规划等。其空间范围大到几万平方千米，小的也上百平方千米。各地十分重视这些规划，主要目的是希望通过规划进入即将开始编制的国家“十二五”规划，希望以某种形式进入国家的区域发展战略，争取成为国家区域政策的“战略高地”、“第四极”（仅次于“珠三角”、“长三角”和京津冀），其中有些地方希望成为“国家综合配套改革试验区”，谋划更大、更快的发展。但是在这个过程中，已经出现了日趋严重的不良倾向，值得引起中央政府的高度关注。主要是：规划的盘子过大，目标不切实际。多数区域的产业规划主观臆断，重大基础设施建设缺乏科学论证。更为严重的是普遍借各类“新区”建设规划之名，实行大规模圈地、（向上级）“要地”和“造城”。这种倾向与国家强调的“保增长、调结构”和“促进科学发展”的方针和理念完全背道而驰。如果继续发展，将严重干扰国家应对金融危机的一系列方针政策的实施，危害国家可持续发展的基础。

## 一、严重倾向的种种表现

在全国各地掀起的各类“新区”、“新城”、“产业园区”规划建设热潮中出现的严重倾向，具体表现为：

* 陆大道，中国科学院院士，中国科学院地理科学与资源研究所；方创琳，研究员，中国科学院地理科学与资源研究所

## 1. 以“大手笔”编制“大规划”

继国家建设上海“浦东新区”和天津“滨海新区”之后，许多地区都采取行动争相规划建设类似“浦东新区”的“国家战略重点”和“国家政策高地”的“新区”、“新城”等。不少地方政府试图通过大手笔，编制“大规划”，谋求“大发展”。例如，河南提出建设“大郑东新区”和“郑汴新区”，重庆提出建设“两江新区”，河北提出建设沧州“渤海新区”，杭州提出建设“大江东新城”等，其中有些地区更是明确提出要建成国家发展的“第四极”。这些地区对自身发展潜力和其在国家发展中的战略地位缺乏科学的评估。改革开放30年来，“长三角”、“珠三角”和“京津冀”三大都市经济区已经初步成为中国走向世界的枢纽和世界进入中国的门户。这种大格局是在国家政治、经济和历史因素长期作用下形成的，是中央政府应对经济全球化和中国发展的客观需要，代表了全中国的战略利益。其地位和发展潜力是其他任何区域都无法比拟的。继“浦东新区”之后一个个拟建的“国家级新区”规划相继出现，决策者很可能认为大手笔就可以带来大发展。但事实告诉我们：大手笔并不一定带来大发展，人为的大规模“造城”只会带来巨大的损失。这样损失的案例已经不少。

## 2. 借“新区”大规划，进行大面积圈地和大规模“造城”

从正在建设和规划建设的各类新区来看，不少省份以加快城镇化发展步伐为由，大搞“新区”建设，但普遍缺乏对“新区”未来发展定位和建设规模的科学论证。规划的盘子普遍过大，大面积的“新区”建设引发大规模的“造城”，导致大量农田和土地被占用。例如，河北省某地级市规划建设的“一城五星”区面积多达1600平方千米（核心区建设用地超过200平方千米），沧州“渤海新区”规划建设面积1700平方千米；河南省于2009年2月先提出规划建设面积达1840平方千米的“大郑东新区”，定位为城乡一体化的复合型城区，后又提出规划建设面积达2100平方千米的“郑汴新区”，其面积是郑州和开封两市到2020年中心城区总体规划面积之和的3.5倍，平顶山市提出建设“平宝叶鲁一体化”地区，规划面积达1400平方千米，其中，城镇建设用地300平方千米，是城市总体规划用地面积的2倍；“武汉新区”规划368平方千米，规模接近于武汉三镇现有建成区面积；重庆“两江新区”规划建成中国“第三区”，扩容面积达到1200平方千米，相当于到2020年重庆主城区规划面积的2.25倍，“两江新区”原规划方案为900平方千米，后在细化方案时发现去掉山脉道路后只剩下300平方千米可用土地，又在原900平方千米方案基础上进一步扩容至

1200 平方千米，这其中包括建设用地 550 平方千米（已建成 150 平方千米，计划新建 400 平方千米）；杭州市提出的“大江东新城”规划面积 400 平方千米，人口 200 万。

众多的“新区”建设实践表明，大规模“造城”成了某些地方政府实施赶超、展示政绩的重要手段，至于是否具有可行性，资源环境能否承载却无人问津。无序的“新区”建设不仅严重地影响了城乡关系，加剧了城乡用地矛盾，违背了城乡统筹的科学发展观，而且阻碍了城镇化发展进程，使得虚高的城镇化率不可避免。

### 3. 借“新区”建设之名，将各种用地需求“打包”，（向上级）“要地”

在全国省管县的趋势越来越明显的背景下，不少城市政府借推进城镇化和富民强城的名义，不是搭建科学合理的城镇发展和城乡一体化建设框架，而是利用行政强制手段把周边县市抢先纳入新城区建设范围之内，越位撤县改区，盲目扩大新区建设范围，将工业用地、居住用地、道路广场用地、交通仓储用地、商业物流用地、公共服务设施用地、绿化用地等各种用地需求进行“打包”，以经过“专家论证”的名义，一揽子上报要求上级批准。在这个过程中，往往并不征求和论证改变行政管理区域是否可行。地方领导考虑的是，这样将为省管县体制实施后留足充分的发展和利润增长空间，也为取得合法土地找到合理的依据。部分城市政府领导无视国家提出的 18 亿亩耕地“红线”，公开指出就是要通过“新区”规划打包向上要地。一些地区已经开始把几百平方千米的农田变成城市建设用地，并在新区内大搞超前的交通体系规划，特别是轨道交通建设，超标准扩大对外交通用地和道路广场用地面积比例，建设形象和政绩工程。这使得城市规划的新区面积远远超过了城市总体规划的面积。例如，“郑汴新区”规划面积相当于郑州规划建成区面积的 5 倍，决策者想在中原大地上建设一个面积约 2100 平方千米的“巨型城区”！不仅如此，河南省目前提出规划建设的若干产业集聚新区面积均过大，如航空物流园区规划 130 平方千米，中原国际物流中心规划 100 平方千米，每一个产业新区都相当于一个特大城市的建设规模。如此这般“造城”下去，将势必导致产业用地不集约，用地效率低下，二三十年后不少地区（城市）将面临无地种粮的灾难。据沿海一个发达省的调查统计，最近 4 年每年建设用地的供给增长率平均在 35% 以上，其结果造成全省每亿元工业产值所占用的土地面积越来越大，土地利用率越来越低，城市未来开发潜力在短期内将消耗殆尽。这种态势对我国未来的粮食保障和整个社会经济可持续发展一定会带来无法挽回的历史性损失。

### 4. “新区”产业规划多数主观臆断，普遍缺乏必要的产业支撑

编制“新区”规划的专家学者由于知识结构缺陷而对产业发展缺乏深入细致的分析，导致“新区”建设规划的图件虽然漂亮，但缺乏最基本的产业发展分析论证，甚至在“新区”规划中对规划区内几十万甚至几百万农业人口和相应的农业生产只字不提。不少城市特别是一些地市级城市都提出要建设大规模高水平的CBD（中央商务区），规划的未来产业都以高级服务业和高新技术产业为主体。提出要把“新区”建设成为国家级先进制造业基地、国家级现代服务业基地、国家级能源重化工基地、国家级现代物流基地、国家级装备制造业基地、国家级经济中心的不在少数。产业规划中如此主观臆断实在令人吃惊！

## 二、遏制倾向的几点建议

### 1. 正确处理好“新区”建设与“保增长、调结构”的关系，警惕出现新一轮“重化工热”

为应对国际金融危机的影响，国家相继出台了以“调结构、保增长、上水平”为核心内容的十大重点产业振兴规划和政策措施，各地迎来了拉动内需、扩大城市经济总量、加快城市产业结构优化升级、构建现代产业体系、联合建立各种类型的产业转移新区的战略机遇。在这种情况下，需要把新区建设与“保增长、调结构”有机结合起来，避免借“保增长、调结构”之名大搞“新区”建设，避免借“新区”建设之名大规模变相圈地造城。根据对我国经济增长态势和因素的分析，GDP增长不可能如同前几年持续地“加快”下去，各地区不可能都以同样速度增长下去。一定要警惕在应对国际金融危机“保增长”过程中出现的新一轮“重化工热”，不能将过去10多年靠生产低端产品的“世界工厂”支撑的高速增长延伸到未来，不可将过去粗放的经济增长方式沿袭到未来。

### 2. 重新评估各地正在规划建设的各类“新区”

面对全国不少地区正在掀起的“新区”建设和大规模“造城”之风，建议国家有关部门采取措施，重新评估各地在建和规划建设的各类“新区”。根据城市建设和产业发展需要，立足当地资源环境承载力，科学定位“新区”发展功能，提出各类“新区”科学合理的建设规模和主导产业，明确产业发展方向与重点，并严格按照《中华人民共和国城乡规划法》的规定，纳入城市总体规划之中，确保“新区”建设范围与城市总体规划建成区面积精准衔接，严禁“新区”面积超过城市总体规划的面积。超标的“新区”必须立即停止建设。要坚决遏制不顾资源与生态环境承载能力，肆意扩大城市建设范围、随意占用基本农田或变相调整基本农田为一般农田再占用等行为。

### 3. 量力而为，严防越位圈地造城，脱离实际竞建国家级试验区

从确保国家18亿亩耕地这一“红线”不可逾越的战略高度出发，建议各级城市规划和国土管理部门严把城市用地报批关，依法继续实施最严格的土地管理制度，严防部分领导借城乡一体化和践行科学发展观之名，变相圈地造城，越位撤县改区，剥夺基层地方政府的发展权。同时要防止出现新区“建而不营，占而不用”的屯地现象发生。客观认识各地区的发展阶段和在大区域发展中的职能与作用，提倡量力而为，不过分追求建设国家级试验区。如果把全国各地都设立为各类国家试验区，就没有试验示范和推广的必要了。

### 4. 以功能区划为指导，以新的思路编制区域规划

在各类“新区”规划与建设过程中，要以功能区划为指导，按照优化开发区、重点开发区、限制开发区和禁止开发区的功能要求，在确定主体功能和承载力基础上科学编制各类空间规划和“新区”建设规划。通过科学的区域性规划，促进国家和区域的可持续发展。

### 5. 实施促进科学发展的干部考核评价机制

针对目前我国在领导干部政绩考核中存在的“以GDP论英雄”的局面，中央已经发出了《关于建立促进科学发展的党政领导班子和领导干部考核评价机制的意见》。严格实施此文件的精神，可以将各级领导干部的思想和行动引导到科学规划、科学决策和科学发展的轨道上来。

（本文选自2009年院士建议）

# 关于发展食品辐照技术保障食品安全的建议

王乃彦　等

近年来，我国先后发生多起有关食品卫生、食品安全方面的重大事故，在国内外引起了强烈反响。对此，中央给予了极大关注。温家宝总理曾多次在公众面前表示要果断采取措施，防止类似事件发生，全国百姓更是期盼我国食品卫生安全状况能有较快转变。

我国发生的食品卫生、食品安全事件，反映出了我国食品工业基础脆弱、企业社会责任感淡漠、行政管理缺失的问题。其中，科技投入不足、新技术应用与推广严重滞后也是一个重要原因。为此，中国科学院、中国工程院的几位院士以及长期从事核科学技术和食品安全研究的专家建议，在振兴我国食品工业进程中，应将辐照技术作为一项成熟的新技术广泛应用于农业产品和食品加工中，以保障食品品质和安全，加速我国食品工业的现代化进程。

辐照技术用于食品工业是依据射线对物质的作用所产生的物理、化学、生物效应的原理。采用钴-60$\gamma$射线或电子束对食品进行辐照，可以杀灭食品中存在的病原性微生物，而不损害食品品质；射线辐照可防止粮食油料霉变、抑制农产品发芽、延缓成熟期、延长保存期、减少资源损耗。近几十年来，世界上先后有30多个国家开展长期独立或合作研究，研究表明该方法是科学、安全、适用的。1980年世界卫生组织（WHO）、联合国粮食及农业组织（FAO）和国际原子能机构（IAEA）联合召开的会议上得出了“任何食品当其总体平均吸收剂量不超过10千戈瑞时没有毒理学危险，不再要求做毒理学试验，同时在营养学和微生物学上也是安全的”的结论。世界卫生组织在1999年第890号报告中，公布了由FAO/IAEA/WHO三个组织联合研究组的报告，证明超过10千戈瑞以上的剂量辐照食品，也不存在安全性的问题。全世界已有美国、欧盟、日本等57个国家和地区批准了八大类共计230多种食品品种可以辐照上市，进入实用化产业化阶段。

近30年来，我国的食品辐照技术研究与推广取得了一定进展，有了一些基础：拥有一支数百人的研究队伍，曾获重要科研成果30多项；国家共批准辐照食品国家标准40余项、行业标准20项。北京、上海、江苏、浙江、河南、四川等省市农口科研机构和一些企业，建设了十几座以加工食品和农产品为主的辐照装置，加上全国百座商业性辐照装置，已具备一定生产加工能力；农产品和食品年加工量17万多吨，对国民经济的贡献超过150亿元。但是在食品辐照技术研究工作的深度、技术推广能力、产业化规模等方面与国外存在较大差距，远不能适应我国农产品、食品工业迅速发展对辐照技术的要求。

在我国面临经济结构调整和产业升级的历史阶段，我们认为扩大辐照技术用于农产品和食品加工业，以提升我国食品工业技术水平是一个上好的选择。因为：

第一，食品辐照技术是当今国际上一项基本成熟又存在较大发展空间的高新技术。我国已有一定技术积累和产业化基础，事实已经证明，该技术在食品领域涉及面宽、应用范围广、附加值高；逐步采用这项技术可以帮助农民增收、增效，减少资源损耗，符合中国国情。

第二，国际公认的辐照技术在消除食源性致病菌和微生物、处理（降解）食品中某些化学污染物残留、清除植物进出口检疫对象、防止外来物种入侵等方面非常有效，也是该项技术优势所在。而这些正是我国食品产业发展中面临的主要难题。

第三，辐照技术与加热处理、化学处理等常规工艺相比，是常温下加工，取得灭菌杀虫效果后仍保持食品颜色、品质和风味，不存在化学法所带来的毒性残留，减少对环境的污染，节约能源。在规模化条件下，加工费也具有经济竞争力。

第四，我国公众接受程度好于西方发达国家。食品辐照技术源于欧美国家，但是在这些国家难以形成大产业，其主要原因是长期“核形象”负面影响和一些国家绿色和平组织的片面宣传，造成公众消费心理上接受程度不高。我国在这方面影响较小，公众认识比较客观，科普宣传工作做到位，公众接受度会很高。

基于上述考虑，具体建议：

第一，将食品辐照技术列入国家食品工业振兴计划，以提升我国食品工业技术水平。由辐照加工行业与食品行业合作，组织专家在深入调研和科学论证的基础上向国家发展和改革委员会及有关政府部门提交“我国食品辐照技术创新与产业化发展纲要”，争取用5年左右时间，使我国辐照食品对国民经济的贡献提高3~4倍，达到450亿~600亿元。

第二，国家给予政策性扶持，专项支持在华北、华东、西南及华中地区选择建立3~5个食品辐照加工示范基地。基地在辐照食品品种选择、加工工艺、产品标准和人才培养等方面，在全国起示范作用。示范基地实行政府支持、市场运作、独立核算、法人治理原则，选择有经营头脑、懂科技、谋发展的专业人士进行管理。

第三，为实现纲要目标，建议科技部、农业部、卫生部、中国科学院以及有关省市加大科技投入，重点开展农产品中有害物辐照消除控制、农业副产物辐照降解及利用、食品贸易的辐照检疫处理、辐照食品鉴定识别分析以及辐照质量控制和产品可追溯体系的研究。加大科普宣传以进一步提高民众接受度。

第四，加强食品辐照产业发展的基础性工作。建立国家级的辐照食品研究和发展中心，构建国家辐照食品监督检验测试中心。国家有关部门应建立从辐照装置建设、产品生产、食品流通主要环节到市场准入的制度和有效的监督机制；建立严格的产品质量和工艺标准；建立人员培训和岗位资格许可制度；建立严格的安全保障和辐照防护措施等。

（本文选自2009年院士建议）

## 专家名单

| | | |
|---|---|---|
| 王乃彦 | 中国科学院院士 | 中国原子能科学研究院 |
| 陈子元 | 中国科学院院士 | 浙江大学 |
| 陈　达 | 中国科学院院士 | 南京航空航天大学 |
| 陈君石 | 中国工程院院士 | 中国疾病预防控制中心营养与食品安全所 |
| 潘自强 | 中国工程院院士 | 中国核工业集团公司科学技术委员会主任 |
| 吴季兰 | 教　授 | 北京大学 |
| 赵文彦 | 研究员 | 全国辐射加工专业委员会主任 |

# 关于惠农政策的建议

娄成后 等

## 一、大力发展农业保险

近年来，我国取消了农业税并实施了良种补贴、种粮补贴和农机补贴等一系列支农惠农政策，这对稳定农业生产和促进粮食持续增产起到了重要作用。随着国民经济的发展，我国已具有进一步加大工业反哺农业力度的实力。发展农业保险是一条有待开发的重要惠农渠道。

我国是自然灾害频发的国家，农业是最易受自然灾害影响的部门。据统计，我国农田每年受灾面积达一亿亩以上，成灾的约占50%，上千万亩绝产。从整体看，全国农田受害百分之十几无关大体，所以常有大灾而丰收之年。但具体到一个农户则可能是投入全失，收益为零，生活无着。60年来，我国一直沿袭由政府主导救灾的模式，而时至今日，这种模式已与农田生产的逐步现代化不相适应。

因此，建议政府通过立法大力甚或强制推行农业生产保险。政府大部分或全部支付保险费用，由保险公司与农民分门别类签订合同，使得农民在遇到自然灾害的情况下有最低收入保证。

此类改革至少有以下三方面好处：①减少政府事务性工作，有利于集中精力办大事；②减少权威机构经手钱物，抑制贪渎；③促进农民对农业生产投入，稳定收入预期，提高农业生产效益。

## 二、提高劳动者素质

据国家教育部的统计，我国每年九年义务教育毕业生与升入普通高中、中等专业和技工学校的人数相差700万~800万。这些学生尚有1~2年才达到法定劳动年龄，主要分布在老、少、边、穷等经济欠发达地区。据此估算，全国近于法定劳动年龄而未接受任何技能培训的人数至少有1500万，加上达到法定劳动年龄尚未就业的人，则总数可能有三四千万。

不断进步的工农业生产技术对劳动者技艺的要求越来越高，而且要求每个劳动者不止掌握一种技艺。媒体报道的各种重大生产事故中一大部分是由于违规操作或缺少常识引发的，因此提高劳动者素质极为重要。它不仅关乎劳动者个人的谋生手段，也关乎国家的生产安全、产品和服务质量。建议将对劳动者技艺培训的支持纳入国家非义务教育经济补贴计划中，可以以奖励考取各类上岗证的方式鼓励这些青少年学习。

## 三、促进城郊型农业发展

城郊型农业以服务城市为中心，发展蔬菜、果树等种植业和禽畜养殖业，对土地等自然资源利用较为充分，采用先进技术较早，收入也较高。随着城市化进程的推进，城郊型农业势必会得到进一步扩展，因此建议积极促进这一进程。城郊型农业的健康发展对整个农业和农民都具有重要意义。

城郊是我国亟待弱化和消除的城乡二元结构的过渡带。城郊农业的技术进步，包括资源节约、设施农业建设、农机使用等都对全国农业具有示范作用。更重要的是城郊的农民见多识广，头脑灵活，掌握了多项实用技术，再加以更多的培训，这一农民群体将易于适应城市化中职业转换和生产、生活方式的改变，成为亦工、亦农、亦商的多面手。这将大大减少城市化的社会成本。

（本文选自 2009 年院士建议）

## 专 家 名 单

| | | |
|---|---|---|
| 娄成后 | 中国科学院院士 | 中国农业大学 |
| 李季伦 | 中国科学院院士 | 中国农业大学 |
| 武维华 | 中国科学院院士 | 中国农业大学 |
| 沈允钢 | 中国科学院院士 | 中国科学院上海生命科学研究院 |

# 关于科技创新政策的建议

叶笃正*

中央提出建设创新型国家非常及时和正确。建设创新型国家是我国未来可持续发展的必由之路。目前，我国的科技创新对国民经济的贡献所占的比例很小，远远落后于西方发达国家，甚至落后于一些中小穷国。我们认为，建设创新型国家，要动员全国力量，而不能仅仅依靠科学家。民间在生产和生活中产生的创新思想和创新实践是科学和技术创新的重要组成部分，国家应该大力扶持和鼓励。

第一，我国与西方国家很大的不同在于西方国家的人民有很长的科学创新和技术革新的传统，而我国人民接受“科学技术是第一生产力”的观念时间不长。因此，引导我国人民走正确的科学创新和技术发明道路是一项需要政府长期关注的大事。

第二，我国民间蕴藏着大量的科学研究爱好者、技术发明和革新的热衷者，政府对他们的创新热情要给予正面的引导，否则这些人会误入“伪科学”和“无知引起的创新错觉”中不能自拔，甚至可能引发局部的社会不和谐。

第三，民间创新蕴藏着巨大的能量。举例说，内蒙古的中学物理教师陆家羲出于个人兴趣，在没有任何国家和机构支持的情况下，长期独立钻研组合数学问题，取得重大创新成果，获得国家自然科学奖一等奖，这是一个民间科学创新的典型例子；我国西部劳动人民在长期实践中，创造了坎儿井工程奇迹，养育了一方水土和人民；我国劳动人民创造了蔬菜、水果等农产品的很多保鲜技巧，不使用额外能源和喷洒化学物质，就可以保鲜很长时间等。通过总结和提高这些创新思想可以为国家经济社会的可持续发展服务。民间技术发明和创新的例子可用以下数据简要说明：从 1985 年 4 月到 2006 年 3 月，我国共受理专利申请 287 万件，非职务发明为 150 万件，占 52.2%，技术革新在农业、园艺、工业等方面广泛存在。值得注意的是，由于我国企业大多出于短期利益，没有动力真正地把国内的技术发明转化为竞争力，因此宁愿花巨资引进国外技术，同时技术革新往往在局部发生作用，不能大面积推广。虽然民间科学创新、技术发明和革新活动



* 叶笃正，中国科学院院士，中国科学院大气物理研究所

很多，但是其效益发生的时间和空间有很大的局限性。有些创新只有很小范围内的人群知道和应用；有些创新只在很短时间内使用，所以应该可以推广到更长时间。对少数成绩突出的发明创造者，政府应该给予精神和物质上的支持，鼓励民间创新活动的健康持续发展，使之成为我国科学和技术创新活动的重要补充力量，逐步营造全社会爱好科学创新、技术发明和革新的良好氛围。

因此，我们建议：

1）成立群众科技创新收集、奖励和推广的专门机构，对民间创新的优秀成果进行收集、总结和提高。

2）在收集科学和技术创新成果时，要对创造和发明人给予一定的表彰和奖励。

3）重视非职务创新成果，特别要注意收集农民、工人和中小学教师的创造成果和他们的点滴创新思想，积少成多。

4）组织专家对收集的项目进行筛选、鉴定和奖励，并加以推广，给民间科学技术爱好者一个正确的评价和引导。

（本文选自2009年院士建议）

# 关于促进中国纯电动轿车早日走入市场的建议

田昭武*

## 一、纯电动轿车走入市场的必要性

2008年全国轿车保有量2438万辆（平均年增长24.5%，三年翻一番），按每辆平均行程2万千米/年估算，总耗油约3200万吨/年。由此可见，传统燃油轿车已成为小汽车时代市内高耗油、高污染问题的最主要源头。新能源汽车中的混合（油电）动力轿车仍以燃油为主，车载的电储能（蓄电池或超电容）是在行驶中靠燃油机充电，所以节油减排效果只有20%左右。

纯电动轿车能以夜间电网的廉价"谷电"替代紧缺的汽油且零排放，节能减排潜力巨大，因此必须尽快走入市场。当前，作为纯电动轿车的"展示品"已能走上街头。然而，对于车载三四百千克重的蓄电池和比传统轿车贵几倍价格的电动轿车，市场却很难接受，政府补贴也难以为继。

纯电动轿车能够早日走入市场的关键问题在于看准其不被市场接受的"瓶颈"问题，并且提出相应的解决方案。

## 二、"瓶颈"与解决方案

纯电动轿车尚未能被市场接受的瓶颈是：

1）蓄电池太贵、太重且功率不够。

2）购车者对蓄电池的寿命和安全尚有疑虑。

以上两个问题都和电化学蓄电池有关。现从电化学储能的角度，提出以下解决方案，仅供商讨。

可用"双电组合"（能量型蓄电池+超电容）结合蓄电池租赁制予以解决，要点如下：

* 田昭武，中国科学院院士，厦门大学化学化工学院

1）按国人市内代步需求，轿车日行100千米以内。以中型轿车为例，配置10～12千瓦时容量的先进锂离子蓄电池已足够（锂离子蓄电池之外，也可以采用能量比较低但更安全成熟的蓄电池），在停车点利用电网市电于夜间以廉价“谷电”进行充电3～5小时即可满足白天供能需要。

2）改由超电容负责提供和接受高达50千瓦的轿车启动和制动脉冲功率任务。避开脉冲功率后的蓄电池可以改按能量型设计，其能量比可提高40%，总重和成本都显著下降，足以抵偿超电容的重量和成本，而且蓄电池寿命和安全性也显著改善。

3）超电容不怕脉冲充电，较充分地回收了制动能量，节省更多的电能（尤其在市内）。

4）蓄电池租赁制可以降低由于蓄电池寿命尚不够稳定的风险，也可以减少购车者首次投资，解除消费者的顾虑。为了应对延长里程（如自驾游）的需要，应在主干公路设立蓄电池租赁站网络，快速机械更换蓄电池。蓄电池租赁站负责蓄电池的严格管理和运行质量检查以及回收统一处理。在沿途蓄电池租赁网站网络尚未建成之前，可以采用增程式方案：临时加装小型一体化燃油发电机，为在行驶中对车载蓄电池按需充电，延长里程。

## 三、解决方案的四方面优势

1）汽车市场竞争力强，汽车拥有权总成本（TCO）低。

购车成本低。买电动汽车不包括电池和超电容，以电动机替代发动机，政府免税之外还可补贴，比购燃油汽车便宜。

用车成本低。向蓄电池租赁站租用蓄电池享受会员优惠，政府补贴蓄电池制造商和蓄电池租赁商，使租金加充电费用少于油费。只需夜间在家或停车处用市电充电3～5小时，无需去加油站。

维修成本降低。不必担心电池寿命风险。

2）汽车产业抢占先机。发动机改为电机，避开发动机可缩短与国外技术差距；持续发展，提高中国在世界汽车市场的地位和份额。

3）电网的廉价“谷电”得到充分利用，并减少用于电网调峰的抽水蓄能水库建设。我国电力装机容量已超过7亿千瓦，每夜的低谷电，可为3000万～4000万辆电动汽车充电。可于夜间在停车点利用电网充电，不依赖市内充电站网络。

4）蓄电池产业和超电容新产业获得迅猛发展和提高质量的良机。发展蓄电池租赁业，组织协会，为纯电动轿车会员提供机械更换。

蓄电池比加油站加油更快。在主干道形成网络，以解决自驾游之类的超里程用车的需要。租赁蓄电池网需政府支持补贴，使租金加电费低于油费。蓄电池和超电容寿命终结后，由蓄电池租赁站全部回收，资源循环利用有保证，并且可以保护环境。

## 四、建议政府关注的关键举措

### 1. 政府财政专项补贴

政府财政支持电动汽车的补贴份额分别给予购车户、蓄电池制造商和租赁商，使购车费用略低于购买燃油车费用，租赁蓄电池的费用低于油费与电费之差。蓄电池和超电容大批量生产后可逐年降低成本和提高寿命，逐年减轻对政府补贴的依赖，直至自立。

### 2. 大力扶持蓄电池租赁网络建设，制定蓄电池的统一管理标准

1）沿主要公路设立蓄电池租赁站，形成网络，为电动汽车协会会员服务，相互保证信用。

2）电池租赁商须配备快速更换蓄电池的设备及蓄电池和超电容管理系统，规范充电、全自动电控、严格管理，配备能够快速更换蓄电池的设备，对更换下来的蓄电池进行规范充电并进行登录、评估、分级，并反馈于蓄电池制造商供其研究改进。

3）电池制造商应生产出稳定、统一规格的能量型蓄电池和功率型超电容（要求降低成本，提高比能量，有知识产权），保证其质量和寿命。

4）发挥电动轿车动力总成方面的优势，提高能量利用率，设计易于更换的统一标准电池集装舱。对蓄电池总电压要求尽可能低（串联的电池数目少，有利于提高电池一致性，便于管理、检测和评估）。

### 3. 加强宣传引导，提高公众环保意识和社会责任感

引导公众支持电动汽车这一新生事物，正确对待暂时不便或不习惯之处。政府部门购车应以身作则。

从节约社会资源考虑，根据我国国情还应该发展公交，应优先并采用纯电动公交车；也应该发展私家的微型纯电动轿车。纯电动汽车走入市场，乃是能源永续、环境永生、用户受益、社会持续发展、提高国家形象和能源安全的重要一环。若各方同心协力，必能早日实现。

（本文选自2009年院士建议）

# 关于加强微合金化高强抗震钢筋研究、应用与推广的建议

朱 静 等

根据钢筋产品结构调整、钢铁企业节能减排的总体要求，结合国际建筑业的发展趋势，高强钢筋将在我国得到普遍应用。随着钢筋强度的提高，延性、韧性和强屈比会有所降低，对钢筋的抗震性能带来不利的影响。结合钢筋抗震性能的分析及我国的资源优势，论述了采用微合金化技术改善高强钢筋抗震性能的必要性和可能性。我国是地震多发国，特建议国家有关部门加大对微合金高强抗震钢筋研究、应用与推广工作的支持力度，最大限度地减小地震损失。

## 一、微合金化高强抗震钢筋显著的经济和社会效益

2008年我国钢材产量超过了5.8亿吨，其中，钢筋产量为9700万吨，占整个钢材产量的17%。而强度在400兆帕级以上的高强度钢筋仅占钢筋总产量的约1/3，与发达国家400兆帕级以上高强度钢筋所占比例（70%以上）相差甚远。如采用400兆帕级钢筋代替我国目前普遍采用的335兆帕级钢筋，实际可节省钢筋用量10%~20%。因此，我国若400兆帕级以上钢筋用量达到发达国家水平，每年可节约钢筋用量约500万吨，相应地可减少废气和粉尘的排放（二氧化硫13 600吨、烟尘2590吨、粉尘8090吨、化学需氧量1140吨）、节约自然资源（标准煤323万吨、铁矿石900万吨），这将为我国的节能减排做出重要贡献。为此，我国钢铁产业振兴规划，把大力推广400兆帕级以上的钢筋作为重要任务，提出到2011年，400兆帕及以上钢筋的使用比例将达到60%以上。

一般来说，金属材料的强度与延性是相互矛盾的两个方面。随着高强度钢筋的推广应用，将带来延性、韧性和强屈比（抗拉强度与屈服强度的比值，是材料延性和形变强化能力的另一种表征方法）降低的问题，对钢筋的抗震性能造成不利的影响。



我国是地震多发国。据1990年国家地震局颁布的地震烈度区划图，我国地

震基本烈度在7度及其以上、6度及其以上的国土面积分别占国土总面积的41%（其中，包括一半以上的城市）和79%。从实际发生的地震次数来说，我国20世纪发生的6级以上地震次数占全球总数的1/3。从地震损失来说，我国20世纪地震死亡人数占全球总数的50%。

建筑结构主体承载的是混凝土、砖砌体这类脆性材料，它们只能承受压力。在以强迫位移为特征的地震发生时，配置其中的钢筋则承受了全部的拉力，就像骨架一样，维系着结构的完整。只要钢筋不被拉断，建筑结构就不会发生灾难性倒塌，其中的人员就有逃生的机会。汶川地震现场调查结果显示，由于钢筋的延性不够而被拉断，导致许多房屋构件倒塌；地震中也有许多建筑结构“裂而不倒”、“危而不断”，从而避免了更大的伤亡，其原因与钢筋优良的延性、韧性和强屈比直接相关。因此，从抗震的角度来看，钢筋延性，尤其是均匀延性（最大拉力下的延性部分），对提高钢筋的抗震性能尤为重要。同时具有高延性、高韧性、高强屈比和高强度的钢筋，可以通过“以柔克刚”的机制，最大限度地吸收地震能量，保证结构的安全。

通过合理设计钢筋的化学成分和生产工艺，同时提高钢筋的强度与延性是有可能的。通过在钢筋中加入微量（质量分数0.02%～0.10%）的钒、铌、钛元素，即微合金化，配合控制轧制技术就可以达到这个目的。采用微合金化技术生产的高强抗震钢筋，尤为适宜应用在地震灾区的重建工程和国内其他高烈度地震区的新建工程，包括房屋建筑、桥梁、隧道、大坝等基础设施和城市生命线系统等。

我国具有微合金元素的资源优势。我国的微合金元素资源储量，足以能够保证我国高烈度地震设防区重要建筑钢筋的生产需求。因此，微合金化高强抗震钢筋的生产和应用，对于充分利用我国的资源优势、优化钢筋产品的结构、进一步减小地震灾害具有重要的意义。

高强钢筋抗震性能的研究和品种开发是世界地震国家的重要科学议题。各国根据自己国家的特点，均有长期持续的研究开发计划。由于历史原因，我国在建筑用钢领域，尤其是抗震用钢的基础理论和品种开发方面长期处于借鉴、跟踪、模仿国外技术的状态，缺乏系统的、先进的抗震钢筋基础理论和工程技术，标准和规范不能反映最新的抗震钢筋研究成果，总体上处于相对落后局面。

综上所述，在我国发展具有自主知识产权的抗震钢筋理论体系和开发抗震钢筋品种，研究和推广使用微合金化高强抗震钢筋，将达到节省钢材、降低工程总成本以及节能减排、防震减灾等综合目的，具有巨大的经济和社会效益。

## 二、建议采用微合金化技术改善高强钢筋的抗震性能



高强钢筋除了其本身的延性和韧性较低外，从工程应用的层面上看，钢筋的

延性和韧性还受以下因素的影响：

1）应变时效脆性。施工中，钢筋不可避免地要发生一定的塑性变形，如冷弯、校直和预应力等。在随后的使用过程中，随着使用时间的延长，钢筋的延性和韧性降低，国内外文献中将这种现象称为应变时效脆性。在地震发生时，经过一定使用年限的钢筋就有可能由于应变时效脆性导致断裂。

2）低温脆性。钢筋的延性和韧性受环境温度的影响。当环境温度降低到某一临界值（韧脆转变温度，DBTT）时，延性和韧性将大大降低，称之为低温脆性。我国的唐山和汶川地震，都是发生在环境温度高的夏季，低温脆性问题没有体现出来。而1995年1月17日发生在日本阪神的7.3级地震，由于钢筋的低温脆性而导致了大量建筑物的倒塌。我国地震区的分布较广，其中，冬季气温较低的北方地区占有较大比例，因此，钢筋的低温脆性问题应该引起特别的关注。

3）焊接性问题。焊接性是钢筋重要的工艺性能。虽然机械连接技术已经得到应用，但是钢筋的熔焊工艺仍然被广泛采用。焊接后，焊缝和热影响区的力学性能将降低，成为钢筋中的薄弱环节，在地震发生时极有可能在焊接接头发生灾难性的断裂。

从目前国内高强钢筋生产方法来看，主要有轧后穿水冷却、细晶处理和微合金化三类。其中，前两类采用的是未加微合金元素的普通碳－锰－硅钢，占高强钢筋总产量的近80%。

在这三类高强钢筋的生产方法中，采用微合金化技术生产高强抗震钢筋，对于提高钢筋本身的延性和韧性，以及解决以上三个方面的脆性问题都具有不可替代的作用。

从机理上说，目前国内外普遍认为，应变时效脆性是由钢中游离的碳、氮等间隙原子在时效过程中钉扎住位错、降低其可动性引起的。微合金元素的加入，将优先与钢中游离的碳、氮原子形成特殊的碳、氮化物，消除或大大降低了钢中游离的碳、氮含量，因而可以降低或消除应变时效脆性。非微合金化钢筋没有这一效应，故应变时效脆性较大。如对穿水冷却与微合金化钢筋的应变时效脆性测试结果表明，400兆帕级穿水冷却钢筋应变时效后，钢筋延性的降低量高达13%，而钒微合金化的同强度级别的钢筋，延性只降低了1%。

目前，降低金属材料低温脆性最有效的方法是细化晶粒。微合金化钢筋能够在轧制过程中通过应变诱导机制析出细小弥散质点，阻碍再结晶晶粒的长大，从而起到细化晶粒、降低低温脆性的作用。穿水冷却钢筋表面形成了一层延性和韧性都低的回火组织，因而低温脆性较大。细晶处理工艺利用形变诱导相变（DIFT）技术，可获得具有超细晶粒的钢筋，克服了低温脆性的问题。因此，资料表明，1995年阪神大地震后日本开发的抗震钢筋均是以微合金化为基础的超细晶钢筋。这显示出微合金化高强钢筋在抗震性能上的优势。

碳当量（主要由钢中的碳、锰含量决定）是表征钢筋的焊接性主要参数，碳当量越高，焊接性越差。微合金钢筋可以通过弥散强化和细晶强化等途径，提高强度和延性，从而可以适当降低碳、锰和硅含量，降低碳当量，对改善钢筋的焊接性有利。穿水冷却钢筋在焊接高温作用下，表面的回火层将消失，结果导致钢筋的软化。细晶处理、未微合金化的钢筋，经历焊接热循环后，焊缝和热影响区的晶粒将充分地长大，从而失去超细晶粒钢所具有的性能优势。

以钢筋的强度、延性、韧性、强屈比、应变时效脆性、低温脆性、焊接性能和高应变低周疲劳性能等与抗震性能有关的指标作为评价体系，对我国常用钢筋的抗震性能进行了试验测定和评价。结果表明，微合金化工艺生产的400 兆帕级钢筋，具有良好的综合抗震性能。

因此，综合来看，采用微合金化加控制轧制技术生产的钢筋，对提高钢筋的强度、延性和韧性是有利的。尤其是对于克服和改善应变时效脆性、低温脆性和焊接性，继而提高钢筋的综合抗震性能具有重要的作用。

## 三、钢筋抗震性能评价和地震区用钢筋政策建议

我国《钢筋混凝土用钢　第 2 部分：热轧带肋钢筋》（GB1499. 2—2007）规定了抗震钢筋的性能指标。要求抗震钢筋除满足常规钢筋力学性能外，还应满足以下三项指标：①强屈比不小于 1. 25；②实测屈服强度与规定的名义屈服强度特征值之比不大于 1. 30；③最大力总伸长率（均匀延性）不小于 9%。该指标体系主要参照国外标准提出，其适用性与合理性还需深入系统研究。应变时效脆性和低温脆性对使用一定时间及低温环境中钢筋的延性和韧性造成了较大的不利影响，但在已有标准中却未加考虑。

建筑设计部门在钢筋选用时，应以钢筋的综合抗震性能、承载大小和环境因素等作为选材依据，不同的服役条件选用不同的钢筋。主要应考虑：①设防区内地震的基本烈度；②当地的最低气温；③钢筋所在部位的受力状况和载荷大小；④建筑物的重要性类别等。由于生产成本和市场售价将高于一般的热轧钢筋，微合金化高强抗震钢筋适合应用在地震烈度高、冬季气温低的地区，作为重要建筑中的主要受力构件，而其他情况可用一般的热轧钢筋。

## 四、结　　语

建议国家发展和改革委员会、科学技术部及住房和城乡建设部加大支持高强抗震钢筋的相关基础理论研究和应用研究的力度，强化微合金化技术和控制轧制技术等在高强抗震钢筋新品种开发中的应用，进一步完善抗震钢筋的技术指标体

系和工程应用体系，并及时组织相关标准、规范的修订与制定工作，尽快将微合金化抗震钢筋的新技术成果纳入建筑抗震设计规范，强制性加以推广应用，最大限度地减小地震损失。

（本文选自2009年院士建议）

## 专家名单

| | | |
|---|---|---|
| 朱　静 | 中国科学院院士 | 清华大学　中国钢研科技集团有限公司 |
| 干　勇 | 中国工程院院士 | 中国钢研科技集团有限公司 |
| 蔡其巩 | 中国科学院院士 | 中国钢研科技集团有限公司 |
| 涂铭旌 | 中国工程院院士 | 四川大学 |
| 盛光敏 | 教　授 | 重庆大学 |
| 龚士弘 | 教　授 | 重庆大学 |
| 刘　庆 | 教　授 | 重庆大学 |
| 白晨光 | 教　授 | 重庆大学 |
| 岳清瑞 | 高级工程师 | 中冶集团建筑研究总院 |
| 朱建国 | 高级工程师 | 中冶集团建筑研究总院 |
| 周一平 | 高级工程师 | 攀枝花钢铁（集团）公司 |
| 赵克文 | 高级工程师 | 攀枝花钢铁（集团）公司 |
| 程兴德 | 高级工程师 | 攀枝花钢铁（集团）公司 |
| 张永权 | 高级工程师 | 中国钢研科技集团有限公司 |
| 杜挽生 | 高级工程师 | 中国钢研科技集团有限公司 |
| 杨忠民 | 高级工程师 | 中国钢研科技集团有限公司 |

# 保护气候环境是人类的共同责任

叶笃正 等*

当前，各国都已意识到人类活动和自然环境相互影响，而且如何应对气候变化事关人类社会的可持续发展。然而，目前各国决策层都是从自己国家或所在地区的利益出发，来考虑这个问题。全球化使得当今世界上没有任何一个国家可以孤立发展而不受其他国家的影响。气候问题更是如此，没有任何一个国家的气候与其他地方气候无关。因此，保护气候环境是人类共同的责任，这同可持续发展也是全球性问题一样。

联合国于2008年11月在印度尼西亚巴厘岛召开全球会议，联合国秘书长潘基文亲自主持，会议讨论如何减少二氧化碳排放和如何采用清洁能源问题，参会国达成了初步共识。如何实现这一目标是今后需要认真面对的艰难课题。

仅此一步还远远不够。我们认为，接下来联合国应该讨论如何共同适应气候变化的问题，因为无论采取什么措施，全球变暖都已经存在并且还将持续，其带来的影响也将持续。在适应全球气候变化问题上，如果各国都采取对自己国家最有利的方法去操作，则会出现另一轮全球无序活动，类似近一二百年的全球无序温室气体排放引起的全球变暖问题。目前全球气候变化对全球环境产生的负面影响还没有被完全搞清楚。因此，全球应该以“有序的人类活动”为原则，一盘棋地共同适应。这需要联合国进一步组织各国进行磋商，制定出全球最佳而不是某些国家最佳的适应未来气候变化的方案，即总体最佳的全球可持续发展方案。保证全球总体最佳不可避免地会出现一些国家既有利益受损的情况，解决这个问题需要受益国家出资补偿利益受损国家，这样才能促成全球人类的有序活动。

如何才能找出全球总体最佳方案？这需要在包含人类活动及其反馈机制的气候系统（也称为地球系统）模式基础上，开展各种模拟实验研究。隶属于联合国的世界气象组织（WMO）可以承担构建此类模式和模拟研究的组织工作。在科学研究的基础上，WMO又可综合提出不同的“最佳”方案，供联合国挑选。

* 叶笃正，中国科学院院士，中国科学院大气物理研究所；严中伟，研究员，中国科学院大气物理研究所

经各成员国协商同意，最终形成适应全球变暖的最佳方案。

我国作为联合国安理会常任理事国，理应在国际应对气候变化事务方面采取更加主动的态度，提出建议并积极地参与和组织有关活动，以改变目前我国在国际气候政治谈判中的被动局面。

为此，提请国家领导层责成有关部门尽快开展必要的基础性调研工作，提出可行性方案，就上述建设性意见提出完整版本，借此进一步推动我国气候变化科学研究，提高我国在国际气候政治中的地位。一方面为我国自身的可持续发展规划提供指导；另一方面可由国家出面向联合国提出建议。

（本文选自 2009 年院士建议）

# 大力发展“第三代”光伏发电技术，应对“碳关税”的挑战

何祚庥*

我国应迅速决策并大力发展太阳能，把发展太阳能提高到国家发展战略高度，这一方面是为了应对国际金融危机；另一方面也是为了回应发达国家为扼制我国而发起的“征收碳关税”措施的挑战。

最近，美国总统奥巴马一再宣称：“在开发、生产、利用和节约能源的新技术方面，没有什么比创新更重要。”

应对“碳关税”的重要措施之一是大力发展光伏发电技术。要在10～15年间，将光伏发电成本下降到可以和火力发电相竞争的水平。

从国际发展态势来说，当前光伏产业正由以晶体硅发电为核心的“第一代”技术向硅薄膜或其他薄膜（如碲化镉、铜铟镓硒等）发电等“第二代”技术转变。由于薄膜的厚度仅为几微米，所用材料仅为价格十分昂贵的晶体硅的1%，因此“第二代”技术的发电成本一般约为“第一代”技术的1/2。

但是，时代在前进。现在光伏发电又出现了“第三代”技术。这就是中国科学院理论物理研究所特聘研究员陈应天教授所开拓的“4倍聚光＋跟踪＋太阳能炼硅＋晶体硅（p型或n型）＋薄膜”的光伏发电技术。我个人认为，这是当前最先进、发电成本也最低廉的光伏发电技术。

下面简略地介绍一下陈应天教授及其团队在太阳能光伏发电技术方面所获得的成就。

## 一、光伏发电技术实现突破，发电成本大幅降低

当前“4倍聚光＋跟踪”的光伏发电技术有较大突破，其成本已下降到平板光电池的1/3，发电成本也下降到0.51元/千瓦时。

传统的光伏电池是将光电池做成平板，固定放在屋顶或墙面或按最佳方位用支架排成接受阳光的阵列。其优点是结构简单、易加工，缺点是有较大的余弦损

* 何祚庥，中国科学院院士，中国科学院理论物理研究所

失，每块光电池只接受一倍阳光，利用率太低。提高电能有效产出的办法之一是“聚光 + 跟踪”。

图 1 是陈应天教授所发明的“4 倍聚光”装置。关键在于他设计的光漏斗能够保证在一次反射的条件下，在太阳电池表面上有均匀光强的分布。

图 1　光漏斗的外形图

理论预期，“4 倍聚光”将输出 4 倍电力。实验证明，实际上由于反射、吸收等原因，在直射光是 4 倍光强的条件下，光电池的输出是 3. 3 倍。如果再加上跟踪装置，可比平板电池提高能效 30%，发电量是 3. 3 ×1. 3 =4. 3 倍。如果扣去光漏斗对漫射光的阻挡（注：漫散光一般占太阳光的 10% ~30%），在干旱地区，漫射光仅占 10%，也就是一块光电池能产生 4. 3 ×（1 –0. 10）=3. 87 倍的电力；在阴雨、多云地区，一块光电池将能产生 4. 3 ×（1 –0. 30）=3. 01 倍的电力。

为什么“4 倍聚光”技术能在短期内获得成功?

有三个原因：①仅要求“4 倍”而不是高倍聚光，可用目前市场上有充分供应、价格较低廉的光伏电池，不必要求有能承受 10 ~20 倍或几百倍且价格十分昂贵“特殊”的聚光电池；②这一光漏斗能保证太阳光在光电池表面有均匀的光强分布，这就极大地减少了热应力的不均匀和受热量的不均匀带来的“光漏斗”制作和散热困难，如果是市场上随便买来的劣质光电池，“4 倍聚光”会扭曲成“碗”；③由于这是光的均匀“折叠”，仅要求太阳光垂直输入，使“光漏斗”成为“向日葵”；只需将地球绕太阳公转和自转的高精密运行公式输入芯片，就能将阳光垂直送进光漏斗，不必采用“测量”和“反馈”等复杂而又不甚精密的控制方案，这也大幅度降低了跟踪成本。图 2 是“4 倍聚光”、发电功率为 150 瓦的样机。

图2　发电功率为150瓦的样机，李政道教授在进行现场指导，多倍聚光发电可以用在路灯上，而且既美观又可靠

有许多人对"4倍聚光"技术提出批评或怀疑这项技术：能否有效地散去"4倍聚光"带来的热量？是否真的达到4倍的输出？跟踪精度能否满足要求？能否长期安全可靠地运行？能否经受沙漠地区常有的狂风、冰雹、高温、骤冷、沙尘暴等恶劣气候的考验？如何解决灰尘的清洗？能否比平板电池有更长的持续寿命？能否和别的聚光方案相竞争等。

对上述难点、疑点，陈应天教授做了针对性的回答。尤其是"光漏斗"的设计，除了耐冰雹、强风之外，还可有效地防沙、防水，有效地消除最为困扰平板电池的热岛效应，能保证大于25年的使用寿命，而且易拆、易装，便于维修。

实践也已部分地做了回答。"4倍聚光"技术已在内蒙古鄂尔多斯建造了一个功率为205千瓦的小型光伏电站。其已安全可靠地持续运行了2年多，只在安装调试早期有1‰~2‰的光漏斗需要维修（图3）！

图3　国内第一座由国家批准的在鄂尔多斯正式运行的商业化的光伏电站

近来，“4 倍聚光”技术又经过了大幅度改进。已在蚌埠研发了一台直径为 35 米、峰值功率为 50 千瓦，即 50kWp① 的光伏发电机。该样机所用结构材料更少，占地面更小，控制更简单，成本也更低。其中，“4 倍聚光”单元已获得德国技术监督协会（TUV）长达一年之久的测试，被认为可销售到欧洲市场。据了解，这是世界上第一例通过了 TUV 测试的聚光漏斗。现在该产品已接到国外大批订单，出口国外市场。

需要指出的是，最近，在蚌埠地区出现大风暴、大冰雹，一个厘米直径的冰雹砸向“4 倍聚光”漏斗，全部结构安全运转，安然无恙。图 4 和图 5 是在西班牙安装的 50kWp 光伏电机的跟踪系统。

图 4　西班牙工人在紧张地安装来自中国的 50kWp 光伏电机设备

图 5　中国发明的大型跟踪光伏发电站在西班牙正常运行

① kWp 是峰值功率，p 指峰值，单位为千瓦

更令人感兴趣地是"4倍聚光"技术的发电成本。这涉及峰值功率50千瓦光伏电机的使用寿命。一块光电池已能发出4倍电力，使得峰值功率50千瓦并网光伏电机包括利税、土地、知识产权费用在内的总投资将下降到25 000元/千瓦。如果此光伏电机使用寿命是25年，年平均发电1967小时（注：这是甘肃武威地区年平均日照时间），易算出以25年寿命计的这一光伏电机的平均发电成本是0.51元/千瓦时。如果此光伏电机获得1.09元/千瓦时的优惠上网电价，将在12年内回收全部成本。

最近，我们到甘肃武威地区对陈应天所发明的峰值功率50千瓦的转盘式光伏电站和"863"计划支持的峰值功率500千瓦平板式光伏电站的投资和运行做了比较性的考察，其结果如表1所示。

**表1　转盘式和平板式光电站单位千瓦发电量的比较**

| 项　目 | 50kWp 转盘式光伏电站 | 500kWp 平板式光伏电站 |
| --- | --- | --- |
| 单位千瓦投资/元 | 26 000 | 80 000 |
| 2009年6月1～15日的发电量/(kW·h) | 4225.7 | 27 182 |
| 15天内每单位千瓦的平均总发电量/(kW·h) | 84.5 | 54.3 |
| 两者之比 | 1.55 | 1.00 |

转盘式光伏电站不仅单位投资仅为平板光伏电站的1/3，而且发电量还多出55%。但是，4倍聚光光伏电机的光电池现仅有20%转化率，如果进一步增加到25%～30%（注：这将是进一步研究和解决的重大课题），上述"4倍聚光"光伏电机的发电成本还将进一步下降。总之，光伏发电技术在我国的大规模应用已为期不远。

## 二、利用太阳能的新材料新工具制造成本已经大幅降低

目前，已经研发出价廉且聚光高达10 000～15 000倍的太阳炉，其温度可达3500℃，而成本只有国外同类研发产品的1/30～1/50。已用来冶炼出太阳能级的高纯硅，将为高温光冶金、光化学的研究和发展提供新的工具。

陈应天教授在太阳能领域内的重大贡献之一，是发明了无光象主动光学理论及其技术。已利用这一理论和技术建造出价廉物美而且质量极高的定日镜。其直接应用之一是建造聚光达10 000～18 000倍的太阳炉。图6、图7是镜面尺寸为6米×6米、聚光15 000倍、热功率高达15～25千瓦的太阳炉。

图 6　新型太阳炉

图 7　太阳炉的焦点

目前，将15 000倍太阳光聚焦在某一固定方位，在约为一个乒乓球大小的空间，将温度上升到3500℃的太阳炉，其未计研发费用的成本仅约为20万元。图8和图9是利用这一新型高温太阳炉熔化钢板和钨板的实验照片。近来，陈应天教授又将上述定日镜扩展为8米×8米的镜面，也制成相应的产品出口到国外，其售价高达150万元。但国外所研发的太阳炉，其售价却至少是150万元的10倍，在性能上也不如陈式太阳炉优越。因此，陈式太阳炉仍是市场受欢迎的廉价产品。

图8　利用新型太阳炉的高温熔化15毫米的钢板

图9　利用新型太阳炉熔化钨板

近1~2年来，国际市场上太阳能级多晶硅材料价格飞速上涨，2008年上半年曾高达3500元/千克。由于遭受金融危机的打击，近年来太阳能级高纯硅售价已下降到约80美元/千克，而集团内供货仍高达50~70美元/千克。原因之一是高纯硅的制作耗电太多，每千克多晶硅耗电达250~450千瓦时，仅电费支出就达15~25美元/千克，几乎达到实际成本30美元/千克的1/2~3/4。大幅度降低用改良西门子法冶炼高纯硅的高耗能，减少硅产业所产生的四氯化硅等产物的重污染，其发展方向之一是用太阳能炼硅。

由于太阳炉是一种极好的廉价的高温光源，现已利用这一太阳炉先后在银川、鄂尔多斯和武威等地对太阳能炼硅进行了多次试验和反复改进。大量试验证明，利用这一高温光源装置，能在2~3秒内成功地将成分约为2个9的工业硅中最难去掉的磷和硼去除，如图10和图11所示。

图10　甘肃省武威地区建设中的冶炼高纯硅的装备照片

图11　世界上第一根太阳能冶炼的单晶硅

表 2 是用辉光发电质谱仪，对陈应天用太阳炉冶炼出的多晶硅化学成分检测报告。

**表 2　太阳炉冶炼出的多晶硅化学成分检测报告**

| 元素 | 浓度 /ppmw* | 元素 | 浓度 / ppmw | 元素 | 浓度 /ppmw | 元素 | 浓度 /ppmw |
|---|---|---|---|---|---|---|---|
| Li | < 0. 005 | Cr | < 0. 005 | Sn | < 0. 05 | S | 0. 10 |
| B | 1. 1 | Mn | < 0. 005 | Sb | < 0. 05 | Ca | < 0. 1 |
| Na | < 0. 005 | Fe | < 0. 05 | W | < 0. 01 | Ti | < 0. 005 |
| Mg | < 0. 005 | Co | < 0. 005 | Pb | < 0. 01 | V | < 0. 001 |
| Al | 0. 04 | Ni | < 0. 01 | Bi | < 0. 05 | As | < 0. 05 |
| P | 0. 97 | Cu | < 0. 01 | Zn | < 0. 05 | Mo | < 0. 005 |

* ppmw 为按质量计的 $10^{-6}$

数据显示，磷和硼的含量均是 1. 0ppmw，已达到太阳能级高纯硅所要求的 6 个 9。需要略加评注的是，这里给出的数据是多个样品中“最坏”的结果。大量的测试均显示出这一太阳能光冶金法能达到 7 个 9，甚至是 8 个 9 的纯度。

这样生产出来的单晶硅质量是 12 千克，60% 是 p 型半导体，40% 是 n 型半导体。已切成 125 毫米 ×125 毫米的单晶硅片，并制成光电池，其不加特殊处理制成的光电池的转化率可达到 16. 5%，而且不会因太阳光的照射造成转化率的衰减。一个可能的解释是，这一光电池用的硅材料已经历 10 000 倍太阳光的照射，因此极大地压低了光致衰减。

在研发过程中，陈应天教授也碰到了一系列困难。陈应天等本来设想利用他所发明的太阳炉所特有的“高温”来加速冶炼提纯的进程。但试验进行不久，就发现三重困难：冶炼温度过高将引起硅蒸气的大量损失；坩埚寿命太短，使用一两次，就不能再用，屡试而屡败；极易造成坩埚污染，而且也很难找到价廉而含杂质少的坩埚。

于是，陈应天教授发明了一种无坩埚作业。将工业硅磨成细粉和 CaO、$Al_2O_3$、$SiO_2$ 等粉状氧化物和某些添加剂压铸成棒，直接放置在 10 000 倍的太阳炉里照射。利用氧化物混合物会发生由固相到液相的“相变”，可将温度控制在 1700 ~2000℃的范围。由于 10 000 倍太阳光的辐照，硅棒迅速升温熔化，液滴由硅棒剥离。为保证冶炼过程的充分完成，还需要适当延长高纯硅的冶炼时间。陈教授等将硅棒放置在高度约 5. 5 米的二层楼，利用自由落体，将冶炼时间控制在 1. 0 ~1. 2 秒内，使其堕入底层水池中冷却而中止。

一个令人惊异的事实是，这一在 10 000 倍太阳光辐照下的硅棒的持续冶炼过程，竟然仅在 2 ~3 秒内完成全部作业。工业硅所含杂质或者气化或者形成氧

化物，萃取到因“相变”控温为1700℃的高温氧化物混合物的液体中。

由于这一太阳能炼硅所需持续时间仅2～3秒，而云层涨落漂移时间往往长达十几分钟或几小时，因此这一新型太阳能冶炼法完全能走向产业化。已做到将通常西门子法耗电200～300千瓦时/千克降低到仅耗电20～30千瓦时/千克，这实际上是用定向凝固法进一步提纯时所消耗的电能。

由于上述冶炼过程消耗的材料是2个9的工业硅和高岭土等一类氧化物，其售价仅5～10元/千克，太阳炉没有任何消耗。上述试验，包括压铸成棒等工艺过程所耗费的生产成本仅约为25美元/千克。一旦实现了这一生产过程的产业化，将完全可能下降到10～15美元/千克。

不难看出，这一新方法将有如下优越性：拥有完全的自主知识产权；将大幅度降低能耗和制作成本；能完全消除污染，使高纯硅成为“绿色”产业的太阳能级的高纯硅，有足够的实力应对“碳关税”的挑战；其生产规模可大可小，从投资到生产仅有一两个星期的周期，既适合国有经济，也适合家庭作坊式作业；在国际市场上将有超强竞争力，并还有大幅度成本下降的空间（如改为10米×10米的聚光镜）。

由于现有“4倍聚光+跟踪”技术中的光电池成本仅占全部成本的1/3，如果这一太阳炉光照射的新型多晶硅的光冶金法获得成功，将有可能将上述使用寿命为25年的“4倍聚光”发电装置的发电成本再下降20%，由0.51元/千瓦时下降到0.40元/千瓦时。因此，光伏发电产业的未来将是一片光明。

最近，经陈应天教授等研究，认为这一高倍聚光的太阳炉既是廉价的高温热源，也是廉价的高强度的光源。经计算，在聚光10 000倍的强度下，其单位时间、单位面积通过的光子数高达$1\times10^{22}\sim2\times10^{22}$光子/（厘米$^2$·秒）之多，而液态硅对太阳光的吸收系数却高达70%。

因此，高强度的光子流将激活每个正在反应中的各种化学键，从而极大地加速了化学反应速度，成为“普适”的催化剂。“太阳炉炼硅”的成功将开辟一个新领域——太阳能高温光化学的领域。完全可能将上述太阳炉用来冶炼难熔金属或其他难以在通常高温炉内冶炼的材料。

陈应天等已将上述实验结果写成科学论文，并且已在2009年第7期的《中国物理快报》正式发表。已有某些曾获得诺贝尔奖金的国际友人评论其为极富创造性的工作。最近，甘肃电力投资公司已决定应用陈教授所开拓的这一太阳能冶炼高纯硅技术进行试生产，预期年产4000吨太阳能级高纯硅，总投资为人民币20亿元。

这一决策的直接效果是：国内不少已预定要“大干快上”西门子法、硅烷法的企业纷纷转而持谨慎观望态度。原因是：国内已上马的制作高纯硅的预期产量已高达10万吨之多，将在2～3年内形成严重的生产过剩；而一旦太阳能炼硅的产业化获得成功，这一10万吨产业将面临十分尴尬的局面。

# 三、一个有巨大争议的技术“路线”问题：薄膜还是“4倍聚光+跟踪”?

国内外有不少人认为薄膜电池是当前光伏产业的主流技术。理由是：虽然目前各种产业化后薄膜电池的转化率较低，为6%～8%，但实验室产品已高达13%～20%。

表3是实验室所做到的各种薄膜电池已达到的转化率的总结：

**表3　实验室得到的各类薄膜电池转化率的测量结果**

| 电池种类 | 转换效率/% | 研制单位 | 备注 |
| --- | --- | --- | --- |
| 非晶硅太阳电池 | 14.5（初始）±0.7<br>12.8（稳定）±0.7 | 美国USSC公司 | 0.27cm$^2$ 面积 |
| 含镓的硒铟铜电池 | 19.5±0.6 | 美国国家可再生实验室 | 0.410cm$^2$ 面积 |
| 碲化镉电池 | 16.5±0.5 | 美国国家可再生实验室 | 1.032cm$^2$ 面积 |
| 多晶硅薄膜电池 | 16.6±0.4 | 德国斯图加特大学 | 4.017cm$^2$ 面积 |
| 纳米硅太阳电池 | 10.1±0.2 | 日本钟渊公司 | 2μm厚膜 |
| 二氧化钛纳米电池 | 11.0±0.5 | EPFL | 0.25cm$^2$ 面积 |

即令某些多个p-n结组成的薄膜的加工技术较复杂，原材料的大量节约总是薄膜技术的一大优势，而且，完全有可能由于“薄”而发展出廉价加工技术。特别是碲化镉，其在近期就可能降到1.0美元/瓦的水平。

国内外还有不少人反对发展聚光技术。因为所有的聚光发电和聚光热发电系统的本质都是“用廉价的聚光材料替代昂贵的半导体材料，而当半导体材料廉价到与聚光材料相近时，所有的聚光发电系统均没有生存的意义了”。下面将对现有薄膜技术和现有“4倍聚光+跟踪”技术进行比较性的分析和讨论。

陈应天、林文汉等曾对薄膜和“4倍聚光”技术的优点、缺点做了一个详细的比较，列在表4至表7中。

## 1. 用地效率

**表4　各类光电池单位地面发电功率的比较**

| 不同的方法 | 用地效率/(W/m$^2$) |
| --- | --- |
| 薄膜电池 | 15～20 |
| 平板式晶硅 | 30～40 |
| 传统跟踪式晶硅 | 17～20 |
| 聚光+跟踪+晶硅 | 20～25 |
| 改进式聚光+跟踪+晶硅 | 50～60 |

## 2. 廉价

表 5　各类光电池提供的电价比较

| 不同的方法 | 每瓦价格/（元/W) | 用电价格/[元/（kW·h)] |
|---|---|---|
| 薄膜电池 | 10～13 | 0.90 |
| 平板式晶硅 | 18～22 | 1.80 |
| 传统跟踪式晶硅 | 24～30 | 1.60 |
| 聚光＋跟踪＋晶硅 | 20～25 | 1.0 |
| 改进式聚光＋跟踪＋晶硅 | 20～25 | 1.0 |

## 3. 轻巧

表 6　各类光电池发电装置单位地面的平均负载

| 不同的方法 | 平均负载/($kg/m^2$) |
|---|---|
| 薄膜电池 | 6～10 |
| 平板式晶硅 | 15～20 |
| 传统跟踪式晶硅 | 30～40 |
| 聚光＋跟踪＋晶硅 | 35 |
| 改进式聚光＋跟踪＋晶硅 | 35 |

## 4. 承受风大

表 7　各类光电池发电装置承受的最大风载

| 不同的方法 | 最大风载/(km/h) |
|---|---|
| 薄膜电池 | 100 |
| 平板式晶硅 | 100 |
| 传统跟踪式晶硅 | 60～70 |
| 聚光＋跟踪＋晶硅 | 140 |
| 改进式聚光＋跟踪＋晶硅 | 140 |

从表4至表7来看，“聚光+跟踪”和薄膜可以说各有优势和劣势。薄膜的最大优势是轻巧，“聚光+跟踪”的最大优势是占地面或屋顶面积只有薄膜的1/3～1/4，两者的发电成本却均为1.0元/千瓦时。特别是各种建筑的“南墙”，就只能用薄膜技术发电。所以，即使聚光技术有快速进展，处在“南墙”上的薄膜仍将在市场占有一定份额。

但是，上述结论是在高纯硅约为1500元/千克售价的前提下做出的。但如果高纯硅售价下降到200元/千克，晶体硅光电池售价下降到5～6元/瓦的水平，其形势会立即发生巨大变化。

薄膜的优势在于所用材料较少，材料占薄膜电池成本份额也较小。但如果高纯硅售价下降了10倍，那么晶体硅电池中硅材料成本也将成为不重要的份额。由于薄膜效率偏低、性能也欠稳定，薄膜电池将很难在性价比上和多晶硅电池进行竞争，除非薄膜电池的光电转化率有成倍地提高。这时，“高效晶体硅光电池+4倍聚光+跟踪”将是光电市场上的首选。

原因是：①每瓦的“4倍聚光+跟踪”的成本和光电转化率成反比，薄膜电池在原则上当然也可以适用聚光跟踪技术来增加发电量。但如果光电转化率太低，其每瓦的“跟踪+聚光”成本必定大幅度增高。②理论上可以认为“当半导体材料价格降低到与聚光材料同样廉价时，聚光系统就没有存在的必要”；实际上即令高纯硅每千克售价降低到微不足道的水平，但制作光电池的其他专用材料，如低铁绒面玻璃、EVA、TFT、银浆、铝浆等材料及其加工技术仍将占到2.5～3元/瓦的水平。至少，在近期还很难和聚光材料相竞争，而且，聚光材料及其加工的成本也在大幅度下降。③尤其是“跟踪”，在光电池组成的阵列中，至少将多出30%的电力，在北方或偏南地区是不可缺少的技术。

当然，降低光伏发电成本的重要措施：进一步提高晶硅光伏电池的光电转化率。

由于“太阳能炼硅”的成功，在不久的将来，将在市场上获得廉价晶体硅材料。廉价的晶体硅可能会取代在薄膜电池中使用的价格较昂贵的导电玻璃，但却同时仍能发出转化率达16%～18%的电力。现在市场上出售的n型单晶硅制作的光电池可高达22%的转化率，市场价格已下降到9～10元/瓦。但这一高转化效率仍有大幅提高的潜力。这就是下面建议的发展方向：

“n型硅半导体（p型硅半导体）+各种形式的硅薄膜+如有必要，再适当增加一些能吸收红外线的薄膜”。现有国内制作的光电池绝大多数采用的是p型硅电池的技术路线，这要比n型硅电池少4%。陈应天教授倡议的“太阳能炼硅”将能供应优质、廉价的n型硅半导体。这也是陈式“炼硅”技术的一大优势。单晶硅能带间隙约在1.1电子伏，而各种形式的硅薄膜的能带间隙为1.5～2.2电子伏。所以，不同性质“单晶硅+硅薄膜”的p-n结组合，将可能将现有

光电池转化率提高到25%～30%，甚而更高。这一“新型”硅电池的出现，不仅有利于进一步推进“4倍聚光＋跟踪”的发电技术，而且还能取代放在“南墙”上的薄膜。

一旦实现上述技术路线的大突破，完全可能将电价降到0.25～0.3元/千瓦时的范围。

（本文选自2009年院士建议）

# 应对“碳关税”，中国也应大力发展新型热发电技术

何祚庥*

我国应迅速决策并大力发展太阳能，把发展太阳能提高到国家发展战略高度，这一方面是为了应对国际金融危机；另一方面也是为了回应发达国家为扼制我国而发起的“征收碳关税”的挑战。

应对“碳关税”的重要措施之一是大力发展光伏发电技术。要在10~15年间，将光伏发电成本下降到可以和火力发电相竞争的水平。同样重要的是，我国应大力开拓和发展太阳能热发电技术。

最近，在德国以西门子公司为首的12家大公司出击“重拳”，投资约4000亿欧元（按1欧元约合人民币9.55元计），决定成立“沙漠技术工业倡议公司”(Desertec Industrial Initiative，DII)，将在非洲撒哈拉大沙漠建造功率达2亿千瓦的太阳能热电站，同时淡化海水。12家公司认为，现在世界太阳能生产技术已经成熟，太阳能的存储和运输技术也已过关；他们计划于3年内完成，到2050年满足欧洲所需能源的15%。12家公司还认为，现在太阳能发电成本为20欧分/千瓦时，普通能源成本为4~5欧分/千瓦时，只有大规模开拓新技术和大规模发电才能大规模降低成本。美国总统奥巴马也宣称：“在开发、生产、利用和节约能源的新技术方面，没有什么比创新更重要。”

中国科学院理论物理研究所特聘研究员陈应天教授及其团队不仅在太阳能光伏发电技术上获得决定性的重大突破，而且在太阳能热发电技术的“创新”上也获得重要进展。

下面将简要地介绍一下陈应天教授所开拓的能大幅度降低太阳能热发电成本、能和火力发电相竞争的新的技术路线。

## 1. 在发展“理念”上弄清楚光伏发电技术和热发电技术孰优孰劣的辩证关系

国内外均有不少人反对发展热发电。理由是：从技术发展的“潜力”来看，



* 何祚庥，中国科学院院士，中国科学院理论物理研究所

光伏发电比热发电有潜在的更高的光电转化率，热发电要由光能转为热能再转为电能。虽然当前光能转为热能的效率高达 80%，热能转为电能的效率是 30%，二者相乘是 24%，高于市场已有充分供应的效率为 22% 的硅光电池，但从发展前景来看，光伏发电近期就可能有较大幅度的效率的提高，已有许多新技术充分展现出这一发展前景。德国将在撒哈拉大沙漠部署的槽式热发电技术，所要求的上网电价是 0.2 欧元/千瓦时；陈应天教授所开拓的“4 倍聚光 + 跟踪”的技术已将上网电价下降到 1.09 元/千瓦时。两者相差一倍。

我国仍需大力发展热发电技术，原因是：

1）热发电技术不仅可用来发电，还能供热。如何用太阳能供热取代工农业大量使用的煤供热，这是节能减排技术待解决的大问题。

2）太阳能热发电不仅可获清洁、有一定经济效益的电力，它还伴生大量低中温废热，能大幅度降低海水或盐湖淡化的成本。在有需要电热联供地区和某些工农业方面，这一技术将发挥重大作用。

3）太阳能发电的“间隙性”是各种太阳能发电技术均存在的重大弱点，但热发电却有可能通过“储热”，大幅度缓解甚而完全解决“间隙性”困难。一旦完全解决了“间隙性”困难，太阳能热电站还能充当“调峰”电站。

4）太阳能发电的重要发展方向之一是可利用“分光”技术对适用于“光伏发电”波段和适用于“热发电”的波段分别加以利用，这将大幅度提高发电效率。

5）我国是发展中国家中的大国，各地区有着不同的复杂地形和气候，因此对太阳能的利用会有不同的需求。

6）重要的是，现在世界上所竭力“推崇”的三种技术路线（“槽式”、“塔式”和“碟式”）均有严重弱点，因而均有大幅度改进的余地。

陈应天教授已提出克服这些重大弱点的一系列技术理念和技术措施。这些理念的实现，能将现有槽式发电成本从 2.0 元/千瓦时下降到 0.8 ~1.0 元/千瓦时。随着这些理念和措施的产业化和规模化，太阳能热发电成本也将下降到和火力发电相竞争的水平。

下面将简略地介绍陈应天教授等提出的太阳能热发电的新的理念和可能采取的措施。

## 2. 槽式发电的原理

利用柱形抛物面反光镜将阳光聚焦在长达几千米至 12 000 米的柱形吸热管上，最后转化为水蒸气推动涡轮机组发电。



槽式电站（图 1）的优点是结构简单，只需南北跟踪，东西不跟踪。缺点是聚光比较低，余弦损失较大，可高达30%，热交换损失也较大，可高达10%～20%，吸热管的温度较低，系统的综合效率也较低。但是，这一系统的突出优点是比较容易产业化，而且正在大规模实现产业化。

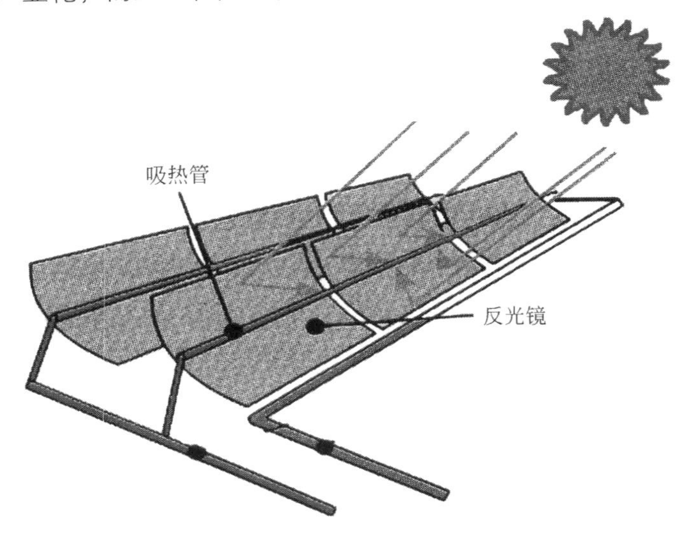


图1　槽式电站的示意图

我国推进槽式发电技术有一个特殊困难。在槽式发电技术中，将不得不用到能经受400～500℃高温，长达几十米或100米的钢管和保温用的真空管。这一难题仅在以色列获得解决。世界各国均从以色列采购，产品供不应求。但以色列拒绝转让技术，也拒绝向中国供应，所以国内一些专家转而研究其他技术，如“碟式”或“塔式”发电技术。但“塔式”或“碟式”的结构特别复杂，技术要求也高，大规模产业化有很大困难。

## 3. 陈应天教授倡议用结构完全相同的“陈式定日镜＋小塔支撑的集热面”来克服“槽式”电站所固有的困难

陈式定日镜、接受定日镜聚光后的集热面及定日镜和安装集热面的小塔相组合的照片如图2至图4所示。

## 4. 陈式定日镜的特点

不论自晨至晚，从冬到夏，陈式定日镜能自动在时间、空间分布上较均匀地将太阳光反射到某一由“小塔”所支撑的某一“集热面”上。

图 2　陈式定日镜的照片

图 3　接受定日镜聚光后的集热面的照片

图4　定日镜和安装集热面的小塔相组合的照片

这一新设计一方面继承和吸收了“塔式”、“碟式”热发电技术中的“点聚焦”集热技术，比“槽式”热发电的“柱聚焦”，有较小的余弦损失，有更高的集热量、集热温度，更高的热电转化效率；但同时又保留了“槽式”热发电技术结构单纯，易于规模化、产业化等优点（图5）。因为只要将一座座“小塔”重复连接成十几千米的“多塔”，就能构建功率达1兆瓦、10兆瓦甚而100兆瓦的太阳能热电站。至于定日镜，就只需要“克隆”，实际上也就是在陈应天教授所发明的“太阳炉炼硅”技术里用到的定日镜，而且也正在走向产业化。全部结构所用部件均是当前中国技术条件下可以实现大规模产业化的技术。所以，它的单位功率的造价就完全可能比现在德国使用的槽式电站发电成本至少下降30%～40%。

陈应天教授在这一试验中所获得的突出成就是：已做到其定日镜的造价为1200元/立方米，能抵御12级大风，而且还有价格下降的空间。至于“小塔”，由于它的集热面较小，塔身较矮，因此抗风根本不成为问题。显然，这些技术为我国太阳能热发电技术的提前产业化开阔了新途径。尤其是这一技术完全是我国自主创新、独力研发，并拥有完全自主知识产权的新技术。

图 5　用一组结构完全相同的由"定日镜 + 集热面 + 小塔"
组成太阳能对传热介质加热的体系的照片

## 5. 为进一步降低太阳能热发电成本，陈应天教授等还提出了"两步走"升温的新理念

能源有高品位和低品位之分。凡较易转化为电能的为高品位能源，较难转化为电能的为低品位能源。我国是"以煤为主"的国家。正如已故工程热物理所所长吴仲华院士所指出：利用热能的基本准则是"温度对口，梯级利用"，否则将出现"大浪费"。高品位的煤承担着低品位的职能；可发电的"煤"却用作室内温度为 23 ~27℃的供暖。

其实，不仅在室内供暖，在各种工业锅炉供暖、供气，甚而在火力发电机组发电过程中，也存在着上述"大浪费"。发电机组往往用"煤"从加热冷水开始，逐步加温产生高温高压水蒸气。但"加热冷水"完全可用各种低品位的热能来取代。或者说，在热能利用问题上，要"温度对口，优质优用，梯级加热，梯级利用"。

太阳能供热当然也应发展"两步走"的升温技术。第一步利用价廉、技术较简单但温度和品位较低的太阳能，将水加温成为 160 ~200℃低温水蒸气。第二步利用技术较复杂，成本也相对较高的"定日镜 + 集热面 + 小塔"装置，将低品位的中低温水蒸气，继续升温加热到发电机组所需高温高压水蒸气，推动涡

轮机组发电。

水的比热约为 1 卡①/（克·℃），水蒸气的比热约为 0.5 卡/（克·℃），液态水转化为气态蒸汽吸收的“相变”热，高达 540 卡之多。所以，在“两步走”的太阳能集热装置的设计中，其第一步由冷水加温到 160 ~200℃的水蒸气，所收集的太阳能将占到全部热量的 70% ~80%；第二步升温所收高品位的太阳能，仅占全部热量的 20% ~30%。

由于第一步吸收的热量是占全部热量的 70% ~80%、廉价而品位较低的太阳能；第二步吸收的热量成本较高，品位也较高，但仅占全部热量的 20% ~30% 的太阳能，因此这一“两步走”的升温技术，将大幅度降低太阳能热发电技术的集热成本。

## 6. 上述“设想”，已付诸实践

陈应天已在他研发的“4 倍聚光”光伏发电装置基础上，进一步扩展为“5 倍聚光”集热太阳能中低温蒸汽发生器。图 6 是“5 倍聚光”集热太阳能中低温蒸汽发生器的样机。

图 6　60 千瓦太阳能“5 倍聚光”蒸汽发生器

此装置的供热功率是 60 千瓦，集热面积是 190 平方米。由此易算出每平方米热功率为 300 瓦/米$^2$，而且此太阳能蒸汽发生器的供热成本是 0.10 元/千瓦时（表 1）。与此相对比的是：我国由清华大学所研发的真空管集热的太阳能热水器供热成本是 0.25 元/千瓦时，欧洲生产的热水器是 0.9 元/千瓦时。如以此蒸汽

① 1 卡≈4.2 焦耳

发生器的使用寿命为15年的假定和煤供热锅炉做对比，这一供热成本约相当于500元/吨标准煤的价格。

**表1 现有国产太阳能热水器和陈应天所设计的太阳能蒸汽发生器性能和用途的比较**

| | 太阳能热水器 | 低倍聚光蒸汽发生器 |
|---|---|---|
| 平均温度 | 50℃ | 120℃ |
| 最高温度 | 90℃ | 160℃ |
| 跟踪 | 无 | 有 |
| 层顶承载 | $55kg/m^2$ | $30kg/m^2$ |
| 蓄热 | 水 | 储热罐或墙壁地板 |
| 用途 | 洗澡、热水 | 洗澡、采暖、照明、电器、炊事、空调 |
| 压力 | 1bar* | 3~5bar |
| 价格 | 0.25~0.35元/(kW·h) | 0.10~0.15元/(kW·h) |

*1巴(bar) $=1.0\times10^5$帕(Pa)

## 7. 这一蒸汽发生器能做到低成本、高效益的原因

1）由于是“5倍聚光”，其加热升温时间将是“1倍聚光”加热时间的1/3~1/4，其加热过程中的热损失也将减少为原来的1/2~1/3。

2）可用技术上远为简单，成本也远为低廉的“低倍聚光+跟踪”技术的各部件已在“4倍聚光光伏发电装置”的研发中获得成功，而且也已成熟。

3）所追求的目标是中低温供热，而不是高温供热。因而可和太阳能热水器用相同的廉价的集热、储热、传热材料，可大幅度降低供热成本和占地面积。

4）这一蒸汽发生器用了先进导热技术，相变导热管，或又称为动力导热管。由于这是一种廉价、高效被称为热领域里的“超导”导热技术，因而此蒸汽发生器供热效率较高、结构紧凑、成本低廉。

注意到当前工农业以及日常生活应用领域所用到的供热技术大多是中低温供热，所以这一价廉物美的供热技术，不仅能为“两步走”的太阳能热发电的升温技术起重要作用，而且还有极为宽阔的应用前景，能为节能减排起重大作用。

## 8. 陈应天教授已研发出可放置在屋顶上，并同时“供热+供电”的转盘

设计指标如下：光热为10千瓦、光电为2千瓦、供热面积为140平方米、屋顶载重为30千克/米$^2$，可提供包括空调、采暖、风扇、电视、炊事、计算机、洗澡等在内全部用电、用热能、用蒸汽和热水（图7）。

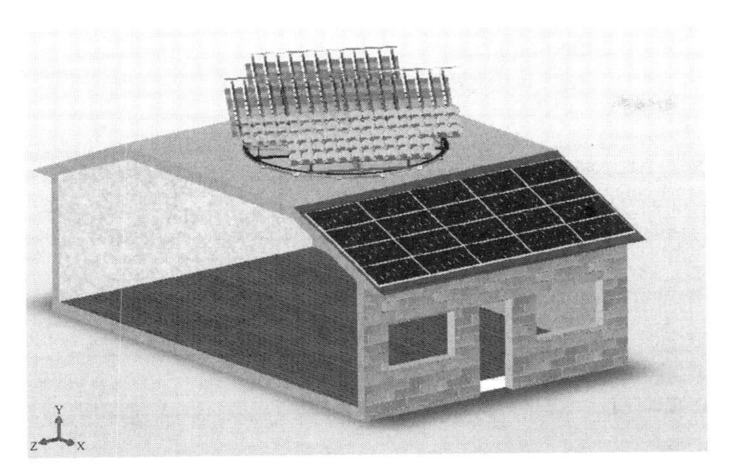

图7　“供热 + 供电”转盘示意图

为解决储热问题，还研发出“鹅卵石 + 导热油”的廉价储热罐，其体积为4米×2.5米×2.5米，可调节4000平方米的供热面积（图8）。

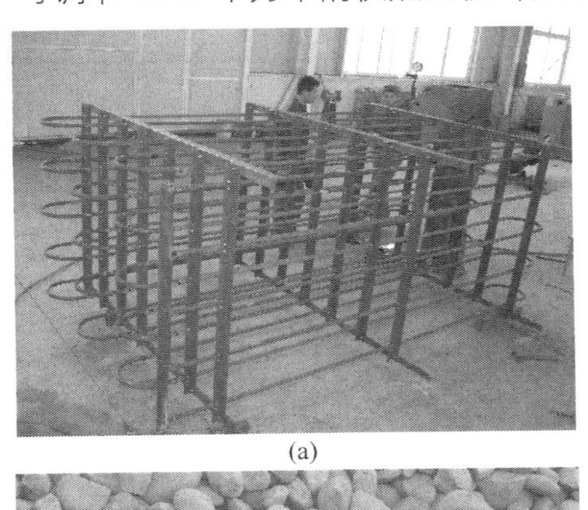

(a)

(b)

图8　储热罐的框架结构（a）和鹅卵石组成的体系（b）

## 9. 国外“槽式”电站发电成本居高不下的另一个重要原因

在大多设计中，其传热介质或者用到价格十分昂贵的硅基导热油，或者用到腐蚀作用较强、价格也相当昂贵的硝基熔盐。陈应天认为上述昂贵的高温导热介质完全能用价格十分低廉、处于高压状态的水，或高密度的水蒸气所取代，这又将大幅度降低热发电技术中的传热成本。

当然，国外“槽式”电站的倡议者并不是技术上的“盲人”。他们之所以选择价格较昂贵的导热材料，其“潜台词”是希望同时解决高温储热和连续供热问题。但从需求来看，当前急需解决地是大幅度降低太阳能热发电成本，以和光伏发电技术相竞争。光伏发电“上网”，需要由直流变为交流，其“并网”发电，往往占到总成本的15% ~20%。随着光伏发电技术水平的不断提高、发电成本的不断下降，这一“并网”发电成本就有可能上升到30% ~35%。热发电所提供的电流是交流，其“并网”发电就完全没有这方面困难。这也是我们主张大力发展太阳能热发电的重要原因之一。

至于连续供电或“间隙性”问题，可由正在拟议和热议中的即将大规模上马的“智能电网”另行解决。

## 10. 目前试验中的材料选取

现在试验中的“集热面”是用“碳化硅”作集热材料，用“不锈钢+高温高压水蒸气”作导热、传热材料。因为碳化硅和不锈钢有近似相同的热膨胀系数，二者能够“密合”，由于碳化硅、不锈钢、高纯水均是廉价材料，因此这一技术如能实现，也将大幅度降低成本。

## 11. 将上述所有大幅度降低成本的技术集中起来，至少能将国外发展的“槽式”发电成本下降50% ~70%

一旦实现了产业化和规模化，也完全可能下降到和火力发电相竞争的0.5元/千瓦时的水平。因为这里所用的材料和器件都是机电工业通用的材料和器件，已证明有50 ~60 年的使用寿命，所以太阳能热发电技术完全能在规模化、效益化进程中大幅度降低成本。

60 千瓦太阳能“5 倍聚光”蒸汽发生器如图 9 所示。

图9 60千瓦太阳能"5倍聚光"蒸汽发生器

遗憾的是，由于严重缺少经费和人员，上述待开拓的"碳化硅+不锈钢+高温高压水蒸气"的技术仅获部分成功，尚有不少技术问题有待进一步解决。目前这一高温蒸汽发生器所达到的技术指标仅能提供温度为302℃、压力为38个大气压的水蒸气，离发电尚有一定距离。

关于储热问题。陈应天等提出：蓄热装置是为太阳能供热服务的，不同的供热需求将要求不同的蓄热装置等新理念。

如果太阳能热发电采用"两步走"升温技术，其蓄热装置也应采用"两层次"蓄热。如果说中低温供热成本比高温供热成本低很多，那么中低温蓄热成本也比高温蓄热成本低很多。

1）关于中低温蓄热，将遵循下列几个原则：①"地下+大型"。②用廉价导热和蓄热材料，如"岩石+导热介质+能耐高压蒸汽的管道"。上述构想有可能用最短的管道将中低温供热装置和中低温蓄热装置相联结，大幅度减少热能损失。

2）关于高温蓄热，将支持下列构想：①用金属钠作为导热介质。金属钠将在97~880℃范围为液态，有极好的导热、导电性能，可全密封，用电磁泵驱动，甚而可用重力泵驱动，已在核反应堆中有广泛应用。②也许最佳高温蓄热材料可选为"Al+Si"。此体系有较大的相变热和较广泛的适用范围的相变温度，而且材料成本较低，蒸汽压也较低。③为适应"两步走"升温的需要，还可将上述高温蓄热装置放在超大型中低温蓄热装置里面，以实现"两层次"蓄热。

这能减少高温储热装置的热能损失，并能就近实现“两步走”升温。④未来的中国完全有必要在“地下”建造“大型”或“超大型”储热装置；应该和储存石油、储存天然气一样，同样重视储热，而且最好将储热和开采地热资源相结合。

由于这只是构想，而且未能付诸实践，因此很希望听到批评性意见。

## 12. 陈应天教授在太阳能供热方面的一则将有广泛应用价值的“小发明”——一个可在农村中推广的简便而价廉的太阳灶

图10是用陈教授所发展的无光像主动光学所设计的、能供农村大量使用的60倍聚焦的太阳灶，其是用来煮饭做菜的灶具，不需移动。

图10　太阳灶

与传统的太阳灶相比，它的优点是：①便于操作。聚光镜和灶是分离的，太阳灶可像其他普通炉灶一样放在地面即可。②便于携带。太阳灶本身仅用一个特殊曲面的反光玻璃和铝制支架做成，连同聚光镜（直径约1米），总质量仅为10千克左右，而且可以做成折叠式，非常易于移动和携带。③聚光效率更高。样机实验证明，从早上9点到下午5点，聚光光斑的大小基本不变，这样上、下午使用和太阳正午时的使用效果相差不大。④如果采用透光玻璃做外墙，由聚光镜所聚集的太阳光就能透过玻璃而聚焦到放在室内的太阳灶。



这一新型太阳灶如实现产业化，其成本将不会超过400元。如果将这种简单实用的新型太阳灶推广到我国广大农村，人们的日常炊事用太阳能取代薪柴或煤作燃料，这样既方便了老百姓的生活，又能防止对树木植被的破坏和对煤炭资源的消耗，进而缓解资源和环境的压力。

## 13. 一个极有前景的发展方向——大力发展水能和太阳能的紧密合作

1）太阳能和风能都存在一个待解决的困难问题，即“间隙性”问题。“有太阳有能，无太阳无能”，“有风有能，无风无能”。美国总统奥巴马解决美国能源问题的设想是“太阳能（风能）+大型锂离子储能电池+锂离子动力蓄电池驱动的电动车+智能电网”。所谓“智能电网”，是以计算机对“需要”和“供给”都加以协调控制，以求得最大经济效益的高效电网。我国是“需求侧管理”式的电网，一旦不满足需求，就拉闸限电。智能电网将包括巨大调控设备，一是由锂离子蓄电池为基础，能存储几百亿千瓦时电能的大型储能装置，另一是以电动车的锂离子蓄电池为基础的动力电池的组合。美国现有2亿辆轿车，未来的电动车组成的轿车，其中，每辆需20~50千瓦的电力。2亿辆电动车的储能能力至少是2亿×20千瓦=40亿千瓦的调节能力。但在我国，我认为当前更重要的措施是大力发展水能和太阳能的合作。

2）水能是价廉物美、清洁环保的可再生能源。缺点：资源总量有限，季节供应不均衡。

3）太阳能是资源总量极其丰富、清洁环保的可再生能源。在960万平方千米的面积上，年辐照高达17 000亿吨标准煤，而2008年，我国年耗能28亿吨标准煤。缺点是：季节、昼夜供应不均衡，价格十分昂贵，是火力发电成本的5~10倍。

4）一个新出现的动向是：太阳能发电成本正在大幅度下降。不论光伏发电或热发电装机，其成本均已下降到约20 000元/千瓦的水平。在今后的5~7年内，还可能将发电成本下降到0.5~0.6元/千瓦时。

5）由于太阳能资源的无比丰富，太阳能和水能在季节供应互相补充，再加上我国有足够多的地形，能修建达几亿千瓦的抽水储能电站，因此近期就能大幅度弥补可再生能源发电间隙性的问题。

6）最近，在美国总统奥巴马等设想的“智能电网”的构思中，除大力发展各式各样的锂离子蓄电池外，也将构建“大型抽水储能电站”，作为“智能电网”的重要内涵。

7）一个最佳的发展太阳能发电的区域。从现有资料看，甘肃省长达1000千米的河西走廊和由西宁直达拉萨的沿着青藏铁路、青藏公路的一大片高原地区，年平均辐照达200~220瓦/米$^2$。河西走廊将有50 000平方千米面积，而青

藏铁路、公路沿线，可能有 50 000 ~100 000 平方千米之多。如以年发电 8640 小时计，年辐照总量可高达 1728 ~1900 千瓦时/米$^2$。当前光伏电池的发电效率可高达 20%，每平方米可发出 50 ~60 瓦/米$^2$ 的电力。例如，以 20 瓦/米$^2$ 计，100 000 ~150 000平方千米的面积，年发电量将等效 20 亿 ~30 亿千瓦的装机！这一巨大发电量将大幅度支持我国未来对电力的需求。

在青藏铁路、公路周边铺设光伏电池的另一优点是：将不用担心由于气候变暖而导致铁路、公路的冻土塌陷问题。

总结分析陈应天教授之所以能在回国 5 年期间就获得辉煌的成功，重要原因是“首先要打好理论仗”。他首先从“理论”上较透彻地分析了太阳能研究和开发工作中一系列重大弱点，从“理论”上指出克服这些重大弱点的关键所在。早在 20 世纪 90 年代，陈应天教授就提出了一种全新的光学聚光和跟踪理论，国际太阳能杂志 *Solar Energy* 围绕这一新的聚光和跟踪理论连续发表了他的 8 篇论文（注：由于这一理论涉及许多高深的科学理念和复杂的数学，这里不能介绍，但这一理论完全是科学的理论），并被以色列著名太阳能专家 Kribus 教授评论为：“在一个多年几乎没有进展的光学基础领域中的第一个突破。”

陈应天还利用这个新的太阳聚光和跟踪理论，先后研制了各种更廉价、更高效的太阳能收集器。从几个太阳聚光的新型光伏发电系统、几十个太阳聚光的新型太阳灶、几百个太阳聚光的高集中度的光伏发电系统和热发电系统再到成千上万个太阳聚光的高温太阳炉，所有这些发明，无一不在彰显着理论创新的巨大威力。

但是，在中国太阳能界流行的理念是：“太阳能没有理论，太阳能也不需要理论研究！”

（本文选自 2009 年院士建议）

# 发展中国新动力装置汽车需要考虑的一个问题

周　恒*

一般认为，几十年后石油将会枯竭，且现有汽车废气是大气的主要污染源之一，因此各国都在考虑替代能源和汽车用新动力装置问题。其中，燃料电池和动力蓄电池是汽车新动力装置最热门的两项候选技术。从我国报纸和电视上的宣传来看，似乎我国这两项技术都已走在世界前列，其大规模应用已指日可待。

作为纯科学研究，不需考虑日后的生产问题。而作为技术开发，就不能不考虑日后大规模生产时可能遇到的问题。

就燃料电池来说，首先就是选用什么燃料的问题。若干年前，氢曾经被认为是最好的选择，但考虑到氢的单位体积能量密度太低，其制备、储存、运输和分配等一系列问题都不易解决，所以现在已不像过去那么热了。其他可能的燃料也在不断地被提出。对燃料选择保持开放态度是正确的，而针对不同燃料也要有不同的燃料电池技术。

但无论研制什么燃料电池，从未来产业化的角度看，都有一些问题事先就要得到足够的考虑，其中，包括制造燃料电池本身的原材料是否有保障的问题。

迄今为止，所有的燃料电池都需要用催化剂，而最常用的催化剂中都含有铂。从网上查找，发现目前已有的最好的燃料电池，每平方厘米电极可提供0.6瓦的功率，其所需催化剂中含铂约0.5毫克。一辆中型小轿车，其发动机的功率约为80千瓦。由此不难算出所需燃料电池的电池面积应约为130 000平方厘米，所需的铂约为65克。

目前全世界汽车年产量约为9000万辆。如果全部采用燃料电池驱动，则年需耗铂约为 $65\times9000\times10^4$ 克 $=58.5\times10^8$ 克 =5850吨。而目前已知全世界铂的储量约为13 000吨，年开采量约为80吨。由此可见，用铂制催化剂的燃料电池是不可能作为汽车的替代动力的。目前全世界的汽车保有量已接近10亿辆，即使将来不再增加且全变成燃料电池汽车，也需要用铂约65 000吨，即世界总储量的5倍。

* 周恒，中国科学院院士，天津大学

所以，即使可以从废燃料电池回收铂以重复使用，也无法支持全世界汽车的生产。而且从技术上讲，那是极为困难的，因为在电极上铂层的厚度只约有0.2微米。其回收成本必然很高，且会造成新的污染。

随着原料快速接近枯竭，其价格必将飞速增长，所以对用铂做催化剂，认为目前燃料电池价格高是因为没有达到规模生产，而随着生产规模的扩大，其价格有望大幅降低的期望是不成立的。

当然，也许可以研制出不用铂做催化剂的燃料电池。但不管用什么样的催化剂，同样需考虑其原材料可能的供应量。

下面再来考虑动力电池。目前能量密度最大、充放电性能最好的是锂电池。同样，从网上查找到已有的最好的锂动力电池的单位能量密度约为125瓦时/千克，或0.23瓦时/厘米$^3$。如要达到80千瓦功率而运行1小时，则所需电池的总质量约为640千克，体积约为0.35立方米。无论是质量还是体积，都明显超过目前所用的内燃机加燃料箱，这还不包括电机的质量或体积。而且每行驶约150千米（如能匀速行驶且无需爬坡还能多一些）就要充电一次，大大小于目前汽车每加油一次（40升）可开行约600千米的水平。

重要的问题也是其原材料方面的。据网上查到，一辆小汽车所需的锂动力电池约需用30千克碳酸锂（也有说需80千克的）或折合成金属锂约为5.6千克（按每辆用30千克碳酸锂计）。仍按全世界汽车年产量为9000万辆计，年所需金属锂约50万吨。据美国20世纪末统计，全世界锂储量折合成金属锂约为840万吨（不知是指总储量还是可开采量）。即使全部都用来做锂电池，仅为维持汽车的保有量，就要用去总储量的60%。可见从原材料考虑，用锂电池替代内燃机同样不太现实。

目前全世界锂的年产量折合成金属锂才约为1.9万吨，其价格在近几年也有快速上涨的趋势。要达到年产50万吨，且不说技术上是否有困难，单就价格而言，和铂一样，不但不会由于规模扩大而降低，反而会由于锂的储量的消耗而越来越贵。

因此，建议我国科技政策和产业政策的制定部门考虑上述问题。首先核实上述在网上查到的各种数据是否可靠，包括燃料电池中铂的用量、动力电池中锂的用量、全世界铂和锂的储量、可开采量及目前的年产量等。然后冷静地估计用铂做催化剂的燃料电池及用锂做原材料的汽车动力电池的发展前景，以制定出切实可行的新能源汽车发展的科学研究和产业发展规划。

顺便提一下，前几个月的《参考消息》上有报道称，美国政府已不再支持以燃料电池作为未来汽车发动机的研发工作，但没有说明理由。还有报道称，奥巴马政府已要求到2016年时，汽车用油必须达到每加仑平均能行驶35千米，比目前的每加仑行驶27千米（小汽车）和23千米（卡车）节约约

30%，污染物也降低30%。据天津大学内燃机燃烧国家重点实验室的同志称，这一指标从技术上讲，是有可能做到的，但会增加内燃机的成本。据美国波士顿咨询公司的一份报告称，其增加的成本仍显著低于用燃料电池或锂动力电池所增加的成本。这也许是在近期（20~30年）内对付汽车能源和污染问题的最现实途径。

（本文选自2009年院士建议）

# 矿产勘查开采现状堪忧<br>建议尽快出台新的矿产资源法规

赵鹏大　等*

## 一、存在问题

进入新世纪，我国经济持续快速发展，对能源和矿物原料的需求急剧增长，而矿产勘查严重滞后，专业地质勘查队伍萎缩，新发现成规模的矿产地甚少，资源储备严重不足；已有矿山开采秩序混乱，资源损失严重、浪费巨大，矿山环境问题突出，资源保障能力锐减。与此同时，石油、铁矿石、部分有色金属矿产对外依存度越来越大。

2005 年国务院部署了全面整顿和规范矿产资源开发秩序，2006 年国务院做出了关于加强地质工作的决定。两项工作开展以来，虽有一定成效，但没有扭转被动局面，反而出现了新的问题。一些地方矿业市场不健全、监管不到位，通过炒作矿权，使作为国有资产的矿产资源流失严重。这种状况如继续发展下去，将对我国资源战略、资源安全造成严重影响。这也是践行科学发展观、调整经济结构中不容忽视的重大问题。

无需再陈述诸如滥采乱挖、非法倒卖炒作矿权、无证开采、以探代采、污染环境等种种乱象。这种状况的根本原因在于：在一些事关地质勘查、矿产开采重大原则问题认识上不尽统一，行动上各行其是；矿产资源现行法规已远不适应社会主义市场经济体制要求；管理体制和工作机制不完善、不配套等。其主要表现是：

1）矿产资源有偿使用制度不健全。资源税、资源补偿费不足以体现资源权益，不足以实现运用经济手段节制、合理开发利用矿产资源的管理初衷。

一方面，由于地方政府从矿产资源中收益不多，因此对资源环境管理缺乏动力。另一方面，一些地方又打着资源有偿使用的改革旗号，自行出台征收“矿产资源有偿使用费”、“矿产资源配置费”、“矿权配置费”、“矿产资源管理费” 等，

---

* 赵鹏大，中国科学院院士，中国地质大学；陈西京，原云南省国土资源厅厅长，原云南省人民代表大会环境与资源保护委员会副主任

有的费额高达数百万、数千万。在国家规定之外，自行设立收费事项，这不仅直接违反了矿产资源法、行政许可法，而且也扰乱了本该统一的矿业权市场。

2）矿产资源属国家所有，国务院代表国家行使矿产所有权，这是法律明确了的。但在一些地方，事实上是由当地县、乡政府操控着矿业权。申请勘查开采矿产需经其批准。有的以“资源整合”的名义干预矿业权设置，侵犯矿业权人合法权益。有的将管辖区域内的地块（多是没有勘查工作的空白区）包装成勘查项目，搞“招、拍、挂”。有的政府组建“矿业公司”，垄断矿业权，转手发包拍卖。一些干部的家属或关系户把持着矿业权。一些政府部门或少数领导干部参与矿产开发或收受贿赂。这类腐败案件频频发生，因有“保护伞”而难以查处，违法者有恃无恐。

3）矿产资源管理体制不顺。地方国土资源主管部门既非条条也非块块管理，部门党政班子成员由上一级部门任命，而部门人财物属地管理。许多干部反映，工作难做，“里外不是人”。国家有关矿产资源管理的政令不畅，国土资源部门成了当地政府操控矿业权交易的“盖章者”。矿产勘查工作体制不顺。公益性矿产资源远景调查与商业性矿产勘查的职能划分不规范，专业队伍组建不到位。地质勘查单位体制改革徘徊不前，装备落后，人才缺失，往日矿产勘查的“主力军”已被边缘化为持有勘查资质的“打工仔”。队伍属地化管理之后，上层已少有兴趣关注这一群体的改革、发展问题。

4）从微观层面上看，一些矿产勘查开采的规定已成为矿业经济改革发展的制度性障碍。例如，“国家出资探明的矿产”的出让、转让收取“探矿权采矿权价款”的规定被滥用，成为一些地方乱收费，乱“招、拍、挂”的口实；按占有矿产资源量收取有偿使用费，成为编写虚假矿产勘查报告和储量报告的动因，造成矿产储量统计失真。我国矿产资源法规对矿地利用、矿山环境保护、矿产综合开发利用和再利用、提高矿产开发“三率”等方面缺少科学的、可操作的供矿山企业有内在动力的制度规范，政府管理难以作为。

## 二、几点建议

20世纪90年代以来，我国自上而下的治理、整顿、规范矿产资源开发秩序工作几乎没有间断过，力度不可谓不大，行政成本不可谓不高，何以成效不大？根本原因在于矿产资源管理制度有缺欠。

仅就修订矿产资源法规提出如下几点想法：

1）建立集中统一的矿产资源有偿占用、使用制度。依据市场供求关系、国家资源战略和资源安全确立国家动态调节的资源权益金制度，改变资源无偿或低成本占有使用矿产资源的状况；把资源综合利用率、再利用率作为有偿使用的基

础；坚决取缔各种名目的乱收费、乱摊派。

2）商业性矿产勘查和开发也必须按地质规律和勘查开发原则进行。坚决防止大矿被肢解，贫矿被遗弃，矿权多家分，环境无人管，勘查开发无序，资料信息不实等对资源和环境造成严重损害的现象。应组织相关机构对商业性勘查开发提供技术咨询和服务，对矿业权价值实行专家评估责任制，在矿产勘查与开发前实行可行性审批制和过程监督制。

3）建立集中统一的矿产资源行政管理体制。建立条块结合、条条为主、简化层级、人财物垂直配置的矿产资源管理机构和相应的监管机构；在职能配置上，坚持资源管理和矿山环境管理一体，资源权属管理和矿业经济管理分离。

4）实行矿产资源收益和生态补偿，以财政转移支付方式支持资源所在地经济社会发展的制度。国家矿产资源权益金除支持公益性地质工作、矿产资源远景调查外，应主要用于支持资源所在地经济发展，对边疆民族地区应重点扶持。“让利不让权”，维护统一、开放、公平、有序的矿业权市场秩序。

5）建立以租用为基本用地方式的矿山用地制度。矿地租用，有利于节约使用土地；有利于矿山环境保护；有利于当地农民集体以土地所有权参股矿山经营，取得稳定收益；有利于矿山闭坑后，土地的复垦和矿地的“退出”。

6）专门立法，将国务院关于加强地质工作的决定法制化。健全公益性地质调查机构，规范公益性地质调查职能，保障公益性地质调查投资，强化其社会服务功能。企事分离，在国家强有力的政策引导下，加快推进已属地化管理的地质勘查单位企业化改革步伐。

（本文选自2009年院士建议）